高等职业教育教学用书

GAODENG SHUXUE

高等数学

（下册）

张延利　沈荣泸
李　涛　叶永春　编　著

高等教育出版社·北京

内容简介

本书是高等职业教育教学用书.编者在充分研究当前我国高等职业教育教学发展趋势的基础上,遵循高等数学自身的科学性和规律性,结合多年的高等职业数学教学经验编写本书.

全书分为上、下两册,共10章.每册都有附录.各章内容分模块、分层次编排,包括知识讲解、实例应用、小结、习题和复习题等内容.本书为下册,内容主要包括:微分方程基础、线性代数、排列与组合、概率、数理统计初步.为方便教学,本书配有二维码资源,学生可使用手机扫描二维码后查看.

本书可作为高等职业院校理工科类和经济管理类各专业高等数学课程的教材,也可作为有关人员的参考用书.

图书在版编目(CIP)数据

高等数学.下册/张延利等编著.—北京:高等教育出版社,2018.1(2023.1重印)

ISBN 978-7-04-045433-8

Ⅰ.①高… Ⅱ.①张… Ⅲ.①高等数学-高等职业教育-教材 Ⅳ.①O13

中国版本图书馆CIP数据核字(2017)第329146号

策划编辑 王 威 **责任编辑** 王 威 **封面设计** 张文豪 **责任印制** 高忠富

出版发行	高等教育出版社	**网　　址**	http://www.hep.edu.cn
社　　址	北京市西城区德外大街4号		http://www.hep.com.cn
邮政编码	100120	**网上订购**	http://www.hepmall.com.cn
印　　刷	浙江天地海印刷有限公司		http://www.hepmall.com
开　　本	787 mm×1092 mm 1/16		http://www.hepmall.cn
印　　张	13.5		
字　　数	282千字	**版　　次**	2018年1月第1版
购书热线	010-58581118	**印　　次**	2023年1月第3次印刷
咨询电话	400-810-0598	**定　　价**	27.40元

物 料 号 45433-00

出 版 说 明

当今，新一轮科技革命和产业升级，对现有的产业结构、生产方式和生活方式产生了深远的影响，也对高等职业教育提出了更高的要求和新的挑战."十三五"时期是我国高等职业教育现代化建设的关键时期，加快发展现代高等职业教育已成为我国教育发展的重要战略.深化教学改革，提高教学质量，培养社会迫切需要的发展型、复合型和创新型的技术技能人才，促进高等职业教育健康持续发展，是高等职业教育工作者的历史使命.

课程和教材是高等职业教育教学改革的关键与核心，其开发和建设也伴随着我国经济发展进入了新的阶段."十三五"期间，高等教育出版社组织来自全国高等职业院校的骨干教师、行业企业的教育培训专家和从事高等职业教育教学研究的专家，申报、立项了一批中国职业技术教育学会教学工作委员会、教材工作委员会有关高等职业教育课程改革和教材建设的研究课题.这些课题研究成果体现了高等职业教育教学改革的新思想、新观念，有力地促进了高等职业教育教学改革的发展.在此基础上，高等教育出版社上海出版事业部组织编写并出版了一批反映当前高等职业教育教学改革研究与实践成果的改革创新教材.教材的编写着重在以下几个方面进行了创新尝试.

精炼编写内容

教材内容紧扣立德树人的核心要求，把培养学生的职业道德、职业素养和创新创业能力融入教学内容和教学活动设计中，力图通过全局设计、过程贯通、细节安排提升职业教育课程教学的内涵，培养德智体美劳全面发展的社会主义建设者和接班人.

技术的快速发展、经济转型升级使职业教育的专业结构调整、课程内容更新更为常态化，编写满足培养行业、企业人才需要的职业教育新教材，也是本系列教材在创新示范方面的突出特色.

系列教材对部分重点课程还采用了"一纲多本"的编写形式，即同一课程编写多种版本，较好地解决了"通用性"和"个性化"的矛盾.教材内容编写遵守共同基础与多样选择相统一的原则，构建更加开放、更具弹性的课程教材体系，为教师选择和使用教材提供空间，以适应"分层教学"和"专业需求多元化”的现实.

丰富内容组织

高等职业教育课程内容的多样化特征决定了教材多样化的特点.本系列教材不拘于统一的内容组织形式,以满足课程教学需要、有助于职业人才的培养为核心,切实服务于任务引领、项目驱动等多种形式的职业教育课程改革.

本系列教材在内容组织和编写体例方面,根据课程性质、教材内容特点和教学的实际需要进行了多样化的尝试,避免了“章节体”一统天下的局面.教材在结构编排上,在每部分内容的开始有导学,构建学习情景,提出本部分内容的学习目标,在结束时用小结方式强调重点,最后用习题等形式帮助学生自我检查评价.在呈现形式上,体例新颖活泼、直观,用大量的插图表达,双色、彩色印刷使“重点”“难点”醒目、鲜明.着重在“便教”与“利学”上努力创新,强化教材的使用功能.

服务教学设计

教学设计是教师以教育教学原理为依据,为了达到教学目标,根据学生认知特点,对教学过程、教学内容、教学组织形式、教学方法和使用的教学手段进行的策划.教学资源在服务教学设计中具有举足轻重的作用.应用现代教育技术的数字化教学资源,具有丰富的表现力,可以突破教学重点和难点;交互性强,可以充分发挥学生的主体作用;信息量大,更新方便,大大提高学习效率;可碎片化,易于二次开发,方便综合化利用和共享.本系列教材依托高等教育出版社已建设成熟的MOOC、SPOC平台,数字出版技术,以及二维码资源平台,统筹规划教学资源建设,为课程教学设计和创新教学方法提供有力的支撑.

教师是教学改革的主体.教学改革与教材建设只有得到教师的支持与参与,才有成功的可能.在教材和配套教学资源建设的同时,我们陆续组织了各种形式的教师培训、教学研讨活动,以帮助教师确立现代职业教育理念,促进教学质量与效率的提高,实现教学改革与教材建设的同步发展.

本系列教材的出版及其配套工作是一项持续进行、不断完善的工程,我们殷切希望能够得到广大教师的支持和积极参与,共同创新、示范,分享高等职业教育教学改革的成果与经验,为我国高等职业教育的发展做出应有的贡献.

高等教育出版社

前　　言

本书是高等职业教育教学用书.

全书分上、下册，是根据教育部关于提高高等职业教育教学质量、创新人才培养模式和高等职业教育高等数学课程改革的相关文件，在充分研究当前我国高等职业教育教学发展趋势，认真总结、分析、吸收高等职业院校高等数学教学改革的经验，遵循高等数学自身的科学性和规律性，立足数学在高等职业教育中的功能定位和作用的基础上编写而成的.本书既适用于高等职业教育理工科类专业，也适用于经济管理类相关专业，还适用于各类“专升本”考试培训，弹性大，可选择性强.本书突出高等数学的基础性、应用性与学生的主体性，具有以下特色：

第一，**简明**.在内容的选择上，大幅度略去传统高等数学中较为繁杂的定理、公式推导，突出数学的基础性和工具性，注重数学思想、方法的应用，使知识点和内容易于掌握.

第二，**利教便学**.编写遵循高等数学自身规律，以及学生为主体的教学理念，将教材的编排顺序与呈现方式同学生的数学基础与心理发展水平有机结合，突出可读性；引进数学概念时，尽量借助几何直观图形、物理意义与生活背景进行解释，使之切合学生认知水平.在部分定理证明时，采用描述性证明，去掉过多理论推导，保留主要的证明；在例题选择上，尽量做到思路清晰，循序渐进，易学易懂，减少学习障碍.

第三，**分层次**.针对高等职业教育有关专业的特点，各章内容分模块、分层次编排，有较强的可选择性.将各专业都必须使用的基本内容作为基本层，后续内容可根据专业实际在基础层上进行组合，满足不同教学需要.

第四，**注重能力培养**.一是使用数学思想、概念、方法去认识、理解工程概念、工程原理能力的培养；二是把实际问题转化为数学模型能力的培养；三是求解数学模型能力的培养.

全书(上下两册)的基本教学时数约150学时，带“*”章节和附录内容教师可另行安排教学.

全书由泸州职业技术学院数学教研室组织编写.上册由叶永春、陈芳、胡频、刘坚编著;本书为下册,由张延利、沈荣泸、李涛、叶永春编著.毛建生、朱勤等对本书的编写提供了宝贵的意见和建议.参加编写的老师们具有丰富的教学经验,既熟悉我国高等职业教育发展的现状,又了解本学科教与学的具体要求,为保证编写质量,对编写大纲进行了反复修改、讨论.在本书的编审过程中,得到了同行专家的精心指导,也得到泸州职业技术学院领导的大力支持,谨在此表示衷心感谢.

由于编审人员水平有限,不足之处在所难免,恳请有关专家、学者及使用本书的读者指正.

编　者

2017 年 12 月

目　　录

第 1 章
微分方程基础

笔记

在科学研究和生产实践中，常常需要寻求表示客观事物变量之间的函数关系.然而，在许多问题中，往往不能直接得到所求的函数关系，只能得到含有未知函数的导数或微分的关系式.这样的关系式即通常所说的微分方程，通过求解微分方程进而得到函数关系.本章主要介绍微分方程的基本概念和几种常用微分方程的解法.

1.1 微分方程的基本概念

例 1 求过 $(1,\ 3)$ 点，且在曲线上任一点 $M(x,\ y)$ 处的切线斜率等于 $2x$ 的曲线方程.

解 设所求曲线的方程为 $y=f(x)$. 根据导数的几何意义，可知所求曲线应满足方程

$$\frac{\mathrm{d}y}{\mathrm{d}x}=2x \qquad 或 \qquad \mathrm{d}y=2x\,\mathrm{d}x. \tag{1-1}$$

由于曲线过点 $(1,\ 3)$，因此未知函数 $y=f(x)$ 还应满足条件

$$y\,|_{x=1}=3. \tag{1-2}$$

对(1-1)式两边积分，得

$$y=x^2+C. \tag{1-3}$$

把(1-2)式代入(1-3)式，得 $C=2$. 所以，所求曲线的方程为

$$y=x^2+2.$$

例 2 在直线轨道上，一个物体以 10 m/s 的速度运动，制动后获得的加速度为 $-0.4\ \mathrm{m/s^2}$.求开始制动后物体的运动方程.

解 设物体的运动方程为 $s=f(t)$. 由导数的力学意义，物体运动的速度为 $\frac{\mathrm{d}s}{\mathrm{d}t}$，加速度为 $\frac{\mathrm{d}^2s}{\mathrm{d}t^2}$. 于是，$s=f(t)$ 应满足方程

$$\frac{\mathrm{d}^2s}{\mathrm{d}t^2}=-0.4. \tag{1-4}$$

此外，还应满足条件

笔记

$$\left.\frac{\mathrm{d}s}{\mathrm{d}t}\right|_{t=0}=10,\ s\left.\right|_{t=0}=0. \tag{1-5}$$

对(1-4)式两边积分,得

$$\frac{\mathrm{d}s}{\mathrm{d}t}=-0.4t+C_1. \tag{1-6}$$

再对(1-6)式两边积分,得

$$s=-0.2t^2+C_1t+C_2. \tag{1-7}$$

这里 C_1、C_2 都是任意常数.将条件 $\left.\frac{\mathrm{d}s}{\mathrm{d}t}\right|_{t=0}=10$, $s\left.\right|_{t=0}=0$ 依次代入(1-6)式和(1-7)式,得 $C_1=10$, $C_2=0$. 所以,所求物体的运动方程是

$$s=-0.2t^2+10t.$$

可以看到,以上两例的共同点都是已知未知函数的导数(或微分)所满足的方程,求未知函数.这类问题就是微分方程问题.

微分方程的概念

定义 1.1 含有未知函数的导数或微分的方程叫作**微分方程**.微分方程中所出现的未知函数的最高阶导数的阶数叫作**微分方程的阶**.

方程(1-1)和(1-4)都是微分方程.又如,方程

$$5y'+xy=0, \tag{1-8}$$

$$\mathrm{d}y+4xy\mathrm{d}x=3, \tag{1-9}$$

$$2x^2y''+xy=3x^5, \tag{1-10}$$

$$y^{(5)}-2y'''+3y''x+6y'+yx=5\sin x \tag{1-11}$$

等也都是微分方程.

其中,(1-1)、(1-8)、(1-9)是**一阶微分方程**,(1-4)、(1-10)是**二阶微分方程**,(1-11)是**五阶微分方程**.

一般地,***n*** **阶微分方程的形式是**

$$F(x,\ y,\ y',\ \cdots,\ y^{(n)})=0,$$

其中 x, y, y', $\cdots$, $y^{(n-1)}$ 中的某些变量可以不出现.例如,四阶微分方程

$$\mathrm{e}y^{(4)}+8=0$$

中,除 $y^{(4)}$ 外,其余变量都没有出现.

定义 1.2 如果将一个函数代入微分方程中,使方程成为恒等式,则称

笔记

这个函数是该**微分方程的解**.

例如,在例 1 中,因为函数 $y=x^2+C$ (C 为任意常数)和 $y=x^2+2$ 的导数都等于 $2x$,所以都是微分方程 $\dfrac{dy}{dx}=2x$ 的解.

又例如,在例 2 中,因为函数 $s=-0.2t^2+C_1t+C_2$(C_1, C_2 为任意常数)和 $s=-0.2t^2+10t$ 的二阶导数都等于-0.4,所以都是微分方程 $\dfrac{d^2s}{dt^2}=-0.4$ 的解.

可以看到,上述解中,有些含有任意常数,有些不含任意常数.

定义 1.3　如果微分方程的解中含有任意常数,且独立的任意常数的个数与微分方程的阶数相同,则这样的解叫作**微分方程的通解**.

例如,函数 $y=x^2+C$ (C 为任意常数)是 $\dfrac{dy}{dx}=2x$ 的通解,函数 $s=-0.2t^2+C_1t+C_2$(C_1, C_2 为任意常数)是 $\dfrac{d^2s}{dt^2}=-0.4$ 的通解.

如果微分方程的一个解不含任意常数,则称这个解是微分方程在某一特定条件下的解,简称为**特解**.

例如,函数 $y=x^2+2$ 是 $\dfrac{dy}{dx}=2x$ 的特解,函数 $s=-0.2t^2+10t$ 是 $\dfrac{d^2s}{dt^2}=-0.4$ 的特解.

很明显,微分方程的通解给出了解的一般形式,如果把通解中的任意常数确定下来,就得到微分方程的特解.这种确定特解的条件叫作**初始条件**.

例如,例 1 中的 $y|_{x=1}=3$ 和例 2 中的 $\dfrac{ds}{dt}\Big|_{t=0}=10$、$s|_{t=0}=0$ 都是初始条件.

求微分方程的特解时,通常是先求出其通解,然后根据初始条件确定通解中的任意常数的值,得到特解.

求微分方程的解的过程叫作**解微分方程**.

注意　如果不特别声明,也没有给出初始条件,解微分方程就是求微分方程的通解.

例 3　验证:函数 $y=\cos kt+\sin kt$ 是微分方程 $\dfrac{d^2y}{dt^2}+k^2y=0$ 的解.

解　对函数求导,得

笔记

$$\frac{dy}{dt}=-k\sin kt+k\cos kt,$$

$$\frac{d^2y}{dt^2}=-k^2\cos kt-k^2\sin kt=-k^2(\cos kt+\sin kt).$$

把 $\frac{d^2y}{dt^2}$、y 的表达式代入所给微分方程中,得

$$-k^2(\cos kt+\sin kt)+k^2(\cos kt+\sin kt)=0.$$

所以, $y=\cos kt+\sin kt$ 是所给微分方程的解.

例 4 解微分方程 $y''=3x^2+\sin x+5$.

解 对方程两边积分,得

$$\int y''dx=\int(3x^2+\sin x+5)dx,$$

即

$$y'=x^3-\cos x+5x+C_1.$$

对上式两边再积分,得

$$\int y'dx=\int(x^3-\cos x+5x+C_1)dx,$$

即

$$y=\frac{1}{4}x^4-\sin x+\frac{5}{2}x^2+C_1x+C_2.$$

所以,所求微分方程的通解为

$$y=\frac{1}{4}x^4-\sin x+\frac{5}{2}x^2+C_1x+C_2.$$

例 5 解微分方程 $dy=(3\sin x-x^2)dx$, $y|_{x=0}=3$.

解 对方程两边积分,得

$$\int dy=\int(3\sin x-x^2)dx,$$

$$y=-3\cos x-\frac{1}{3}x^3+C.$$

将初始条件 $y|_{x=0}=3$ 代入上述通解中,得 $C=6$. 所以,满足初始条件的特解为

$$y=-3\cos x-\frac{1}{3}x^3+6.$$

一般来说，求微分方程的解常常是比较困难的，每一种特定类型的微分方程都有其特定的解法.在后面几节中，将介绍几类常用的微分方程及其解法.

习　题　1-1

1. 解下列微分方程.

(1) $\frac{dy}{dx}=\cos x$；　　(2) $y''=e^{x}+2$；

(3) $x\,dy=(1-x^{2})dx$，$y|_{x=1}=\frac{1}{2}$；

(4) $\frac{d^2y}{dx^2}=\sin 2x$，$y|_{x=0}=2$，$y'|_{x=0}=0$；

(5) $y'''=e^{2x}$，$y|_{x=0}=\frac{1}{8}$，$y'|_{x=0}=0$，$y''|_{x=0}=\frac{1}{2}$.

2. 确定常数 k，使 $y=e^{kx}$ 成为微分方程 $y''-4y=0$ 的解.

3. 已知曲线上任意点 $M(x, y)$ 处的切线的斜率为 $3x^2$，求该曲线的方程.

4. 一个物体作直线运动，其运动速度为 $v=2\sin t$ m/s，当 $t=\frac{\pi}{4}$ s 时，物体与原点相距 10 m，求物体在时刻 t 与原点的距离 s.

5. 写出由下列条件确定的曲线所满足的微分方程：

(1) 曲线在点 (x, y) 处的切线的斜率等于该点横坐标；

(2) 曲线上点 $P(x, y)$ 处的法线与 x 轴的交点为 Q，且线段 PQ 被 y 轴平分.

习题 1-1
参考答案

1.2　一阶线性微分方程

本节主要讨论形如 $y'=f(x, y)$ 的一阶线性微分方程中三类常见形式的解法.

1.2.1　可分离变量的微分方程

例 1　解微分方程

$$y'=2xy^2. \tag{1-12}$$

分析　能否直接用积分法求微分方程(1-12)的通解呢？

笔记

如果对(1-12)式两边直接积分,得

$$\int y'\mathrm{d}x=\int 2xy^2\mathrm{d}x,$$

即

$$y=\int 2xy^2\mathrm{d}x.$$

很明显,上式右边同时含有 x、y,无法直接求得积分.因此,直接积分法是行不通的.

解 下面考虑将方程写成形式

$$\frac{\mathrm{d}y}{\mathrm{d}x}=2xy^2.$$

上式两边同乘以 $\mathrm{d}x$,并同除以 $y^2(y\neq 0)$,把变量 x 和 y“分离”,得

$$\frac{1}{y^2}\mathrm{d}y=2x\mathrm{d}x. \tag{1-13}$$

然后再对(1-13)式两边求积分,得

$$\int\frac{1}{y^2}\mathrm{d}y=\int 2x\mathrm{d}x,$$

即

$$-\frac{1}{y}=x^2+C,$$

或

$$y=-\frac{1}{x^2+C}, \tag{1-14}$$

其中 C 是任意常数.

可以验证,(1-14)式满足微分方程(1-12),所以(1-14)式就是(1-12)的通解.

上述例子提供了一类微分方程的解法.这类微分方程的一般形式是

$$\frac{\mathrm{d}y}{\mathrm{d}x}=f(x)g(y), \tag{1-15}$$

称为**可分离变量的微分方程**.

可分离变量的微分方程

根据例1,得到求解可分离变量的微分方程的步骤如下:

第一步 分离变量,得

$$\frac{1}{g(y)}\mathrm{d}y=f(x)\mathrm{d}x\,[g(y)\neq 0]. \tag{1-16}$$

笔记

第二步 两边积分,得

$$\int \frac{\mathrm{d}y}{g(y)}=\int f(x)\mathrm{d}x.$$

第三步 求出积分,得

$$G(y)=F(x)+C. \tag{1-17}$$

其中,$G(y)$、$F(x)$分别是 $\frac{1}{g(y)}$、$f(x)$的原函数,C 为任意常数.

例 2 解微分方程 $y'=2xy$.

解 原方程可改写为

$$\frac{\mathrm{d}y}{\mathrm{d}x}=2xy.$$

分离变量,得

$$\frac{\mathrm{d}y}{y}=2x\,\mathrm{d}x\,(y\neq 0).$$

两边积分,得

$$\int \frac{1}{y}\mathrm{d}y=2\int x\,\mathrm{d}x,$$

$$\ln|y|=x^2+C_1.$$

即

$$|y|=\mathrm{e}^{x^2+C_1}=\mathrm{e}^{C_1}\mathrm{e}^{x^2},$$

$$y=\pm\mathrm{e}^{C_1}\mathrm{e}^{x^2}=C\mathrm{e}^{x^2}\,(C=\pm\mathrm{e}^{C_1}).$$

特别当 $C=0$ 时,$y=0$ 也是微分方程的解.

所以,微分方程的通解为

$$y=C\mathrm{e}^{x^2}\,(C\text{ 为任意常数}).$$

例 3 求微分方程 $(1+\mathrm{e}^x)yy'=\mathrm{e}^x$ 满足初始条件 $y|_{x=0}=1$ 的特解.

解 原方程可改写为

$$y\,\mathrm{d}y=\frac{\mathrm{e}^x}{1+\mathrm{e}^x}\mathrm{d}x.$$

两边积分,得通解

$$\frac{1}{2}y^2=\ln(1+\mathrm{e}^x)+C.$$

把初始条件 $y|_{x=0}=1$ 代入上式,得

$$C=\frac{1}{2}-\ln 2,$$

笔记

即所求特解为

$$y^2=2\ln(1+e^x)+1-2\ln 2.$$

1.2.2 一阶齐次线性微分方程

下面研究一阶线性微分方程.

定义 1.4 形如

$$\frac{dy}{dx}+P(x)y=Q(x) \tag{1-18}$$

的方程,称为**一阶线性微分方程**,简称**线性方程**,其中 $P(x)$、$Q(x)$都是 x 的连续函数.

当 $Q(x)=0$ 时,方程(1-18)变为

$$\frac{dy}{dx}+P(x)y=0, \tag{1-19}$$

一阶线性
微分方程

称为**一阶齐次线性微分方程**;当 $Q(x)\neq 0$ 时,方程(1-18)称为**一阶非齐次线性微分方程**.

这类微分方程的特点是:它所含未知函数 y 以及 y 的一阶导数都是一次的,且不含 $y'y$ 项.

例如,下列一阶线性微分方程

$$y'-3y=5x+2,$$
$$y'+2(\cos x)y=\sin x,$$
$$xy'-2x^3y=0$$

所含的 y'、y 都是一次的且不含 $y'y$ 项,所以都是一阶线性微分方程.其中前面两个方程是一阶非齐次线性微分方程,最后一个是一阶齐次线性微分方程.但是,下列微分方程

$$y'-2y^3=x,$$
$$yy'+4y=\sin x,$$
$$y'-2\ln y=3$$

都不是一阶线性微分方程.因为,第一个方程中含有 y^3 项,第二个方程中含有 yy'项,第三个方程中含有 $\ln y$ 项,都不是 y 或 y'的一次式.

下面讨论一阶齐次线性方程(1-19)的通解.很明显,方程(1-19)是可分离变量的.分离变量后,得

$$\frac{\mathrm{d}y}{y}=-P(x)\mathrm{d}x.$$

两边积分，得

$$\ln|y|=-\int P(x)\mathrm{d}x+C_1.$$

即

$$|y|=\mathrm{e}^{C_1}\mathrm{e}^{-\int P(x)\mathrm{d}x}.$$

去绝对值，得

$$y=\pm\mathrm{e}^{C_1}\mathrm{e}^{-\int P(x)\mathrm{d}x}.$$

令 $C=\pm\mathrm{e}^{C_1}$，得

$$y=C\mathrm{e}^{-\int P(x)\mathrm{d}x}. \tag{1-20}$$

在(1-20)式中，当 $C=0$ 时，得 $y=0$，仍然是(1-19)的解.因此，(1-20)式中的 C 可取任意值.这就是说，(1-20)式是一阶齐次线性方程(1-19)的通解.

例 4　解微分方程 $y'-\frac{1}{x}y=0$.

解　这是一阶齐次线性微分方程，其中 $P(x)=-\frac{1}{x}$.

直接代入通解公式得

$$y=C\mathrm{e}^{-\int -\frac{1}{x}\mathrm{d}x}=C\mathrm{e}^{\ln x}=Cx\ (C\text{ 为任意常数}).$$

笔记

想一想

$\ln x$ 为什么不加绝对值也可以？

1.2.3　一阶非齐次线性微分方程

要求一阶非齐次线性微分方程 $\frac{\mathrm{d}y}{\mathrm{d}x}+P(x)y=Q(x)$ 的通解，通常采用常数变易法来求解，其基本思路为：

(1) 先将对应的一阶齐次线性方程的通解中的任意常数 C 换成待定函数 $u(x)$，得到 $y=u(x)\mathrm{e}^{-\int P(x)\mathrm{d}x}$；

(2) 将 $y=u(x)\mathrm{e}^{-\int P(x)\mathrm{d}x}$ 代入原非齐次线性方程中，求出 $u(x)$；

(3) 将求出的 $u(x)$ 代入 $y=u(x)\mathrm{e}^{-\int P(x)\mathrm{d}x}$，得到非齐次线性方程的通解.

照此思路，得到**一阶非齐次线性方程**(1-18)**的通解为**

$$y=\mathrm{e}^{-\int P(x)\mathrm{d}x}\left[\int Q(x)\mathrm{e}^{\int P(x)\mathrm{d}x}\mathrm{d}x+C\right]. \tag{1-21}$$

上式可改写成下面的形式：

笔记

$$y = C\mathrm{e}^{-\int P(x)\mathrm{d}x} + \mathrm{e}^{-\int P(x)\mathrm{d}x}\int Q(x)\mathrm{e}^{\int P(x)\mathrm{d}x}\mathrm{d}x.$$

可以看到,上式右边第一项是对应的一阶齐次线性方程(1-19)的通解,第二项是一阶非齐次线性方程(1-18)的一个特解(令 $C=0$ 便得这个特解).这就是说,一阶非齐次线性方程的通解等于对应的齐次线性方程的通解与非齐次线性方程的一个特解之和.

例 5 求微分方程 $y' + 2xy = \mathrm{e}^{-x^2}\cos x$ 的通解.

解 对此例,可用常数变易法求解,也可直接利用通解公式求解,一般情况下,用通解公式求解要方便些.

因为 $P(x)=2x$, $Q(x)=\mathrm{e}^{-x^2}\cos x$, 所以,由(1-21)式得非齐次线性方程的通解为

$$\begin{aligned} y &= \mathrm{e}^{-\int 2x\mathrm{d}x}\left(\int \mathrm{e}^{-x^2}\cos x \cdot \mathrm{e}^{\int 2x\mathrm{d}x}\mathrm{d}x + C\right) \\ &= \mathrm{e}^{-x^2}\left(\int \mathrm{e}^{-x^2}\cos x \cdot \mathrm{e}^{x^2}\mathrm{d}x + C\right) \\ &= \mathrm{e}^{-x^2}\left(\int \cos x\,\mathrm{d}x + C\right) = \mathrm{e}^{-x^2}(\sin x + C). \end{aligned}$$

例 6 求微分方程 $xy' - y = 1 + x^3$ 满足初始条件 $y|_{x=1}=2$ 的特解.

解 原方程可改写为

$$y' - \frac{1}{x}y = \frac{1}{x} + x^2.$$

上式为一阶线性微分方程,且 $P(x) = -\frac{1}{x}$, $Q(x) = \frac{1}{x} + x^2$.

将 $P(x)$、$Q(x)$代入(1-21)式,得

$$\begin{aligned} y &= \mathrm{e}^{\int \frac{1}{x}\mathrm{d}x}\left[\int\left(\frac{1}{x} + x^2\right)\mathrm{e}^{-\int \frac{1}{x}\mathrm{d}x}\mathrm{d}x + C\right] \\ &= x\left[\int\left(\frac{1}{x} + x^2\right)\frac{1}{x}\mathrm{d}x + C\right] \\ &= x\left(-\frac{1}{x} + \frac{1}{2}x^2 + C\right) \\ &= \frac{1}{2}x^3 + Cx - 1. \end{aligned}$$

所以,原方程的通解为

$$y = \frac{1}{2}x^3 + Cx - 1.$$

把初始条件 $y|_{x=1}=2$ 代入上式，求得 $C=\dfrac{5}{2}$. 于是，所求微分方程的特解为

$$y=\frac{1}{2}x^3+\frac{5}{2}x-1.$$

习　题　1-2

1. 求下列微分方程的通解.

(1) $(1+x^2)y'=\arctan x$；　　(2) $y'=\left(\dfrac{x}{y}\right)^2$；

(3) $\mathrm{d}y-y\cos x\,\mathrm{d}x=0$；　　(4) $\sin x\,\mathrm{d}y=2y\cos x\,\mathrm{d}x$.

2. 求下列微分方程的特解.

(1) $xy'-y=0$，$y|_{x=1}=5$；　　(2) $y\,\mathrm{d}x=(x-1)\mathrm{d}y$，$y|_{x=2}=1$.

3. 求下列微分方程的通解.

(1) $y'-2xy=\mathrm{e}^{x^2}\cos x$；　　(2) $\dfrac{\mathrm{d}y}{\mathrm{d}x}-3xy=x$；

(3) $xy'+y=\mathrm{e}^x$；　　(4) $(x^2-1)y'+2xy-\cos x=0$；

(5) $y'+y\tan x=\sin 2x$.

4. 求下列微分方程满足初始条件的特解.

(1) $2y'+y=3$，$y|_{x=0}=10$；

(2) $xy'-y=2$，$y|_{x=1}=3$；

(3) $y'-\dfrac{2y}{1-x^2}-1-x=0$，$y|_{x=0}=0$.

习题 1-2
参考答案

1.3　可降阶的高阶微分方程

二阶及二阶以上的微分方程称为**高阶微分方程**.下面介绍可降阶的三种特殊类型的高阶微分方程的解法.

可降阶微分
方程的解法

1.3.1　$y^{(n)}=f(x)$ 型的微分方程

$y^{(n)}=f(x)$ 的特点是右边仅含 x 的函数，方程只要连续 n 次积分就可以得到通解.

例 1　求微分方程 $y'''=\cos x+2x$ 的通解.

解　逐项积分，得

笔记

$$y''=\sin x+x^2+C_1,$$

$$y'=-\cos x+\frac{1}{3}x^3+C_1x+C_2,$$

再积分得通解

$$y=-\sin x+\frac{1}{12}x^4+\frac{1}{2}C_1x^2+C_2x+C_3.$$

1.3.2 $y''=f(x, y')$型的微分方程

一般的二阶微分方程可表示为 $F(x, y, y', y'')=0$，将其与二阶微分方程

$$y''=f(x, y') \tag{1-22}$$

比较可知，方程(1-22)中缺少了 y.因此，上述微分方程(1-22)又称为**不显含 y 的微分方程**.

这类微分方程的解法是：令 $y'=p$，则 $y''=p'$. 代入(1-22)中，得

$$p'=f(x, p).$$

上式是关于变量 x、p 的一阶微分方程.根据一阶微分方程的解法，可以求得通解 $p=\varphi(x, C_1)$，则得

$$y'=\varphi(x, C_1).$$

对上式两边积分，得

$$y=\int\varphi(x, C_1)\mathrm{d}x,$$

就是原方程的通解.这种降阶解微分方程的方法称为**降阶法**.

例 2 求微分方程 $y''=\frac{1}{x}y'$ 的通解.

解 因原方程不显含 y，所以令 $y'=p$，则 $y''=p'$. 将其代入原方程，得

$$p'=\frac{1}{x}p.$$

整理方程，得

$$p'-\frac{1}{x}p=0.$$

代入一阶齐次微分方程通解公式，得

$$p=C_1\mathrm{e}^{-\int-\frac{1}{x}\mathrm{d}x}=C_1\mathrm{e}^{\ln x}=C_1x\ (C_1\text{ 为任意常数}).$$

笔记

即

$$p=C_1x.$$

因此有

$$y'=C_1x.$$

对上式两边再积分,得原微分方程的通解为

$$y=\frac{1}{2}C_1x^2+C_2(C_1、C_2\text{ 为任意常数}).$$

1.3.3　$y''=f(y,\ y')$型的微分方程

这类微分方程中缺少了 x,因此又称为**不显含 x 的微分方程**.仍采用降阶法求解,即令 $y'=p$,则

$$y''=\frac{\mathrm{d}p}{\mathrm{d}x}=\frac{\mathrm{d}p}{\mathrm{d}y}\ \frac{\mathrm{d}y}{\mathrm{d}x}=\frac{\mathrm{d}p}{\mathrm{d}y}p=p\ \frac{\mathrm{d}p}{\mathrm{d}y}.$$

将其代入 $y''=f(y,\ y')$ 中,得

$$p\ \frac{\mathrm{d}p}{\mathrm{d}y}=f(y,\ p).$$

它是关于变量 y、p 的一阶微分方程.根据一阶微分方程的解法,可以求出其通解,并可表示为

$$p=\varphi(y,\ C_1),$$

则

$$y'=\varphi(y,\ C_1).$$

对上式分离变量,再积分,即得原方程的通解为

$$\int\frac{1}{\varphi(y,\ C_1)}\mathrm{d}y=x+C_2.$$

例 3　求微分方程 $yy''-(y')^2=0$ 的通解.

解　设 $y'=p$,则 $y''=p\ \frac{\mathrm{d}p}{\mathrm{d}y}$.代入原方程中,得

$$yp\ \frac{\mathrm{d}p}{\mathrm{d}y}-p^2=0.$$

当 $p\neq 0$、$y\neq 0$ 时,约去 p,并整理方程,得

$$\frac{\mathrm{d}p}{\mathrm{d}y}-\frac{1}{y}p=0.$$

代入一阶齐次微分方程通解公式,得

$$p=C_1y,\qquad 即\qquad y'=C_1y.$$

整理方程得 $$y'-C_1y=0.$$

上式为关于 y 的一阶齐次微分方程,代入通解公式得

$$y=C_2e^{C_1x}.$$

习　题　1-3

1. 求下列微分方程的通解.

(1) $(1+e^x)y''+y'=0$;　　(2) $(1-x^2)y''-xy'=0$;

(3) $2yy''+(y')^2=0$;　　(4) $y''=1+(y')^2$.

2. 求下列各微分方程满足初始条件的特解.

(1) $y''-e^{2y}y'=0,\ y|_{x=0}=0,\ y'|_{x=0}=\dfrac{1}{2}$;

(2) $y''+(y')^2=1,\ y|_{x=0}=0,\ y'|_{x=0}=0$.

习题 1-3
参考答案

1.4　二阶常系数线性微分方程

笔记

1.4.1　线性微分方程解的结构

定义 1.5　对于两个不恒等于零的函数 y_1 与 y_2,如果存在一个常数 C,使 $y_2=Cy_1$,则称函数 y_2 与 y_1 线性相关;否则,称函数 y_2 与 y_1 线性无关.

例如函数 $y_1=e^{2x}$ 和 $y_2=3e^{2x}$,因为 $y_2=3y_1$,所以 y_1 与 y_2 线性相关.又如 $y_3=e^{-x}$ 与 $y_1=e^{2x}$ 的比值 $\dfrac{y^3}{y_1}=\dfrac{e^{-x}}{e^{2x}}=e^{-3x}$ 不是一个常数 C,所以线性无关.

定义 1.6　方程

$$y''+P(x)y'+Q(x)y=f(x) \tag{1-23}$$

称为**二阶线性微分方程**,其中 $P(x)$、$Q(x)$、$f(x)$ 都是 x 的连续函数.当 $f(x)=0$ 时,方程(1-23)变为

$$y''+P(x)y'+Q(x)y=0, \tag{1-24}$$

称为**二阶齐次线性微分方程**;当 $f(x)\neq 0$ 时,方程(1-23)称为**二阶非齐次**

笔记

线性微分方程.

为了求得二阶线性微分方程的解，先讨论二阶齐次线性微分方程和非齐次线性微分方程的解的一些性质.

定理 1.1 如果函数 y_1、y_2 都是方程(1-24)的解，则

$$y=C_1y_1+C_2y_2$$

也是方程(1-24)的解，其中 C_1、C_2 是任意常数.

证 将 $y=C_1y_1+C_2y_2$ 代入(1-24)式左边，得

$$\begin{aligned}&(C_1y_1''+C_2y_2'')+P(x)(C_1y_1'+C_2y_2')+Q(x)(C_1y_1+C_2y_2)\\=&C_1[y_1''+P(x)y_1'+Q(x)y_1]+C_2[y_2''+P(x)y_2'+Q(x)y_2].\end{aligned}$$

因为 y_1 与 y_2 是方程(1-24)的解，所以上式右边中括号中的表达式都等于零，因而整个式子等于零.这就是说，$y=C_1y_1+C_2y_2$ 是方程(1-24)的解.但这个解不一定是通解，那什么样的解才是方程的通解呢？

一般地，有下面的定理.

定理 1.2(二阶齐次线性微分方程解的结构定理) 如果函数 y_1、y_2 是方程(1-24)的两个线性无关特解，则

$$y=C_1y_1+C_2y_2$$

是方程(1-24)的通解，其中 C_1、C_2 是任意常数.

现在再来讨论二阶非齐次线性方程(1-23).把方程(1-24)叫作与非齐次方程(1-23)对应的齐次方程.

在前一节的讨论中看到，一阶非齐次线性微分方程的通解由两部分构成：一部分是对应的齐次方程的通解；另一部分是非齐次方程本身的一个特解.实际上，对二阶及更高阶的非齐次线性微分方程的通解也具有同样的性质.

定理 1.3(二阶非齐次线性微分方程解的结构定理) 设 y^* 是二阶非齐次线性微分方程(1-23)的一个特解，Y 是它对应的齐次方程(1-24)的通解，则

$$y=Y+y^*$$

是二阶非齐次线性微分方程(1-23)的通解.

高阶线性齐次微分方程解的结构

证 把 $y=Y+y^*$ 代入方程(1-23)中，得

$$\begin{aligned}&(Y''+y^{*''})+P(x)(Y'+y^{*'})+Q(x)(Y+y^*)\\=&[Y''+P(x)Y'+Q(x)Y]+[y^{*''}+P(x)y^{*'}+Q(x)y^*].\end{aligned}$$

笔记

因为 Y 是方程(1-24)的解,y^* 是方程(1-23)的解,所以上式第一个中括号内的表达式等于零,第二个等于 $f(x)$,即 $y=Y+y^*$ 满足方程(1-23),所以是方程(1-23)的解.

又因为对应的齐次方程(1-24)的通解 $Y=C_1y_1+C_2y_2$ 中含有两个独立的任意常数,所以 $y=Y+y^*$ 中含有两个任意常数,即为方程(1-23)的通解.

例如,方程 $y''-y'-2y=x$ 是一个二阶非齐次线性微分方程,对应的齐次方程 $y''-y'-2y=0$ 的通解是 $y=C_1\mathrm{e}^{2x}+C_2\mathrm{e}^{-x}$. 容易验证,函数

$$y^*=-\frac{1}{2}x+\frac{1}{4}$$

是该非齐次线性微分方程的一个特解.因此,方程 $y''-y'-2y=x$ 的通解是

$$y=C_1\mathrm{e}^{2x}+C_2\mathrm{e}^{-x}-\frac{1}{2}x+\frac{1}{4}.$$

1.4.2 二阶常系数齐次线性微分方程

在二阶齐次线性微分方程

$$y''+P(x)y'+Q(x)y=0$$

中,如果 y'、y 的系数 $P(x)$、$Q(x)$ 分别是常数 p、q,即上式为

$$y''+py'+qy=0,$$

则叫作**二阶常系数齐次线性微分方程**.

常系数线性微分方程求解

通常把代数方程 $r^2+pr+q=0$ 叫作微分方程 $y''+py'+qy=0$ 的**特征方程**.特征方程的根 r 叫作微分方程的**特征根**.

特征方程 $r^2+pr+q=0$ 是一元二次方程,其中 r^2、r 的系数及常数项恰好依次是微分方程 $y''+py'+qy=0$ 中 y''、y'及 y 的系数.因此,只要将微分方程中的 y''换成 r^2,y'换成 r,y 换成 1,即可得对应的特征方程.

特征方程的两个根 r_1、r_2 可以用公式表示

$$r_{1,2}=\frac{-p\pm\sqrt{p^2-4q}}{2}.$$

方程的通解有下列三种情况:

(1) **特征根是两个不相等的实根:**$r_1\neq r_2$.

方程 $y''+py'+qy=0$ 的通解是

$$y=C_1e^{r_1x}+C_2e^{r_2x}.$$

笔记

例 1　求微分方程 $y''+3y'-4y=0$ 的通解.

解　所给微分方程的特征方程为

$$r^2+3r-4=0,$$

即

$$(r+4)(r-1)=0.$$

因此,特征根为 $r_1=-4$, $r_2=1(r_1\neq r_2)$. 所以,方程的通解为

$$y=C_1e^{-4x}+C_2e^x.$$

(2) **特征根是两个相等的实根**: $r_1=r_2=r$.

方程 $y''+py'+qy=0$ 的通解为

$$y=C_1e^{rx}+C_2xe^{rx},$$

即

$$y=(C_1+C_2x)e^{rx}.$$

例 2　求微分方程 $\frac{d^2s}{dt^2}+2\frac{ds}{dt}+s=0$ 满足初始条件 $s|_{t=0}=4$, $s'|_{t=0}=-2$ 的特解.

解　所给方程的特征方程为

$$r^2+2r+1=0,$$

即

$$(r+1)^2=0.$$

因此,特征根为 $r=-1$. 所以,所求方程的通解为

$$s=(C_1+C_2t)e^{-t}.$$

将 $s|_{t=0}=4$ 代入上式,得 $C_1=4$. 于是,有

$$s'=(C_2-4-C_2t)e^{-t}.$$

于是将初始条件 $s'|_{t=0}=-2$ 代入上式,得 $C_2=2$. 所以,所求特解为

$$s=(4+2t)e^{-t}.$$

(3) **特征根是一对共轭复根**: $r_1=\alpha+\beta i$, $r_2=\alpha-\beta i(\alpha、\beta\in\mathbf{R}, \beta\neq 0)$.

方程 $y''+py'+qy=0$ 的通解为

笔记

$$y=e^{\alpha x}(C_1\cos\beta x+C_2\sin\beta x).$$

例 3 求微分方程 $y''-4y'+13y=0$ 的通解.

解 所给微分方程的特征方程为

$$r^2-4r+13=0.$$

特征根为 $r_1=2+3i$，$r_2=2-3i$. 所以，方程的通解为

$$y=e^{2x}(C_1\cos 3x+C_2\sin 3x).$$

综上所述，求二阶常系数齐次线性微分方程

$$y''+py'+qy=0$$

的通解的步骤如下：

第一步 写出微分方程 $y''+py'+qy=0$ 的特征方程：

$$r^2+pr+q=0.$$

第二步 求出特征方程的两个根 r_1 与 r_2.

第三步 根据特征方程的两个根的不同情况，按下表有相应的通解公式：

特征方程的两个根 r_1 与 r_2	微分方程 $y''+py'+qy=0$ 的通解
两个不相等的实根 $r_1\neq r_2$	$y=C_1e^{r_1x}+C_2e^{r_2x}$
两个相等的实根 $r_1=r_2=r$	$y=(C_1+C_2x)e^{rx}$
一对共轭复根 $r_{1,2}=\alpha\pm\beta i$	$y=e^{\alpha x}(C_1\cos\beta x+C_2\sin\beta x)$

1.4.3 二阶常系数非齐次线性微分方程

二阶常系数非齐次线性微分方程的一般形式是

$$y''+py'+qy=f(x)[f(x)\neq 0],$$

其中 p、q 是常数.

现在讨论这类方程的解法.

根据定理 1.3，求 $y''+py'+qy=f(x)$ 的通解，可以先求出对应的齐次方程 $y''+py'+qy=0$ 的通解 $C_1y_1+C_2y_2$，再求出方程 $y''+py'+qy=f(x)$ 的一个特解 y^*，然后将其相加，得

$$y=C_1y_1+C_2y_2+y^*,$$

它就是方程 $y''+py'+qy=f(x)$ 的通解.

前面已经讨论了求齐次线性微分方程 $y''+py'+qy=0$ 的通解的方

笔记

法，因此，在这里只要讨论如何求非齐次线性微分方程 $y''+py'+qy=f(x)$ 的一个特解就可以了.对于这个问题，下面只对 $f(x)$取以下两种常见形式进行讨论.

(1) $f(x)=P_n(x)e^{\lambda x}$，其中 $P_n(x)$是一个 n 次多项式，λ 是常数.

这时，方程 $y''+py'+qy=f(x)$ 变为

$$y''+py'+qy=P_n(x)e^{\lambda x}.$$

经分析知，该方程具有形如

$$y^*=x^kQ_n(x)e^{\lambda x}$$

的特解.其中 $Q_n(x)$是一个待定的 n 次多项式，k 是一个整数.当 λ 不是特征根时，$k=0$；当 λ 是特征根，但不是重根时，$k=1$；当 λ 是特征根，且为重根时，$k=2$.

根据这一结论，只要用待定系数法，就可以求得方程 $y''+py'+qy=f(x)$ 的一个特解，进而得到其通解.

例 4 求微分方程 $y''-2y'-3y=3x+1$ 的通解.

解 该方程对应的齐次方程是

$$y''-2y'-3=0.$$

特征方程为

$$r^2-2r-3=0.$$

特征根为 $r_1=-1$，$r_2=3$. 于是，齐次方程的通解为

$$y=C_1e^{-x}+C_2e^{3x}.$$

又原方程中 $f(x)=3x+1=(3x+1)e^{0x}$，可知 $\lambda=0$，$P_n(x)=3x+1$. 因为 $\lambda=0$ 不是特征根，且 $P_n(x)=3x+1$ 是一次多项式，所以应取 $k=0$，可设原方程的特解为

$$y^*=Ax+B.$$

对上式求导，得

$$y^{*\prime}=A,\ y^{*\prime\prime}=0.$$

代入原方程，化简得

$$-2A-3(Ax+B)=3x+1,$$
$$-3Ax-2A-3B=3x+1.$$

比较等式两边同类项的系数，得

笔记

$$\begin{cases}-3A=3,\\-2A-3B=1.\end{cases}$$

解得 $A=-1$, $B=\frac{1}{3}$. 因此,原方程的一个特解为

$$y^*=-x+\frac{1}{3}.$$

于是原方程的通解为

$$y=C_1\mathrm{e}^{-x}+C_2\mathrm{e}^{3x}-x+\frac{1}{3}.$$

例 5 求微分方程 $y''+2y'=4x\mathrm{e}^{-2x}$ 的通解.

解 原方程对应的齐次方程是

$$y''+2y'=0.$$

特征方程为

$$r^2+2r=0.$$

特征根为 $r_1=0$, $r_2=-2$. 于是,齐次方程的通解为

$$y=C_1+C_2\mathrm{e}^{-2x}.$$

又原方程中 $f(x)=4x\mathrm{e}^{-2x}$, 可知 $\lambda=-2$, $P_n(x)=4x$. 因为 $\lambda=-2$ 是特征根,但不是重根,且 $P_n(x)=4x$ 是一次多项式,所以应取 $k=1$, 可设原方程的特解为

$$y^*=x(Ax+B)\mathrm{e}^{-2x}.$$

对上式求导数,得

$$y^{*\prime}=\mathrm{e}^{-2x}[-2Ax^2+2(A-B)x+B],$$
$$y^{*\prime\prime}=\mathrm{e}^{-2x}[4Ax^2-4(2A-B)x+2(A-2B)].$$

将它们代入原方程,化简后约去 e^{-2x},得

$$-4Ax+(2A-2B)=4x.$$

分别比较 x 的系数和常数项,得

$$\begin{cases}-4A=4,\\2A-2B=0.\end{cases}$$

解得 $A=-1$, $B=-1$. 因此,原方程的一个特解为

$$y^*=x(-x-1)\mathrm{e}^{-2x}.$$

笔记

于是原方程的通解为

$$y=C_1+C_2e^{-2x}-x(x+1)e^{-2x}.$$

例 6 求微分方程 $y''-2y'+y=(x-1)e^x$ 满足初始条件 $y|_{x=0}=0$，$y'|_{x=0}=1$ 的特解.

解 该方程对应的齐次方程是

$$y''-2y'+y=0.$$

特征方程为

$$r^2-2r+1=0.$$

特征根为 $r_1=r_2=1$. 于是，齐次方程的通解为

$$y=(C_1+C_2x)e^x.$$

又原方程中 $f(x)=(x-1)e^x$，可知 $\lambda=1$，$P_n(x)=x-1$. 因为 $\lambda=1$ 是二重特征根.且 $P_n(x)=x-1$ 是一次多项式，所以应取 $k=2$，设原方程的特解为

$$y^*=x^2(Ax+B)e^x.$$

将上式代入原方程中，求得 $A=\frac{1}{6}$，$B=-\frac{1}{2}$. 因此，原方程的一个特解为

$$y^*=x^2\left(\frac{1}{6}x-\frac{1}{2}\right)e^x.$$

于是原方程的通解为

$$y=(C_1+C_2x)e^x+x^2\left(\frac{1}{6}x-\frac{1}{2}\right)e^x=\left(C_1+C_2x-\frac{1}{2}x^2+\frac{1}{6}x^3\right)e^x.$$

将初始条件 $y|_{x=0}=0$，$y'|_{x=0}=1$ 代入以上通解中，求得 $C_1=0$，$C_2=1$. 于是，所求方程的特解为

$$y=\left(x-\frac{1}{2}x^2+\frac{1}{6}x^3\right)e^x.$$

(2) $f(x)=e^{\lambda x}[P_l(x)\cos\omega x+P_n(x)\sin\omega x]$，其中 λ、ω 是常数，$P_l(x)$、$P_n(x)$ 分别是 l 次和 n 次多项式.

这时，方程 $y''+py'+qy=f(x)$ 变为

$$y''+py'+qy=e^{\lambda x}[P_l(x)\cos\omega x+P_n(x)\sin\omega x].$$

经分析知，上式具有形如

笔记

$$y^* = x^k e^{\lambda x}[R_m^{(1)}(x)\cos\omega x + R_m^{(2)}(x)\sin\omega x]$$

的特解，其中 $R_m^{(1)}(x)$、$R_m^{(2)}(x)$ 是 m 次多项式，$m=\max\{l, n\}$；k 是一个整数，当 $\lambda \pm \omega \mathrm{i}$ 不是特征根时，$k=0$，当 $\lambda \pm \omega \mathrm{i}$ 是特征根时，$k=1$.

例 7 求微分方程 $y''+y=x\cos 2x$ 的通解.

解 该方程对应的齐次方程是

$$y''+y=0,$$

特征方程为

$$r^2+1=0,$$

特征根为 $r_{1,2}=\pm\mathrm{i}$，所以对应的齐次方程的通解为

$$y=C_1\cos x+C_2\sin x.$$

又原方程中 $f(x)=x\cos 2x$，可知 $\lambda=0$，$\omega=2$，$P_l(x)=x$，$P_n(x)=0$. 因为 $\lambda \pm 2\mathrm{i}$ 不是特征根，所以应取 $k=0$，设原方程的特解为

$$y^*=(ax+b)\cos 2x+(cx+d)\sin 2x.$$

代入原方程，得

$$(-3ax-3b+4c)\cos 2x-(3cx+3d+4a)\sin 2x=x\cos 2x.$$

比较等式两边的系数，得

$$\begin{cases}-3a=1,\\ -3b+4c=0,\\ -3c=0,\\ -3d-4a=0,\end{cases}$$

解得 $a=-\dfrac{1}{3}$，$b=0$，$c=0$，$d=\dfrac{4}{9}$. 因此，原方程的一个特解为

$$y^*=-\frac{1}{3}x\cos 2x+\frac{4}{9}\sin 2x.$$

于是原方程的通解为

$$y=C_1\cos x+C_2\sin x-\frac{1}{3}x\cos 2x+\frac{4}{9}\sin 2x.$$

习　题　1-4

1. 求下列微分方程的通解.

(1) $y''-y'-2y=0$; (2) $y''-4y=0$;

(3) $3y''-2y'-8y=0$; (4) $y''+y=0$;

(5) $y''+6y'+13y=0$; (6) $4y''-8y'+5y=0$;

(7) $y''-2y'+y=0$; (8) $4y''-20y'+25y=0$.

2. 求下列微分方程满足初始条件的特解.

(1) $y''-4y'+3y=0$, $y|_{x=0}=6$, $y'|_{x=0}=0$;

(2) $4y''+4y'+y=0$, $y|_{x=0}=1$, $y'|_{x=0}=2$;

(3) $y''+4y=0$, $y|_{x=0}=2$, $y'|_{x=0}=6$;

(4) $\dfrac{d^2 s}{dt^2}+2\dfrac{ds}{dt}+s=0$, $s|_{t=0}=4$, $\left.\dfrac{ds}{dt}\right|_{t=0}=2$.

3. 写出下列微分方程的特解形式.

(1) $y''+5y'+4y=3x^2+1$; (2) $y''+3y'=(3x^2+1)e^{-3x}$;

(3) $3y''-8y=x^3$; (4) $4y''+12y'+9y=e^{-\frac{3}{2}x}$.

4. 求下列微分方程的通解.

(1) $2y''+y'-y=4e^x$; (2) $2y''+5y'=5x^2-2x-1$;

(3) $y''+3y'+2y=3xe^{-x}$; (4) $y''-6y'+9y=(x+1)e^{2x}$.

习题 1-4
参考答案

1.5 微分方程应用举例

笔记

例 1 已知某种放射性元素的衰变率与当时尚未衰变的放射性元素的量成正比,求这种放射性元素的衰变规律.

解 设这种放射性元素的衰变规律是 $Q=Q(t)$. 依题意,有

$$\frac{dQ}{dt}=-kQ, \ (k \text{ 为比例常数,且 } k>0).$$

上述方程是可分离变量的微分方程.分离变量,得

$$\frac{dQ}{Q}=-k\,dt.$$

两边积分,得

$$\int\frac{dQ}{Q}=-k\int dt,$$

$$\ln Q=-kt+C_0.$$

即

$$Q=e^{-kt+C_0}=e^{C_0}e^{-kt}=Ce^{-kt}\ (C=e^{C_0}).$$

笔记

所以,所求放射性元素的衰变规律是 $Q=Ce^{-kt}$.

例 2 医学研究发现,刀割伤口表面积恢复的速度为 $\frac{\mathrm{d}A}{\mathrm{d}t}=-5t^{-2}(1\leqslant t\leqslant 5)$(单位:$\mathrm{cm}^2$/天),其中 A 表示伤口的面积,假设 $A(1)=5\ \mathrm{cm}^2$,问受伤 5 天后该病人的伤口表面积为多少?

解 由 $\frac{\mathrm{d}A}{\mathrm{d}t}=-5t^{-2}$,得

$$\mathrm{d}A=-5t^{-2}\mathrm{d}t.$$

两边同时积分得

$$A(t)=-5\int t^{-2}\mathrm{d}t=5t^{-1}+C(C\text{ 为任意常数}).$$

将 $A(1)=5$ 代入上式得 $C=0$,所以 5 天后病人的伤口表面积 $A(5)=1(\mathrm{cm}^2)$.

例 3 一个物体在空中下落,所受空气阻力与速度成正比,如图 1-1 所示.当时间 $t=0$ 时,物体的速度为 0,求该物体下落的速度与时间的函数关系.

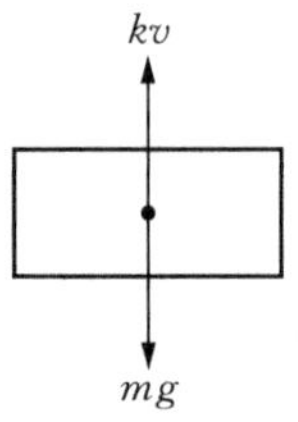

图 1-1

解 设物体下落的速度为 $v(t)$.当物体在空中下落时,同时受到重力与阻力的作用(图 1-1).重力大小为 mg,方向与 v 相同;阻力大小为 kv(k 为比例系数),方向与 v 相反.因此,物体所受的合外力为

$$F=mg-kv.$$

根据牛顿第二定律

$$F=ma$$

(其中 a 为加速度),得到 $v(t)$应满足的方程为

$$mg-kv=m\frac{\mathrm{d}v}{\mathrm{d}t}.$$

根据题意,初始条件为

$$v\big|_{t=0}=0.$$

笔记

很明显,上述微分方程是可分离变量的.分离变量得

$$\frac{dv}{mg-kv}=\frac{dt}{m}.$$

两边积分

$$\int\frac{dv}{mg-kv}=\int\frac{dt}{m},$$

得

$$-\frac{1}{k}\ln(mg-kv)=\frac{t}{m}+C_1,$$

即

$$mg-kv=e^{-\frac{k}{m}t-kC_1},$$

或

$$v=\frac{mg}{k}+Ce^{-\frac{k}{m}t}\left(C=-\frac{e^{-kC_1}}{k}\right).$$

这就是所求微分方程的通解.

将初始条件 $v|_{t=0}=0$ 代入上述通解中,得

$$C=-\frac{mg}{k}.$$

于是,所求的特解为

$$v=\frac{mg}{k}(1-e^{-\frac{k}{m}t}).$$

例 4　如图 1-2 所示的电路中,电源电动势为 $E=E_m\sin\omega t$(E_m,ω 都是常数),电阻 R 和电感 L 都是常量.求电流随时间的变化规律 $i(t)$.

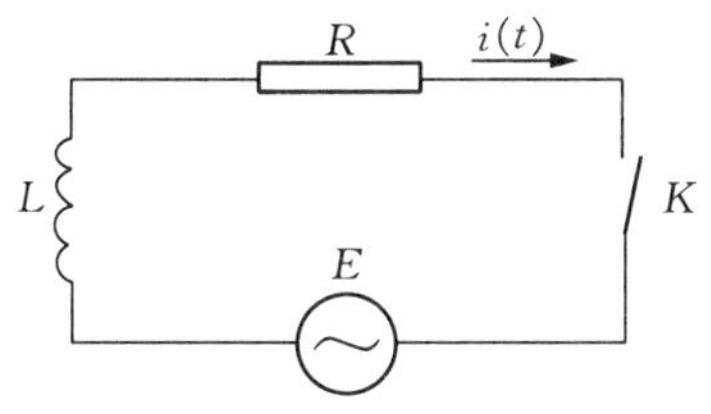

图 1-2

解　(1) 列方程.根据回路电压定律,得

$$E-L\frac{di}{dt}-iR=0,$$

即

笔记

$$\frac{\mathrm{d}i}{\mathrm{d}t}+\frac{R}{L}i=\frac{E}{L}.$$

把 $E=E_m\sin\omega t$ 代入上式，得

$$\frac{\mathrm{d}i}{\mathrm{d}t}+\frac{R}{L}i=\frac{E_m}{L}\sin\omega t,$$

且有初始条件

$$i\big|_{t=0}=0.$$

(2) 求通解.所列方程是一阶非齐次线性方程，且有

$$P(t)=\frac{R}{L},\ Q(t)=\frac{E_m}{L}\sin\omega t.$$

代入公式，得

$$i(t)=\mathrm{e}^{-\frac{R}{L}t}\left(\int\frac{E_m}{L}\mathrm{e}^{\frac{R}{L}t}\sin\omega t\,\mathrm{d}t+C\right).$$

应用分部积分法，可求得

$$\int\mathrm{e}^{\frac{R}{L}t}\sin\omega t\,\mathrm{d}t=\frac{\mathrm{e}^{\frac{R}{L}t}}{R^2+\omega^2L^2}(RL\sin\omega t-\omega L^2\cos\omega t).$$

于是，方程的通解为

$$i(t)=\frac{E_m}{R^2+\omega^2L^2}(R\sin\omega t-\omega L\cos\omega t)+C\mathrm{e}^{-\frac{R}{L}t},$$

其中 C 为任意常数.

(3) 求特解.将初始条件代入上述通解中，得

$$C=\frac{\omega LE_m}{R^2+\omega^2L^2}.$$

于是，所求电流随时间的变化规律为

$$i(t)=\frac{E_m}{R^2+\omega^2L^2}(R\sin\omega t-\omega L\cos\omega t)+\frac{\omega LE_m}{R^2+\omega^2L^2}\mathrm{e}^{-\frac{R}{L}t}.$$

(4) 讨论.在上式右边的第一项中，令

$$\cos\varphi=\frac{R}{\sqrt{R^2+\omega^2L^2}},\ \sin\varphi=\frac{\omega L}{\sqrt{R^2+\omega^2L^2}},$$

则特解又可改写为形式

$$i(t)=\frac{E_m}{\sqrt{R^2+\omega^2L^2}}\sin(\omega t-\varphi)+\frac{\omega LE_m}{R^2+\omega^2L^2}\mathrm{e}^{-\frac{R}{L}t}.$$

笔记

例 5 如图 1-3 所示，弹簧上端固定，下端挂一个质量为 m 的物体，O 点为平衡位置.如果在弹性限度内用力将物体向下一拉，随即松开，物体就会在平衡位置 O 上下作自由振动.忽略物体所受的阻力(如空气阻力等)不计，并且当运动开始，物体的位置为 x_0，初速度为 v_0，求物体的运动规律.

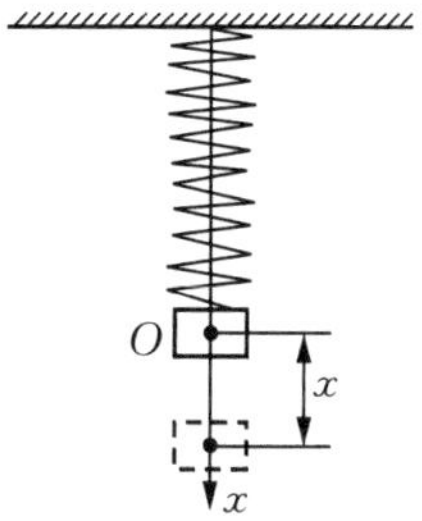

图 1-3

解 设物体的运动规律为 $x=x(t)$. 由于忽略阻力不计，因此物体只受到使物体回到平衡位置 O 的弹性恢复力的作用.由物理学中的胡克定律可知，弹性恢复力

$$f=-kx,$$

其中 k 为弹性系数，负号表示力 f 的方向与位移 x 的方向相反.根据牛顿第二定律，得微分方程

$$m\frac{\mathrm{d}^2x}{\mathrm{d}t^2}=-kx,$$

即

$$\frac{\mathrm{d}^2x}{\mathrm{d}t^2}+\frac{k}{m}x=0.$$

令 $\frac{k}{m}=\omega^2$，则有

$$\frac{\mathrm{d}^2x}{\mathrm{d}t^2}+\omega^2x=0.$$

初始条件为 $x\big|_{t=0}=x_0$，$x'\big|_{t=0}=v_0$. 因为上述微分方程的特征方程为

$$r^2+\omega^2=0,$$

特征根为 $r=\pm\omega\mathrm{i}$. 所以，微分方程的通解为

$$x=C_1\cos\omega t+C_2\sin\omega t.$$

为了求出满足初始条件的特解，对上式两边求导，得

笔记

$$x' = -C_1\omega\sin\omega t + C_2\omega\cos\omega t.$$

将初始条件 $x\big|_{t=0} = x_0$, $x'\big|_{t=0} = v_0$ 代入以上两式,求得 $C_1 = x_0$, $C_2 = \dfrac{v_0}{\omega}$. 于是,所求特解为

$$x = x_0\cos\omega t + \frac{v_0}{\omega}\sin\omega t.$$

利用三角函数中的和角公式,上式可化为

$$x = \sqrt{x_0^2 + \frac{v_0^2}{\omega^2}}\sin(\omega t + \varphi)\left(\tan\varphi = \frac{\omega x_0}{v_0}\right).$$

令 $A = \sqrt{x_0^2 + \dfrac{v_0^2}{\omega^2}}$, 则

$$x = A\sin(\omega t + \varphi)$$

为所求的运动规律.

具有以上这种规律的运动,在物理学上叫作简谐振动.其中 A 是振幅, ω 是振动频率.

习　题　1-5

1. 在商品销售预测中,时刻 t 的销售量用 $x = x(t)$ 表示.如果商品销售的增长速度 $\dfrac{\mathrm{d}x}{\mathrm{d}t}$ 正比于销售量 $x(t)$ 与销售接近饱和水平的程度 $a - x(t)$ 之乘积(a 为饱和水平),求销售量函数 $x(t)$.

2. 设有一个质量为 m 的物体,在空中由静止状态开始下降.如果空气阻力为 $R = C^2v^2$(C 为常数,v 为物体运动的速度),试求物体下落的距离 s 与时间 t 的函数关系.

3. 设 $y=f(x)$ 在点 x 处的二阶导数为 $y''=x$, 且曲线 $y=f(x)$ 过点 $M(0,\ 1)$,在该点处与直线 $y = \dfrac{x}{2} + 1$ 相切,求曲线 $y = f(x)$ 的表达式.

4. 一个质点运动的加速度为 $a = -2v - 5g$. 如果该质点以初速度 $v_0 = 12\ \mathrm{m/s}$ 由原点出发,试求质点的运动方程.

5. 一个质量为 m 的质点从水面由静止状态开始下降,所受阻力与下降速度成正比(比例系数为 k),求质点下降深度与时间 t 的函数关系.

6. 一条曲线过点$(0,\ 1)$,在这一点与直线 $y = 1$ 相切,且曲线的方程 $y = f(x)$ 满足微分方程 $y'' + 4y = \sin x$, 试求该曲线的方程.

习题 1-5
参考答案

本 章 小 结

【主要内容】

本章主要内容有微分方程的基本概念，一阶线性微分方程，可降阶的高阶微分方程，二阶常系数线性微分方程的解法.

【重　　点】 一阶线性微分方程的解法、二阶常系数线性微分方程的解法.

【难　　点】 微分方程类型的判定及微分方程在实际生活中的应用.

【学习要求】

1. 理解微分方程、微分方程的阶、解、通解、初始条件和特解等概念.

2. 掌握可分离变量的微分方程及一阶线性微分方程的解法.

3. 了解可降阶的高阶微分方程的解法.

4. 了解二阶线性微分方程解的结构，理解二阶常系数线性微分方程的解法，会求两种常用类型的二阶常系数非齐次线性微分方程的解.

5. 会用微分方程解决一些简单的实际问题.

复 习 题 一

1. 求下列微分方程的通解.

(1) $\frac{dy}{dx}=(x-y)^2+1$；　　(2) $y'=\frac{1}{x+y}$；

(3) $(x+y^3)dy=ydx$；　　(4) $y''-2y'+5y=e^x\sin x$；

(5) $y''-2y'+5y=e^x\sin 2x$；　　(6) $y''+4y=x\cos x$.

2. 求下列微分方程的特解.

(1) $y''+12y'+36y=0$，$y|_{x=0}=4$，$y'|_{x=0}=2$；

(2) $y'-\frac{x}{1+x^2}y=x+1$，$y|_{x=0}=\frac{1}{2}$；

(3) $y'+2xy=xe^{-x^2}$，$y|_{x=0}=1$；

(4) $(1+e^x)yy'=e^y$，$y|_{x=0}=0$；

(5) $y''+6y'+9y=5xe^{-3x}$，$y|_{x=0}=0$，$y'|_{x=0}=2$.

3. 已知二阶常系数线性齐次方程的一个特解为 $y=e^{2x}$，对应的特征方程的判别式等于 0，求此微分方程满足初始条件 $y|_{x=0}=1$，$y'|_{x=0}=1$ 的特解.

复习题一
参考答案

第 2 章
线性代数

行列式和矩阵是线性代数中的重要概念，在金融、建筑工程、空间科学等领域具有较高的应用价值.本章重点介绍行列式、矩阵的一些基础知识，并用相关知识解线性方程组.

2.1 行列式

笔记

行列式在线性代数中占有重要的地位，不仅是研究矩阵理论的重要工具，而且也是线性方程组求解的重要数学工具.

2.1.1 行列式的定义

1. 二阶行列式

用加减消元法解二元线性方程组

$$\begin{cases} a_{11}x_1+a_{12}x_2=b_1, & (2\text{-}1\text{a}) \\ a_{21}x_1+a_{22}x_2=b_2. & (2\text{-}1\text{b}) \end{cases}$$

由方程 (2-1a) $\times a_{22}$ − 方程(2-1b) $\times a_{12}$，消去未知量 x_2，得

$$(a_{11}a_{22}-a_{21}a_{12})x_1=b_1a_{22}-b_2a_{12}.$$

由方程 (2-1b) $\times a_{11}$ − 方程(2-1a) $\times a_{21}$，消去未知量 x_1，得

$$(a_{11}a_{22}-a_{21}a_{12})x_2=b_2a_{11}-b_1a_{21}.$$

若设 $a_{11}a_{22}-a_{21}a_{12}\neq 0$，方程组的解为

$$x_1=\frac{b_1a_{22}-b_2a_{12}}{a_{11}a_{22}-a_{21}a_{12}},\ x_2=\frac{b_2a_{11}-b_1a_{21}}{a_{11}a_{22}-a_{21}a_{12}}. \tag{2-2}$$

为便于记忆上述结果，下面引入二阶行列式的定义.

定义 2.1 将记号

$$\begin{vmatrix} a_{11} & a_{12} \\ a_{21} & a_{22} \end{vmatrix} \tag{2-3}$$

称为**二阶行列式**，用字母 D 表示，即

笔记

$$D=\begin{vmatrix} a_{11} & a_{12} \\ a_{21} & a_{22} \end{vmatrix}.$$

行列式的实质为一个代数和，即

$$\begin{vmatrix} a_{11} & a_{12} \\ a_{21} & a_{22} \end{vmatrix}=a_{11}a_{22}-a_{21}a_{12}.$$

上式的右边 $a_{11}a_{22}-a_{21}a_{12}$ 称为二阶行列式 D 的展开式.

对于二阶行列式 D，也称为方程组(2-1)的**系数行列式**.若记

$$D_1=\begin{vmatrix} b_1 & a_{12} \\ b_2 & a_{22} \end{vmatrix}=b_1a_{22}-b_2a_{12},\ D_2=\begin{vmatrix} a_{11} & b_1 \\ a_{21} & b_2 \end{vmatrix}=a_{11}b_2-a_{21}b_1,$$

则方程组的解(2-2)式可写成

$$x_1=\frac{D_1}{D},\qquad x_2=\frac{D_2}{D}.$$

例 1 解二元一次方程组

$$\begin{cases} x_1-x_2=2, \\ 2x_1+5x_2=11. \end{cases}$$

解 因为

$$D=\begin{vmatrix} 1 & -1 \\ 2 & 5 \end{vmatrix}=1\times 5-(-1)\times 2=7\neq 0,$$

$$D_1=\begin{vmatrix} 2 & -1 \\ 11 & 5 \end{vmatrix}=21,\ D_2=\begin{vmatrix} 1 & 2 \\ 2 & 11 \end{vmatrix}=7.$$

所以，得

$$x_1=\frac{D_1}{D}=\frac{21}{7}=3,\ x_2=\frac{D_2}{D}=\frac{7}{7}=1.$$

故原方程组的解是

$$\begin{cases} x_1=3, \\ x_2=1. \end{cases}$$

2. 三阶行列式

定义 2.2 将记号

$$\begin{vmatrix} a_{11} & a_{12} & a_{13} \\ a_{21} & a_{22} & a_{23} \\ a_{31} & a_{32} & a_{33} \end{vmatrix} \tag{2-4}$$

笔记

称为**三阶行列式**.通常三阶行列式也用 D 表示,其展开式为

$$a_{11}a_{22}a_{33}+a_{12}a_{23}a_{31}+a_{13}a_{21}a_{32}-a_{11}a_{23}a_{32}-a_{12}a_{21}a_{33}-a_{13}a_{22}a_{31}. \tag{2-5}$$

在 D 中,横的称为**行**,纵的称为**列**,称 $a_{ij}(i,\ j=1,\ 2,\ 3)$ 为此行列式的第 i 行第 j 列的元素.利用二阶行列式可以将三阶行列式的展开式(2-5)写成:

$$\begin{aligned}&a_{11}a_{22}a_{33}+a_{12}a_{23}a_{31}+a_{13}a_{21}a_{32}-a_{11}a_{23}a_{32}-a_{12}a_{21}a_{33}-a_{13}a_{22}a_{31}\\ =&a_{11}(a_{22}a_{33}-a_{32}a_{23})-a_{12}(a_{21}a_{33}-a_{31}a_{23})+a_{13}(a_{21}a_{32}-a_{31}a_{22})\\ =&a_{11}\begin{vmatrix}a_{22}&a_{23}\\a_{32}&a_{33}\end{vmatrix}-a_{12}\begin{vmatrix}a_{21}&a_{23}\\a_{31}&a_{33}\end{vmatrix}+a_{13}\begin{vmatrix}a_{21}&a_{22}\\a_{31}&a_{32}\end{vmatrix}.\end{aligned}$$

因此,有

$$\begin{vmatrix}a_{11}&a_{12}&a_{13}\\a_{21}&a_{22}&a_{23}\\a_{31}&a_{32}&a_{33}\end{vmatrix}=a_{11}\begin{vmatrix}a_{22}&a_{23}\\a_{32}&a_{33}\end{vmatrix}-a_{12}\begin{vmatrix}a_{21}&a_{23}\\a_{31}&a_{33}\end{vmatrix}+a_{13}\begin{vmatrix}a_{21}&a_{22}\\a_{31}&a_{32}\end{vmatrix}.$$

三阶行列式也可用对角线法则计算,如图 2-1 所示.

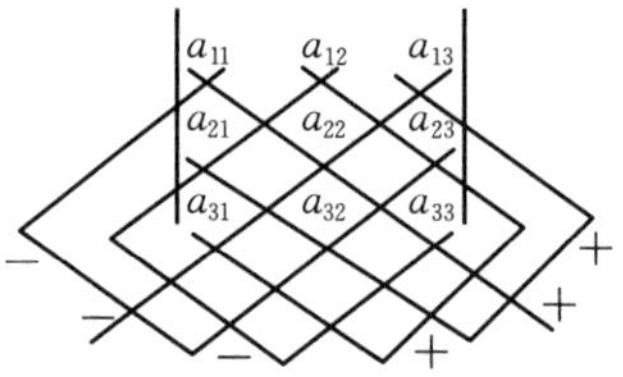

图 2-1

说明:对角线法则只适用于二阶及三阶行列式.

例 2 计算三阶行列式

$$\begin{vmatrix}1&1&2\\2&1&-2\\1&0&1\end{vmatrix}.$$

解

$$\begin{aligned}\begin{vmatrix}1&1&2\\2&1&-2\\1&0&1\end{vmatrix}&=1\times\begin{vmatrix}1&-2\\0&1\end{vmatrix}-1\times\begin{vmatrix}2&-2\\1&1\end{vmatrix}+2\times\begin{vmatrix}2&1\\1&0\end{vmatrix}\\&=1\times1-1\times4+2\times(-1)\\&=-5.\end{aligned}$$

笔记

例 3 求 c、d 满足什么条件时，有

$$\begin{vmatrix} 1 & 0 & 1 \\ c & d & 0 \\ 0 & c & d \end{vmatrix}=0.$$

解

$$D=\begin{vmatrix} 1 & 0 & 1 \\ c & d & 0 \\ 0 & c & d \end{vmatrix}=c^2+d^2.$$

要使 $c^2+d^2=0$，只有 $c=d=0$.

所以，当 $c=d=0$ 时，行列式等于零.

3. n 阶行列式

n 元线性方程组

$$\begin{cases} a_{11}x_1+a_{12}x_2+\cdots+a_{1n}x_n=b_1, \\ a_{21}x_1+a_{22}x_2+\cdots+a_{2n}x_n=b_2, \\ \cdots\cdots\cdots\cdots \\ a_{n1}x_1+a_{n2}x_2+\cdots+a_{nn}x_n=b_n \end{cases} \tag{2-6}$$

的所有未知数的系数也可以组成一个系数行列式

$$\begin{vmatrix} a_{11} & a_{12} & \cdots & a_{1n} \\ a_{21} & a_{22} & \cdots & a_{2n} \\ \vdots & \vdots & & \vdots \\ a_{n1} & a_{n2} & \cdots & a_{nn} \end{vmatrix}. \tag{2-7}$$

行列式(2-7)就是一个 n 阶行列式.仿照三阶行列式的定义方式，运用递归法，可以给出 n 阶行列式的具体定义.

定义 2.3 由 n^2 个数排成 n 行 n 列的形式，将记号

$$\begin{vmatrix} a_{11} & a_{12} & \cdots & a_{1n} \\ a_{21} & a_{22} & \cdots & a_{2n} \\ \vdots & \vdots & & \vdots \\ a_{n1} & a_{n2} & \cdots & a_{nn} \end{vmatrix} \tag{2-8}$$

称为 ***n* 阶行列式**，其展开式为 $a_{11}A_{11}+a_{12}A_{12}+\cdots+a_{1n}A_{1n}=\sum_{k=1}^{n}a_{1k}A_{1k}$. 即

笔记

$$\begin{vmatrix} a_{11} & a_{12} & \cdots & a_{1n} \\ a_{21} & a_{22} & \cdots & a_{2n} \\ \vdots & \vdots & & \vdots \\ a_{n1} & a_{n2} & \cdots & a_{nn} \end{vmatrix} = \sum_{k=1}^{n} a_{1k}A_{1k}, \qquad (2\text{-}9)$$

其中 $A_{1j}=(-1)^{1+j}M_{1j}(j=1, 2, \cdots, n)$ 称为元素 a_{1j} 的代数余子式，M_{1j} 称为元素 a_{1j} 的余子式.M_{1j} 是 n 阶行列式(2-8)中划去元素 a_{1j} 所在行、列后余下的 $n-1$ 阶行列式.

n 阶行列式一般可用 D 或 D_n 表示.当 $n=1$ 时称为一阶行列式，规定一阶行列式 $|a|$ 的值等于 a.

行列式(2-8)中的元素 a_{ij} 的代数余子式和余子式有如下定义.

定义 2.4 把 $A_{ij}=(-1)^{i+j}M_{ij}(i, j=1, 2, \cdots, n)$ 称为元素 a_{ij} 的代数余子式，M_{ij} 称为元素 a_{ij} 的余子式.M_{ij} 是 n 阶行列式(2-8)中划去元素 a_{ij} 所在第 i 行第 j 列后余下的 $n-1$ 阶行列式，即

$$M_{ij}=\begin{vmatrix} a_{11} & \cdots & a_{1,j-1} & a_{1,j+1} & \cdots & a_{1n} \\ \vdots & & \vdots & \vdots & & \vdots \\ a_{i-1,1} & \cdots & a_{i-1,j-1} & a_{i-1,j+1} & \cdots & a_{i-1,n} \\ a_{i+1,1} & \cdots & a_{i+1,j-1} & a_{i+1,j+1} & \cdots & a_{i+1,n} \\ \vdots & & \vdots & \vdots & & \vdots \\ a_{n1} & \cdots & a_{n,j-1} & a_{n,j+1} & \cdots & a_{nn} \end{vmatrix}.$$

元素 a_{ij} 的**代数余子式** A_{ij} 与对应的**余子式** M_{ij} 之间的关系为

$$A_{ij}=(-1)^{i+j}M_{ij}(i, j=1, 2, \cdots, n).$$

例如，在三阶行列式

$$D=\begin{vmatrix} 3 & 2 & 1 \\ 2 & 3 & 3 \\ 1 & 0 & 2 \end{vmatrix}$$

中，元素 $a_{21}=2$ 的余子式和代数余子式分别为

$$M_{21}=\begin{vmatrix} 2 & 1 \\ 0 & 2 \end{vmatrix}=4, \ A_{21}=(-1)^{2+1}M_{21}=-4.$$

将阶数 n 大于 3 的行列式称为**高阶行列式**.

根据公式(2-9)，将高阶行列式按第一行展开，使之降阶，依次进行，一直降到三阶或二阶行列式后，便可计算行列式的值.

笔记

例 4 计算

$$D=\begin{vmatrix}1&0&0&-1\\2&1&0&0\\0&3&1&-1\\1&1&1&2\end{vmatrix}.$$

解 将行列式按第 1 行展开，得

$$D=1\times(-1)^{1+1}\begin{vmatrix}1&0&0\\3&1&-1\\1&1&2\end{vmatrix}+0\times(-1)^{1+2}\begin{vmatrix}2&0&0\\0&1&-1\\1&1&2\end{vmatrix}+$$

$$0\times(-1)^{1+3}\begin{vmatrix}2&1&0\\0&3&-1\\1&1&2\end{vmatrix}+(-1)\times(-1)^{1+4}\begin{vmatrix}2&1&0\\0&3&1\\1&1&1\end{vmatrix}$$

$$=1\times3-(-1)\times5$$

$$=8.$$

例 5 计算下列三角行列式(即主对角线上方的所有元素都为零的行列式)：

$$\begin{vmatrix}a_{11}&&&\\a_{21}&a_{22}&&\\\vdots&\vdots&&\\a_{n1}&a_{n2}&\cdots&a_{nn}\end{vmatrix}.$$

解 按第一行展开，得

$$D=a_{11}\times(-1)^{1+1}\begin{vmatrix}a_{22}&&&\\a_{32}&a_{33}&&\\\vdots&\vdots&&\\a_{n2}&a_{n3}&\cdots&a_{nn}\end{vmatrix}=a_{11}\begin{vmatrix}a_{22}&&&\\a_{32}&a_{33}&&\\\vdots&\vdots&&\\a_{n2}&a_{n3}&\cdots&a_{nn}\end{vmatrix}.$$

对上式中右边的 $n-1$ 阶行列式再按第一行展开，则上式为

$$D=a_{11}a_{22}\begin{vmatrix}a_{33}&&&\\a_{43}&a_{44}&&\\\vdots&\vdots&&\\a_{n3}&a_{n4}&\cdots&a_{nn}\end{vmatrix}.$$

如此下去，n 次后即得

笔记

$$D=a_{11}a_{22}\cdot\cdots\cdot a_{nn}.$$

对于 n 阶行列式,也可以按照第一列进行展开,展开式为

$$D=a_{11}A_{11}+a_{21}A_{21}+\cdots+a_{nn}A_{nn}.$$

利用上述结论,可计算主对角线下方的所有元素都为零的行列式:

$$D=\begin{vmatrix} a_{11} & a_{12} & \cdots & a_{1n} \\ & a_{22} & \cdots & a_{2n} \\ & & & \vdots \\ & & & a_{nn} \end{vmatrix}=a_{11}a_{22}\cdot\cdots\cdot a_{nn}.$$

2.1.2 行列式的性质

在理论研究和实际应用中,经常会遇到行列式的计算问题,对于阶数较高、零元素较少的行列式,利用定义进行计算相对复杂,常采用行列式的性质对其进行简化计算.

定义 2.5 将行列式

$$D=\begin{vmatrix} a_{11} & a_{12} & \cdots & a_{1n} \\ a_{21} & a_{22} & \cdots & a_{2n} \\ \vdots & \vdots & & \vdots \\ a_{n1} & a_{n2} & \cdots & a_{nn} \end{vmatrix}$$

行与列依次互换,得到行列式

$$D'=\begin{vmatrix} a_{11} & a_{21} & \cdots & a_{n1} \\ a_{12} & a_{22} & \cdots & a_{n2} \\ \vdots & \vdots & & \vdots \\ a_{1n} & a_{2n} & \cdots & a_{nn} \end{vmatrix},$$

则 D' 叫作 D 的**转置行列式**(也可以用 D^{T} 表示).

显然,D 也叫作 D' 的**转置行列式**.对元素来说,D 中的 a_{ij} 在 D' 中为 a'_{ji}.

因三阶行列式的性质对高阶行列式也是成立的,为研究方便,下面以三阶行列式为例对行列式的性质进行研究.

性质 1 行列式与其转置行列式相等,即 $D'=D$.

由此性质可知,行列式的行具有的性质,则列也具有相同的性质,反之亦然.

性质 2 交换行列式的任意两行(列),行列式仅改变符号.

笔记

例如，容易验证

$$\begin{vmatrix}1&0&0\\3&4&0\\0&2&3\end{vmatrix}=-\begin{vmatrix}3&4&0\\1&0&0\\0&2&3\end{vmatrix}.$$

推论 1 如果行列式有两行（列）的对应元素相同，则此行列式的值为零.

性质 3 把行列式的某一行（列）中所有元素都乘以同一数 k，等于以数 k 乘以此行列式.例如

$$\begin{vmatrix}a_{11}&a_{12}&a_{13}\\ka_{21}&ka_{22}&ka_{23}\\a_{31}&a_{32}&a_{33}\end{vmatrix}=k\begin{vmatrix}a_{11}&a_{12}&a_{13}\\a_{21}&a_{22}&a_{23}\\a_{31}&a_{32}&a_{33}\end{vmatrix}.$$

推论 2 行列式中某一行（列）的所有元素的公因子可以提到行列式符号的外面.

推论 3 如果行列式某行（列）的元素全为零，则此行列式的值等于零.

推论 4 如果行列式某两行（列）的元素对应成比例，则此行列式的值等于零.

例如

$$\begin{vmatrix}1&2&3\\3&6&9\\1&5&7\end{vmatrix}=3\begin{vmatrix}1&2&3\\1&2&3\\1&5&7\end{vmatrix}=0.$$

性质 4 行列式的某一行（列）的各元素都是两项的和，这个行列式等于两个行列式的和.例如

$$\begin{vmatrix}a_{11}+b_{11}&a_{12}+b_{12}&a_{13}+b_{13}\\a_{21}&a_{22}&a_{23}\\a_{31}&a_{32}&a_{33}\end{vmatrix}=\begin{vmatrix}a_{11}&a_{12}&a_{13}\\a_{21}&a_{22}&a_{23}\\a_{31}&a_{32}&a_{33}\end{vmatrix}+\begin{vmatrix}b_{11}&b_{12}&b_{13}\\a_{21}&a_{22}&a_{23}\\a_{31}&a_{32}&a_{33}\end{vmatrix}.$$

性质 5 把行列式的某一行（列）的各元素乘以常数 k，加到另一行（列）上，行列式的值不变.例如，利用性质 4 及推论 4 容易验证下面的等式成立：

$$\begin{vmatrix}a_{11}&a_{12}&a_{13}\\a_{21}&a_{22}&a_{23}\\a_{31}&a_{32}&a_{33}\end{vmatrix}=\begin{vmatrix}a_{11}&a_{12}&a_{13}\\a_{21}+ka_{11}&a_{22}+ka_{12}&a_{23}+ka_{13}\\a_{31}&a_{32}&a_{33}\end{vmatrix}.$$

笔记

注意 为了叙述方便,约定:

(1) 记号 $r_i \leftrightarrow r_j$ 表示互换第 i、j 两行.

(2) 记号 $c_i \leftrightarrow c_j$ 表示互换第 i、j 两列.

(3) 记号 $r_i \times k(c_i \times k)$ 表示将行列式的第 i 行(列)乘以数 k.

(4) 记号 $r_i + kr_j(c_i + kc_j)$ 表示将行列式的第 j 行(列)乘以 k 加到第 i 行(列).

例 6 计算行列式

$$D=\begin{vmatrix}2 & 6 & 4\\3 & 0 & 6\\1 & 1 & 2\end{vmatrix}.$$

解 因为第一列与第三列对应元素成比例,所以由性质 3 和推论 1,得

$$D=\begin{vmatrix}2 & 6 & 4\\3 & 0 & 6\\1 & 1 & 2\end{vmatrix}=2\begin{vmatrix}2 & 6 & 2\\3 & 0 & 3\\1 & 1 & 1\end{vmatrix}=0.$$

例 7 计算行列式

(1) $D=\begin{vmatrix}0 & -1 & 3\\1 & 1 & 2\\2 & 3 & 4\end{vmatrix}$;　　(2) $D=\begin{vmatrix}1 & 1 & -1\\-1 & x & 2\\2 & 2 & x\end{vmatrix}$.

解 可先利用行列式的性质将行列式化为三角行列式,再由上节例 5 的结论求得行列式的值.计算过程如下:

$$(1)\ D=\begin{vmatrix}0 & -1 & 3\\1 & 1 & 2\\2 & 3 & 4\end{vmatrix}\xlongequal{r_1\leftrightarrow r_2}-\begin{vmatrix}1 & 1 & 2\\0 & -1 & 3\\2 & 3 & 4\end{vmatrix}\xlongequal{r_3-2r_1}$$

$$-\begin{vmatrix}1 & 1 & 2\\0 & -1 & 3\\0 & 1 & 0\end{vmatrix}\xlongequal{r_3+r_2}-\begin{vmatrix}1 & 1 & 2\\0 & -1 & 3\\0 & 0 & 3\end{vmatrix}$$

$$=-1\times(-1)\times 3=3.$$

$$(2)\ D=\begin{vmatrix}1 & 1 & -1\\-1 & x & 2\\2 & 2 & x\end{vmatrix}\xlongequal{r_2+r_1}\begin{vmatrix}1 & 1 & -1\\0 & x+1 & 1\\2 & 2 & x\end{vmatrix}\xlongequal{r_3-2r_1}$$

$$\begin{vmatrix}1 & 1 & -1\\0 & x+1 & 1\\0 & 0 & x+2\end{vmatrix}=(x+1)(x+2).$$

笔记

下面来研究行列式的展开性质.

在三阶行列式

$$D=\begin{vmatrix} a_{11} & a_{12} & a_{13} \\ a_{21} & a_{22} & a_{23} \\ a_{31} & a_{32} & a_{33} \end{vmatrix}$$

中,元素 a_{ij} 的余子式 M_{ij} 与对应的代数余子式 A_{ij} 存在如下关系

$$A_{ij}=(-1)^{i+j}M_{ij}.$$

例如,元素 a_{23} 的余子式是

$$M_{23}=\begin{vmatrix} a_{11} & a_{12} \\ a_{31} & a_{32} \end{vmatrix}.$$

a_{23} 的代数余子式是

$$A_{23}=(-1)^{2+3}\begin{vmatrix} a_{11} & a_{12} \\ a_{31} & a_{32} \end{vmatrix}=-\begin{vmatrix} a_{11} & a_{12} \\ a_{31} & a_{32} \end{vmatrix}.$$

性质 6 行列式等于它的任意一行(列)的各元素与其对应的代数余子式的乘积的和.即

$$D=\begin{vmatrix} a_{11} & a_{12} & a_{13} \\ a_{21} & a_{22} & a_{23} \\ a_{31} & a_{32} & a_{33} \end{vmatrix}=a_{i1}A_{i1}+a_{i2}A_{i2}+a_{i3}A_{i3}\ (i=1,\ 2,\ 3),$$

$$D=\begin{vmatrix} a_{11} & a_{12} & a_{13} \\ a_{21} & a_{22} & a_{23} \\ a_{31} & a_{32} & a_{33} \end{vmatrix}=a_{1j}A_{1j}+a_{2j}A_{2j}+a_{3j}A_{3j}\ (j=1,\ 2,\ 3).$$

这个性质叫作**行列式的展开性质**.

例 8 用行列式的展开性质计算行列式

$$D=\begin{vmatrix} 1 & 3 & 1 \\ 1 & 1 & 2 \\ 2 & 0 & 1 \end{vmatrix}.$$

解 在第三行中,有一个元素是零,按第三行展开,得

$$D=2\times(-1)^{3+1}\begin{vmatrix} 3 & 1 \\ 1 & 2 \end{vmatrix}+0\times(-1)^{3+2}\begin{vmatrix} 1 & 1 \\ 1 & 2 \end{vmatrix}+1\times(-1)^{3+3}\begin{vmatrix} 1 & 3 \\ 1 & 1 \end{vmatrix}$$

$$=2\times(6-1)+(1-3)$$

$$=8.$$

笔记

性质 7 行列式某一行(列)的元素与另一行(列)对应元素的代数余子式的乘积的和等于零.即

$$a_{i1}A_{k1}+a_{i2}A_{k2}+a_{i3}A_{k3}=0(i\neq k),$$
$$a_{1j}A_{1t}+a_{2j}A_{2t}+a_{3j}A_{3t}=0(j\neq t).$$

例如,在例 8 中,用第一行去乘以第三行的代数余子式有

$$\begin{aligned}&a_{11}A_{31}+a_{12}A_{32}+a_{13}A_{33}\\&=1\times(-1)^{3+1}\begin{vmatrix}3&1\\1&2\end{vmatrix}+3\times(-1)^{3+2}\begin{vmatrix}1&1\\1&2\end{vmatrix}+1\times(-1)^{3+3}\begin{vmatrix}1&3\\1&1\end{vmatrix}\\&=1\times(6-1)-3\times(2-1)+(1-3)=0.\end{aligned}$$

2.1.3 克拉默(Gramer)法则

设由 n 个 n 元线性方程构成的 n 元线性方程组为

$$\begin{cases}a_{11}x_1+a_{12}x_2+\cdots+a_{1n}x_n=b_1,\\a_{21}x_1+a_{22}x_2+\cdots+a_{2n}x_n=b_2,\\\cdots\cdots\cdots\cdots\\a_{n1}x_1+a_{n2}x_2+\cdots+a_{nn}x_n=b_n.\end{cases}\tag{2-10}$$

其系数行列式为

$$D=\begin{vmatrix}a_{11}&a_{12}&\cdots&a_{1n}\\a_{21}&a_{22}&\cdots&a_{2n}\\\vdots&\vdots&&\vdots\\a_{n1}&a_{n2}&\cdots&a_{nn}\end{vmatrix}.$$

类似于二元线性方程组的行列式求解公式,对 n 元线性方程组(2-10)的求解有下述法则.

定理 2.1(克拉默法则) 如果线性方程组(2-10)的系数行列式 $D\neq 0$,则该方程组有且只有唯一解

$$x_1=\frac{D_1}{D},\ x_2=\frac{D_2}{D},\ \cdots,\ x_n=\frac{D_n}{D}.$$

其中 D_j 是把系数行列式 D 中第 j 列元素依次替换为 b_1、b_2、$\cdots$、b_n 得到的行列式,即

$$D_j=\begin{vmatrix}a_{11}&\cdots&a_{1,j-1}&b_1&a_{1,j+1}&\cdots&a_{1n}\\a_{21}&\cdots&a_{2,j-1}&b_2&a_{2,j+1}&\cdots&a_{2n}\\\vdots&&\vdots&\vdots&\vdots&&\vdots\\a_{n1}&\cdots&a_{n,j-1}&b_n&a_{n,j+1}&\cdots&a_{nn}\end{vmatrix}.$$

笔记

证　用 D 中第 j 列元素的代数余子式 A_{1j}、A_{2j}、…、A_{nj}，($j=1, 2, \cdots, n$)依次乘方程组(2-10)的第 1、第 2、…、第 n 个方程，然后相加，得

$$\begin{aligned}&(a_{11}A_{1j}+a_{21}A_{2j}+\cdots+a_{n1}A_{nj})x_1+\cdots+\\&(a_{1j}A_{1j}+a_{2j}A_{2j}+\cdots+a_{nj}A_{nj})x_j+\cdots+\\&(a_{1n}A_{1j}+a_{2n}A_{2j}+\cdots+a_{nn}A_{nj})x_n\\=&b_1A_{1j}+b_2A_{2j}+\cdots+b_nA_{nj}\ (j=1, 2, \cdots, n).\end{aligned}$$

根据行列式的展开性质，得

$$\begin{aligned}&a_{1j}A_{1j}+a_{2j}A_{2j}+\cdots+a_{nj}A_{nj}=D \quad (j=1, 2, \cdots, n),\\&a_{1i}A_{1j}+a_{2i}A_{2j}+\cdots+a_{ni}A_{nj}=0 \quad (i\neq j;\ i, j=1, 2, \cdots, n),\\&b_1A_{1j}+b_2A_{2j}+\cdots+b_nA_{nj}=D_j \quad (j=1, 2, \cdots, n).\end{aligned}$$

于是，得

$$Dx_j=D_j\ (j=1, 2, \cdots, n).$$

因为 $D\neq 0$，所以方程组有唯一解

$$x_j=\frac{D_j}{D}\ (j=1, 2, \cdots, n).$$

例 9　用克拉默法则解方程组

$$\begin{cases}x_1-x_2+2x_4=-5,\\3x_1+2x_2-x_3-2x_4=6,\\4x_1+3x_2-x_3-x_4=0,\\2x_1-x_3=0.\end{cases}$$

解　因为系数行列式

$$D=\begin{vmatrix}1&-1&0&2\\3&2&-1&-2\\4&3&-1&-1\\2&0&-1&0\end{vmatrix}\xlongequal[r_4-2r_1]{\substack{r_2-3r_1\\r_3-4r_1}}\begin{vmatrix}1&-1&0&2\\0&5&-1&-8\\0&7&-1&-9\\0&2&-1&-4\end{vmatrix}$$

$$\xlongequal{\text{按第 1 列展开}}1\times(-1)^{1+1}\begin{vmatrix}5&-1&-8\\7&-1&-9\\2&-1&-4\end{vmatrix}=5\neq 0,$$

$$D_1=\begin{vmatrix}-5&-1&0&2\\6&2&-1&-2\\0&3&-1&-1\\0&0&-1&0\end{vmatrix}=10,\ D_2=\begin{vmatrix}1&-5&0&2\\3&6&-1&-2\\4&0&-1&-1\\2&0&-1&0\end{vmatrix}=-15,$$

笔记

$$D_3=\begin{vmatrix}1&-1&-5&2\\3&2&6&-2\\4&3&0&-1\\2&0&0&0\end{vmatrix}=20,\ D_4=\begin{vmatrix}1&-1&0&-5\\3&2&-1&6\\4&3&-1&0\\2&0&-1&0\end{vmatrix}=-25.$$

所以方程组的唯一解为

$$x_1=\frac{D_1}{D}=\frac{10}{5}=2,\ x_2=\frac{D_2}{D}=\frac{-15}{5}=-3,$$

$$x_3=\frac{D_3}{D}=\frac{20}{5}=4,\ x_4=\frac{D_4}{D}=\frac{-25}{5}=-5.$$

即

$$x_1=2,\ x_2=-3,\ x_3=4,\ x_4=-5.$$

注意 克拉默法则有两个条件:一是方程组的未知数个数等于方程的个数;二是系数行列式不等于零.

在方程组(2-10)中,如果常数项 b_1、b_2、…、b_n 全为零.则方程组变为

$$\begin{cases}a_{11}x_1+a_{12}x_2+\cdots+a_{1n}x_n=0,\\a_{21}x_1+a_{22}x_2+\cdots+a_{2n}x_n=0,\\\cdots\cdots\cdots\cdots\\a_{n1}x_1+a_{n2}x_2+\cdots+a_{nn}x_n=0.\end{cases}\tag{2-11}$$

把上述方程组(2-11)称为**齐次线性方程组**.而当方程组(2-10)的常数项 b_1、b_2、…、b_n 不全为零时,称为**非齐次线性方程组**.

显然,$x_1=x_2=\cdots=x_n=0$ 一定是齐次线性方程组(2-11)的解,称为**零解**.如果一组不全为零的数是方程组(2-11)的解,则称为**非零解**.

齐次线性方程组(2-11)一定有零解,但不一定有非零解.由克拉默法则可得下面两个推论成立.

推论 5 如果齐次线性方程组的系数行列式 $D\neq 0$,则方程组只有零解.

推论 6 如果齐次线性方程组有非零解,则方程组的系数行列式 D 必为零.

上述推论表明,系数行列式 $D=0$ 是齐次线性方程组有非零解的必要条件.以后将证明这个条件也是充分的.

例 10 λ 取何值时,齐次线性方程组

笔记

$$\begin{cases}x_1+x_2+x_3=0,\\x_1+\lambda x_2+x_3=0,\\x_1+x_2+\lambda x_3=0\end{cases}$$

有非零解？

解 方程组的系数行列式为

$$D=\begin{vmatrix}1&1&1\\1&\lambda&1\\1&1&\lambda\end{vmatrix}=(\lambda-1)^2.$$

由推论 6 知，若齐次线性方程组有非零解，则系数行列式 D 必为零，即

$$(\lambda-1)^2=0,$$

解得 $\lambda=1$.

容易验证，当 $\lambda=1$ 时，方程组有非零解.

习 题 2-1

1. 计算下列行列式的值.

(1) $\begin{vmatrix}2&1\\5&6\end{vmatrix}$； (2) $\begin{vmatrix}3&0\\2&-2\end{vmatrix}$； (3) $\begin{vmatrix}1&0&1\\3&1&1\\0&2&1\end{vmatrix}$；

(4) $\begin{vmatrix}2&1&3\\-2&-1&6\\1&3&8\end{vmatrix}$； (5) $\begin{vmatrix}0&2&1\\5&1&2\\4&2&3\end{vmatrix}$.

2. 用行列式解下列方程组.

(1) $\begin{cases}x-2y=3,\\-x+3y=-1;\end{cases}$ (2) $\begin{cases}2x-y=0,\\x+y=2;\end{cases}$

(3) $\begin{cases}2x+3y-3=0,\\x-y-1=0;\end{cases}$ (4) $\begin{cases}x_1+2x_2+x_3=0,\\2x_1-x_2+x_3=1,\\x_1-x_2-2x_3=3.\end{cases}$

3. 利用行列式的性质计算下列行列式.

(1) $\begin{vmatrix}-1&2&1\\2&9&3\\1&-2&1\end{vmatrix}$； (2) $\begin{vmatrix}1&0&1\\1&1&1\\2&2&1\end{vmatrix}$.

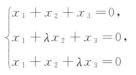

4. 试求下列方程的根.

(1) $\begin{vmatrix} 1 & 1 & 0 \\ 1 & \lambda+1 & 1 \\ \lambda & \lambda & \lambda \end{vmatrix}=0$;　　(2) $\begin{vmatrix} 1 & 2-x^2 & 2 & 3 \\ 0 & 1 & 2 & 3 \\ 0 & 3 & 1 & 5 \\ 0 & 3 & 1 & 9-x^2 \end{vmatrix}=0$.

5. 利用行列式的性质证明下列各式.

(1) $\begin{vmatrix} 1 & a & a+1 \\ 1 & b & b+1 \\ 1 & c & c+1 \end{vmatrix}=0$;

(2) $\begin{vmatrix} 1 & 1 & 1 \\ x & y & z \\ x^2 & y^2 & z^2 \end{vmatrix}=(y-x)(z-x)(z-y)$.

6. 求下列行列式的值.

(1) $\begin{vmatrix} 1 & 2 & 1 & 1 \\ 1 & 1 & 2 & 0 \\ 2 & 0 & 1 & 1 \\ 1 & 2 & 3 & 0 \end{vmatrix}$;　　(2) $\begin{vmatrix} 3 & -7 & 2 & 4 \\ -2 & 5 & 1 & -3 \\ 1 & -3 & -1 & 2 \\ 4 & -6 & 3 & 8 \end{vmatrix}$.

7. 用克拉默法则解下列线性方程组.

(1) $\begin{cases} x_1+x_2+2x_3=0, \\ x_1-x_2+3x_3=0, \\ x_1-3x_2-x_3=0; \end{cases}$　　(2) $\begin{cases} 2x_1-x_2-x_3=4, \\ x_1+x_2-2x_3=0, \\ x_1-2x_2+4x_3=2. \end{cases}$

8. 当 λ 为何值时,下列齐次线性方程组有非零解?

(1) $\begin{cases} x_1+(\lambda-3)x_2=0, \\ \lambda x_1-2x_2=0; \end{cases}$　　(2) $\begin{cases} 4x_1+x_2+4x_3=0, \\ (\lambda-1)x_1-x_2+2x_3=0, \\ 2x_1+\lambda x_2+x_3=0. \end{cases}$

习题 2-1
参考答案

2.2 矩　　阵

矩阵是线性代数的基础内容,对于研究线性方程组、线性经济模型等是重要基础和不可缺少的工具,同时在工程技术各领域中也有着广泛的应用.本节介绍矩阵的概念及其运算,逆矩阵,矩阵分块处理,可逆矩阵及其求法,分块矩阵等内容.

2.2.1 矩阵的概念

在线性方程组

笔记

$$\begin{cases} a_{11}x_1+a_{12}x_2+\cdots+a_{1n}x_n=b_1, \\ a_{21}x_1+a_{22}x_2+\cdots+a_{2n}x_n=b_2, \\ \cdots\cdots\cdots\cdots \\ a_{m1}x_1+a_{m2}x_2+\cdots+a_{mn}x_n=b_m \end{cases}$$

中，把未知量的系数按其在方程组中原来的位置顺序排成一个矩形数表

$$\begin{pmatrix} a_{11} & a_{12} & \cdots & a_{1n} \\ a_{21} & a_{22} & \cdots & a_{2n} \\ \vdots & \vdots & & \vdots \\ a_{m1} & a_{m2} & \cdots & a_{mn} \end{pmatrix},$$

对于这样的数表，给出下面的定义.

定义 2.6　由 $m\times n$ 个数 $a_{ij}(i=1,2,\cdots,m;j=1,2,\cdots,n)$ 排成的 m 行 n 列矩形数表

$$\begin{pmatrix} a_{11} & a_{12} & \cdots & a_{1n} \\ a_{21} & a_{22} & \cdots & a_{2n} \\ \vdots & \vdots & & \vdots \\ a_{m1} & a_{m2} & \cdots & a_{mn} \end{pmatrix}$$

称为 m 行 n 列矩阵，简称 $m\times n$ 矩阵.其中 $a_{ij}(i=1,2,3,\cdots,m;j=1,2,3,\cdots,n)$ 称为矩阵的元素.

矩阵通常用大写字母 $\boldsymbol{A}$、$\boldsymbol{B}$、$\boldsymbol{C}$ 等表示.例如，上述矩阵可记作

$$\boldsymbol{A}=\begin{pmatrix} a_{11} & a_{12} & \cdots & a_{1n} \\ a_{21} & a_{22} & \cdots & a_{2n} \\ \vdots & \vdots & & \vdots \\ a_{m1} & a_{m2} & \cdots & a_{mn} \end{pmatrix},$$

也可简写为 $\boldsymbol{A}=(a_{ij})_{m\times n}$ 或 $\boldsymbol{A}=(a_{ij})$.

若矩阵 $\boldsymbol{A}$ 的元素全是实数，则称 $\boldsymbol{A}$ 为**实矩阵**；如果全是复数，则称 $\boldsymbol{A}$ 为**复矩阵**.如果矩阵 $\boldsymbol{A}$ 的所有元素都是零，则称 $\boldsymbol{A}$ 为**零矩阵**，记作 $\boldsymbol{0}$.注意这里的 $\boldsymbol{0}$ 表示一个矩阵，不是数 0.

当 $m=1$ 时，矩阵 $\boldsymbol{A}=(a_{ij})_{m\times n}$ 只有一行，则这时

$$\boldsymbol{A}=(a_{11}\quad a_{12}\quad \cdots\quad a_{1n})$$

称为**行矩阵**.

当 $n=1$ 时，矩阵 $\boldsymbol{A}=(a_{ij})_{m\times n}$ 只有一列，则这时

笔记

$$\boldsymbol{A}=\begin{pmatrix}a_{11}\\a_{21}\\\vdots\\a_{m1}\end{pmatrix}$$

称为**列矩阵**.

当 $m=n=1$ 时,矩阵 $\boldsymbol{A}$ 只有一个元素 a_{11},则把 $\boldsymbol{A}$ 就看成是数 a_{11},即

$$\boldsymbol{A}=(a_{11})=a_{11}.$$

当 $m=n$ 时,矩阵 $\boldsymbol{A}=(a_{ij})_{m\times n}$ 中行数与列数相等,称为 **n 阶方阵**.在 n 阶方阵中,元素 a_{11}、a_{22}、a_{33}、$\cdots$、a_{nn} 称为**主对角线上的元素**.

如果一个方阵除主对角线上的元素外,其余的元素都为零,则称该矩阵为**对角矩阵**,其形式为

$$\boldsymbol{A}=\begin{pmatrix}a_{11}&0&\cdots&0\\0&a_{22}&\cdots&0\\\vdots&\vdots&&\vdots\\0&0&\cdots&a_{nn}\end{pmatrix}.$$

通常将对角矩阵简记作 $\boldsymbol{A}=\mathrm{diag}\{a_{11},\ a_{22},\ \cdots,\ a_{nn}\}$,或简写为

$$\boldsymbol{A}=\begin{pmatrix}a_{11}&&&\\&a_{22}&&\\&&\ddots&\\&&&a_{nn}\end{pmatrix}.$$

如果对角矩阵 $\boldsymbol{A}$ 中的元素 $a_{11}=a_{22}=\cdots=a_{nn}=a$,即

$$\boldsymbol{A}=\begin{pmatrix}a&&&\\&a&&\\&&\ddots&\\&&&a\end{pmatrix},$$

则称 $\boldsymbol{A}$ 为 **n 阶数量矩阵**.如果 n 阶数量矩阵 $\boldsymbol{A}$ 中的元素 $a=1$,则称 $\boldsymbol{A}$ 为 n 阶**单位矩阵**,记作 $\boldsymbol{E}_n$ 或 $\boldsymbol{E}$,即

$$\boldsymbol{E}=\begin{pmatrix}1&0&\cdots&0\\0&1&\cdots&0\\\vdots&\vdots&&\vdots\\0&0&\cdots&1\end{pmatrix}.$$

笔记

主对角线以下的元素都是零的方阵

$$\begin{pmatrix} a_{11} & a_{12} & \cdots & a_{1n} \\ 0 & a_{22} & \cdots & a_{2n} \\ \vdots & \vdots & & \vdots \\ 0 & 0 & \cdots & a_{nn} \end{pmatrix}$$

称为**上三角矩阵**.

类似地,主对角线以上的元素都是零的方阵

$$\begin{pmatrix} a_{11} & 0 & \cdots & 0 \\ a_{21} & a_{22} & \cdots & 0 \\ \vdots & \vdots & & \vdots \\ a_{n1} & a_{n2} & \cdots & a_{nn} \end{pmatrix}$$

称为**下三角矩阵**.

定义 2.7 如果 $\boldsymbol{A}=(a_{ij})$ 与 $\boldsymbol{B}=(b_{ij})$ 都是 $m\times n$ 矩阵,并且两者对应元素都相等,则称矩阵 $\boldsymbol{A}$ 与矩阵 $\boldsymbol{B}$ 相等,记作 $\boldsymbol{A}=\boldsymbol{B}$.

例 1 已知

$$\boldsymbol{A}=\begin{pmatrix} a-b & 3 \\ 3 & a+b \end{pmatrix},\quad \boldsymbol{B}=\begin{pmatrix} 3 & c-d \\ c & 5 \end{pmatrix},$$

且 $\boldsymbol{A}=\boldsymbol{B}$,求 a、b、c、d.

解 根据矩阵相等的定义,可得方程组

$$\begin{cases} a-b=3, \\ 3=c-d, \\ 3=c, \\ a+b=5, \end{cases}$$

解得

$$a=4,\ b=1,\ c=3,\ d=0.$$

2.2.2 矩阵的运算

1. 矩阵的加法与减法

定义 2.8 两个 $m\times n$ 矩阵 $\boldsymbol{A}=(a_{ij})$ 与 $\boldsymbol{B}=(b_{ij})$ 对应元素相加得到的 $m\times n$ 矩阵,称为矩阵 $\boldsymbol{A}$ 与 $\boldsymbol{B}$ 的和,记作 $\boldsymbol{A}+\boldsymbol{B}$. 即

笔记

$$\boldsymbol{A}+\boldsymbol{B}=(a_{ij})_{m\times n}+(b_{ij})_{m\times n}=(a_{ij}+b_{ij})_{m\times n}.$$

例如

$$\begin{pmatrix}-1&0&4\\1&3&2\end{pmatrix}+\begin{pmatrix}2&1&-1\\-3&0&6\end{pmatrix}=\begin{pmatrix}-1+2&0+1&4-1\\1-3&3+0&2+6\end{pmatrix}=\begin{pmatrix}1&1&3\\-2&3&8\end{pmatrix}.$$

求两个矩阵和的运算叫作**矩阵的加法**.

把 $m\times n$ 矩阵 $\boldsymbol{B}=(b_{ij})_{m\times n}$ 中各元素变号得到的矩阵,称为 $\boldsymbol{B}$ 的**负矩阵**,记作 $-\boldsymbol{B}$,即 $-\boldsymbol{B}=(-b_{ij})_{m\times n}$.

利用负矩阵,两个矩阵的减法可定义为

$$\boldsymbol{A}-\boldsymbol{B}=\boldsymbol{A}+(-\boldsymbol{B}).$$

例如

$$\begin{pmatrix}1&2&3\\2&1&5\end{pmatrix}-\begin{pmatrix}2&3&4\\1&1&4\end{pmatrix}=\begin{pmatrix}1-2&2-3&3-4\\2-1&1-1&5-4\end{pmatrix}=\begin{pmatrix}-1&-1&-1\\1&0&1\end{pmatrix}.$$

注意 只有当两个矩阵的行数和列数都分别相同时,才能进行加减运算.

利用矩阵加法的定义,可以验证以下运算规律:

(1) 交换律 $\boldsymbol{A}+\boldsymbol{B}=\boldsymbol{B}+\boldsymbol{A}$.

(2) 结合律 $(\boldsymbol{A}+\boldsymbol{B})+\boldsymbol{C}=\boldsymbol{A}+(\boldsymbol{B}+\boldsymbol{C})$.

(3) $\boldsymbol{A}+\boldsymbol{0}=\boldsymbol{A}$.

(4) $\boldsymbol{A}+(-\boldsymbol{A})=\boldsymbol{0}$.

2. 数与矩阵相乘

定义 2.9 以数 k 乘以矩阵 $\boldsymbol{A}=(a_{ij})_{m\times n}$ 的每一个元素所得的矩阵,称为**数 k 与矩阵 $\boldsymbol{A}$ 的乘积**,记作 $k\boldsymbol{A}$,即

$$k\boldsymbol{A}=k\begin{pmatrix}a_{11}&a_{12}&\cdots&a_{1n}\\a_{21}&a_{22}&\cdots&a_{2n}\\\vdots&\vdots&&\vdots\\a_{m1}&a_{m2}&\cdots&a_{mn}\end{pmatrix}=\begin{pmatrix}ka_{11}&ka_{12}&\cdots&ka_{1n}\\ka_{21}&ka_{22}&\cdots&ka_{2n}\\\vdots&\vdots&&\vdots\\ka_{m1}&ka_{m2}&\cdots&ka_{mn}\end{pmatrix}.$$

并且,规定 $k\boldsymbol{A}=\boldsymbol{A}k$. 例如

$$4\begin{pmatrix}1&2&0\\2&1&-1\end{pmatrix}=\begin{pmatrix}1&2&0\\2&1&-1\end{pmatrix}4=\begin{pmatrix}4&8&0\\8&4&-4\end{pmatrix}.$$

笔记

利用数乘矩阵的定义,可以验证以下运算规律成立.

(1) $(kl)\boldsymbol{A}=k(l\boldsymbol{A})$.

(2) $k(\boldsymbol{A}+\boldsymbol{B})=k\boldsymbol{A}+k\boldsymbol{B}$.

(3) $(k+l)\boldsymbol{A}=k\boldsymbol{A}+l\boldsymbol{A}$.

(4) $1\boldsymbol{A}=\boldsymbol{A}$.

(5) $0\boldsymbol{A}=\boldsymbol{0}$.

例 2 已知

$$\boldsymbol{A}=\begin{pmatrix}2 & 0 & 1\\3 & -1 & 2\end{pmatrix},\ \boldsymbol{B}=\begin{pmatrix}1 & -1 & 2\\2 & 0 & 1\end{pmatrix}.$$

(1) 求 $2\boldsymbol{A}-3\boldsymbol{B}$.

(2) 若 $\boldsymbol{A}+3\boldsymbol{X}=\boldsymbol{B}$, 求 $\boldsymbol{X}$.

解 (1) $2\boldsymbol{A}-3\boldsymbol{B}=2\begin{pmatrix}2 & 0 & 1\\3 & -1 & 2\end{pmatrix}-3\begin{pmatrix}1 & -1 & 2\\2 & 0 & 1\end{pmatrix}$

$$=\begin{pmatrix}4-3 & 0+3 & 2-6\\6-6 & -2-0 & 4-3\end{pmatrix}=\begin{pmatrix}1 & 3 & -4\\0 & -2 & 1\end{pmatrix}.$$

(2)

$$\boldsymbol{X}=\frac{1}{3}(\boldsymbol{B}-\boldsymbol{A})=\frac{1}{3}\begin{pmatrix}-1 & -1 & 1\\1 & 1 & -1\end{pmatrix}=\begin{pmatrix}-\frac{1}{3} & -\frac{1}{3} & \frac{1}{3}\\-\frac{1}{3} & \frac{1}{3} & -\frac{1}{3}\end{pmatrix}.$$

3. 矩阵的乘法

定义 2.10 设矩阵 $\boldsymbol{A}=(a_{ik})_{m\times s}$, $\boldsymbol{B}=(b_{kj})_{s\times n}$, 则由元素

$$c_{ij}=a_{i1}b_{1j}+a_{i2}b_{2j}+\cdots+a_{is}b_{sj}$$
$$=\sum_{k=1}^{s}a_{ik}b_{kj}\ (i=1,2,3,\cdots,m;\ j=1,2,3,\cdots,n)$$

构成的 m 行 n 列矩阵 $\boldsymbol{C}=(c_{ij})_{m\times n}$, 称为矩阵 $\boldsymbol{A}$ 与矩阵 $\boldsymbol{B}$ 的**乘积**,记作 $\boldsymbol{AB}$,即 $\boldsymbol{C}=\boldsymbol{AB}$.

由定义可以看出:

(1) 只有当左边矩阵 $\boldsymbol{A}$ 的列数等于右边矩阵 $\boldsymbol{B}$ 的行数时,$\boldsymbol{A}$ 与 $\boldsymbol{B}$ 才能相乘.

(2) 矩阵 $\boldsymbol{C}$ 中第 i 行第 j 列的元素等于左边矩阵 $\boldsymbol{A}$ 的第 i 行元素与右边矩阵 $\boldsymbol{B}$ 的第 j 列对应元素乘积之和.

(3) 矩阵 $\boldsymbol{C}$ 的行数等于左边矩阵 $\boldsymbol{A}$ 的行数,矩阵 $\boldsymbol{C}$ 的列数等于右边矩

笔记

阵 $\boldsymbol{B}$ 的列数.

例 3 已知

$$\boldsymbol{A}=\begin{pmatrix}3 & 2 & -1\\ 2 & -3 & 5\end{pmatrix},\ \boldsymbol{B}=\begin{pmatrix}1 & 3\\ -5 & 4\\ 3 & 6\end{pmatrix},$$

求 $\boldsymbol{AB}$ 与 $\boldsymbol{BA}$.

解

$$\begin{aligned}\boldsymbol{AB}&=\begin{pmatrix}3 & 2 & -1\\ 2 & -3 & 5\end{pmatrix}\begin{pmatrix}1 & 3\\ -5 & 4\\ 3 & 6\end{pmatrix}\\ &=\begin{pmatrix}3\times1+2\times(-5)+(-1)\times3 & 3\times3+2\times4+(-1)\times6\\ 2\times1+(-3)\times(-5)+5\times3 & 2\times3+(-3)\times4+5\times6\end{pmatrix}\\ &=\begin{pmatrix}-10 & 11\\ 32 & 24\end{pmatrix}.\end{aligned}$$

$$\begin{aligned}\boldsymbol{BA}&=\begin{pmatrix}1 & 3\\ -5 & 4\\ 3 & 6\end{pmatrix}\begin{pmatrix}3 & 2 & -1\\ 2 & -3 & 5\end{pmatrix}\\ &=\begin{pmatrix}1\times3+3\times2 & 1\times2+3\times(-3) & 1\times(-1)+3\times5\\ -5\times3+4\times2 & -5\times2+4\times(-3) & -5\times(-1)+4\times5\\ 3\times3+6\times2 & 3\times2+6\times(-3) & 3\times(-1)+6\times5\end{pmatrix}\\ &=\begin{pmatrix}9 & -7 & 14\\ -7 & -22 & 25\\ 21 & -12 & 27\end{pmatrix}.\end{aligned}$$

由此看出,矩阵的乘法不满足交换律,即一般情况下 $\boldsymbol{AB}\neq\boldsymbol{BA}$. 但是,矩阵的乘法满足以下规律(假设运算是可行的):

(1) 结合律 $(\boldsymbol{AB})\boldsymbol{C}=\boldsymbol{A}(\boldsymbol{BC})$.

(2) 分配律 $\boldsymbol{A}(\boldsymbol{B}+\boldsymbol{C})=\boldsymbol{AB}+\boldsymbol{AC}$, $(\boldsymbol{B}+\boldsymbol{C})\boldsymbol{A}=\boldsymbol{BA}+\boldsymbol{CA}$.

(3) $k(\boldsymbol{AB})=(k\boldsymbol{A})\boldsymbol{B}=\boldsymbol{A}(k\boldsymbol{B})$ (其中 k 为常数).

下面验证结合律:

设 $\boldsymbol{A}=(a_{ij})_{m\times s}$, $\boldsymbol{B}=(b_{ij})_{s\times p}$, $\boldsymbol{C}=(c_{ij})_{p\times q}$. 很明显, $(\boldsymbol{AB})\boldsymbol{C}$ 与 $\boldsymbol{A}(\boldsymbol{BC})$ 都是 $m\times q$ 矩阵,因此,只需证明这两个矩阵在对应位置上的元素都相等即可.因为

笔记

$$AB=\begin{pmatrix} \sum_{k=1}^{s} a_{1k}b_{k1} & \sum_{k=1}^{s} a_{1k}b_{k2} & \cdots & \sum_{k=1}^{s} a_{1k}b_{kp} \\ \sum_{k=1}^{s} a_{2k}b_{k1} & \sum_{k=1}^{s} a_{2k}b_{k2} & \cdots & \sum_{k=1}^{s} a_{2k}b_{kp} \\ \vdots & \vdots & & \vdots \\ \sum_{k=1}^{s} a_{mk}b_{k1} & \sum_{k=1}^{s} a_{mk}b_{k2} & \cdots & \sum_{k=1}^{s} a_{mk}b_{kp} \end{pmatrix}.$$

所以,第 i 行为

$$\left(\sum_{k=1}^{s} a_{ik}b_{k1} \quad \sum_{k=1}^{s} a_{ik}b_{k2} \quad \cdots \quad \sum_{k=1}^{s} a_{ik}b_{kp}\right).$$

又因 $\boldsymbol{C}$ 的第 j 列为

$$\begin{pmatrix} c_{1j} \\ c_{2j} \\ \vdots \\ c_{pj} \end{pmatrix},$$

所以,矩阵$(\boldsymbol{AB})\boldsymbol{C}$ 在第 i 行第 j 列处的元素是

$$\begin{aligned} &\left(\sum_{k=1}^{s} a_{ik}b_{k1}\right)c_{1j}+\left(\sum_{k=1}^{s} a_{ik}b_{k2}\right)c_{2j}+\cdots+\left(\sum_{k=1}^{s} a_{ik}b_{kp}\right)c_{pj} \\ =&\sum_{r=1}^{p}\left(\sum_{k=1}^{s} a_{ik}b_{kr}\right)c_{rj}=\sum_{r=1}^{p}\sum_{k=1}^{s} a_{ik}b_{kr}c_{rj}. \end{aligned}$$

同理可得,矩阵 $\boldsymbol{A}(\boldsymbol{BC})$ 的第 i 行第 j 列处的元素是

$$\sum_{k=1}^{s} a_{ik}\left(\sum_{r=1}^{p} b_{kr}c_{rj}\right)=\sum_{k=1}^{s}\sum_{r=1}^{p} a_{ik}b_{kr}c_{rj}.$$

可以验证,二重求和具有可交换性,即

$$\sum_{r=1}^{p}\sum_{k=1}^{s} a_{ik}b_{kr}c_{rj}=\sum_{k=1}^{s}\sum_{r=1}^{p} a_{ik}b_{kr}c_{rj}.$$

这就是说,矩阵$(\boldsymbol{AB})\boldsymbol{C}$ 与 $\boldsymbol{A}(\boldsymbol{BC})$在第 i 行第 j 列处的元素相等,因此

$$(\boldsymbol{AB})\boldsymbol{C}=\boldsymbol{A}(\boldsymbol{BC}).$$

其余两条法则的验证比较容易,请自己完成.

注意 两矩阵的乘法与两数的乘法有很大的差别.例如,两个不为零的数的乘积一定不为零,但两个不为零的矩阵的乘积却可能为零矩阵.如

笔记

$$A=\begin{pmatrix}1 & 1\\-2 & -2\end{pmatrix}\neq \mathbf{0},\ B=\begin{pmatrix}1 & -1\\-1 & 1\end{pmatrix}\neq \mathbf{0},$$

但

$$AB=\begin{pmatrix}1 & 1\\-2 & -2\end{pmatrix}\begin{pmatrix}1 & -1\\-1 & 1\end{pmatrix}=\begin{pmatrix}0 & 0\\0 & 0\end{pmatrix}=\mathbf{0}.$$

类似地,在矩阵运算中,如果 $\boldsymbol{AB}=\boldsymbol{AC}$ 且 $\boldsymbol{A}\neq \mathbf{0}$,也不能推出 $\boldsymbol{B}=\boldsymbol{C}$ 成立.如

$$A=\begin{pmatrix}1 & 0\\0 & 0\end{pmatrix},\ B=\begin{pmatrix}3 & 0\\0 & 0\end{pmatrix},\ C=\begin{pmatrix}3 & 0\\0 & 1\end{pmatrix},$$

则

$$AB=\begin{pmatrix}3 & 0\\0 & 0\end{pmatrix},\ AC=\begin{pmatrix}3 & 0\\0 & 0\end{pmatrix}.$$

可见 $\boldsymbol{AB}=\boldsymbol{AC}$,但 $\boldsymbol{B}\neq \boldsymbol{C}$.

例 4 设

$$A=\begin{pmatrix}a_{11} & a_{12} & a_{13}\\a_{21} & a_{22} & a_{23}\end{pmatrix},\ \boldsymbol{E}_2=\begin{pmatrix}1 & 0\\0 & 1\end{pmatrix},\ \boldsymbol{E}_3=\begin{pmatrix}1 & 0 & 0\\0 & 1 & 0\\0 & 0 & 1\end{pmatrix}.$$

求 $\boldsymbol{E}_2\boldsymbol{A}$ 与 $\boldsymbol{AE}_3$.

解

$$\boldsymbol{E}_2\boldsymbol{A}=\begin{pmatrix}1 & 0\\0 & 1\end{pmatrix}\begin{pmatrix}a_{11} & a_{12} & a_{13}\\a_{21} & a_{22} & a_{23}\end{pmatrix}=\begin{pmatrix}a_{11} & a_{12} & a_{13}\\a_{21} & a_{22} & a_{23}\end{pmatrix}=\boldsymbol{A}.$$

$$\boldsymbol{AE}_3=\begin{pmatrix}a_{11} & a_{12} & a_{13}\\a_{21} & a_{22} & a_{23}\end{pmatrix}\begin{pmatrix}1 & 0 & 0\\0 & 1 & 0\\0 & 0 & 1\end{pmatrix}=\begin{pmatrix}a_{11} & a_{12} & a_{13}\\a_{21} & a_{22} & a_{23}\end{pmatrix}=\boldsymbol{A}.$$

上例表明,在矩阵乘法中,单位矩阵 $\boldsymbol{E}$ 所起的作用与普通代数中数“1”的作用类似.一般地有

$$(a_{ij})_{m\times n}\boldsymbol{E}_n=(a_{ij})_{m\times n},\ \boldsymbol{E}_m(a_{ij})_{m\times n}=(a_{ij})_{m\times n}.$$

由矩阵的乘法,还可以给出矩阵的乘幂概念.

定义 2.11 设 $\boldsymbol{A}$ 是 n 阶方阵,k 为正整数,则称

$$\boldsymbol{A}^k=\underbrace{\boldsymbol{AA}\cdot\cdots\cdot\boldsymbol{A}}_{k个}$$

为方阵 $\boldsymbol{A}$ 的 **k 次方幂**,简称为 $\boldsymbol{A}$ 的 k 次幂.

笔记

矩阵 $\boldsymbol{A}$ 的方幂满足以下运算法则：

(1) $\boldsymbol{A}^k\boldsymbol{A}^l=\boldsymbol{A}^{k+l}$.

(2) $(\boldsymbol{A}^k)^l=\boldsymbol{A}^{kl}$.

其中 k、l 为正整数.这两条法则可根据方幂的定义验证.因为矩阵的乘法不满足交换律,所以一般来说,$(\boldsymbol{AB})^k\neq\boldsymbol{A}^k\boldsymbol{B}^k\ (k>1)$.

例 5 计算 $\begin{pmatrix}1&0\\k&1\end{pmatrix}^n$（$n$ 为正整数）.

解 由于

$$\begin{pmatrix}1&0\\k&1\end{pmatrix}=\begin{pmatrix}1&0\\0&1\end{pmatrix}+\begin{pmatrix}0&0\\k&0\end{pmatrix},$$

因此,如果记 $\boldsymbol{A}=\begin{pmatrix}1&0\\k&1\end{pmatrix}$，$\boldsymbol{B}=\begin{pmatrix}0&0\\k&0\end{pmatrix}$，则

$$\boldsymbol{A}=\boldsymbol{E}+\boldsymbol{B}.$$

容易算得

$$\boldsymbol{B}^2=\begin{pmatrix}0&0\\k&0\end{pmatrix}\begin{pmatrix}0&0\\k&0\end{pmatrix}=\begin{pmatrix}0&0\\0&0\end{pmatrix}.$$

由此可知,当 $n\geqslant 2$ 时,

$$\boldsymbol{B}^n=\begin{pmatrix}0&0\\0&0\end{pmatrix}.$$

显然 $\boldsymbol{EB}=\boldsymbol{BE}$.所以,由二项式定理,得

$$\begin{aligned}\boldsymbol{A}^n&=(\boldsymbol{E}+\boldsymbol{B})^n=\boldsymbol{E}^n+n\boldsymbol{E}^{n-1}\boldsymbol{B}+\frac{n(n-1)}{2}\boldsymbol{E}^{n-2}\boldsymbol{B}^2+\cdots+\boldsymbol{B}^n\\&=\boldsymbol{E}+n\boldsymbol{B}=\begin{pmatrix}1&0\\0&1\end{pmatrix}+n\begin{pmatrix}0&0\\k&0\end{pmatrix}=\begin{pmatrix}1&0\\nk&1\end{pmatrix}.\end{aligned}$$

4. 矩阵的转置

矩阵的转置与行列式的转置的定义是类似的.

定义 2.12 把矩阵 $\boldsymbol{A}$ 所有行换成相应的列所得到的矩阵,称为 $\boldsymbol{A}$ 的**转置矩阵**,记作 $\boldsymbol{A}'$（或 $\boldsymbol{A}^{\mathrm{T}}$）.即若

$$\boldsymbol{A}=\begin{pmatrix}a_{11}&a_{12}&\cdots&a_{1n}\\a_{21}&a_{22}&\cdots&a_{2n}\\\vdots&\vdots&&\vdots\\a_{m1}&a_{m2}&\cdots&a_{mn}\end{pmatrix},$$

笔记

则

$$\boldsymbol{A}'=\begin{pmatrix} a_{11} & a_{21} & \cdots & a_{m1} \\ a_{12} & a_{22} & \cdots & a_{m2} \\ \vdots & \vdots & & \vdots \\ a_{1n} & a_{2n} & \cdots & a_{mn} \end{pmatrix}.$$

显然,若 $\boldsymbol{A}$ 是 $m\times n$ 矩阵,则 $\boldsymbol{A}'$ 是 $n\times m$ 矩阵,并且 $\boldsymbol{A}$ 的第 i 行第 j 列元素就是 $\boldsymbol{A}'$ 的第 j 行第 i 列元素.

根据定义可以验证,矩阵的转置满足下列运算法则:

(1) $(\boldsymbol{A}')'=\boldsymbol{A}$.

(2) $(\boldsymbol{A}+\boldsymbol{B})'=\boldsymbol{A}'+\boldsymbol{B}'$.

(3) $(k\boldsymbol{A})'=k\boldsymbol{A}'$ (k 为常数).

(4) $(\boldsymbol{AB})'=\boldsymbol{B}'\boldsymbol{A}'$.

例 6 设

$$\boldsymbol{A}=\begin{pmatrix} 2 & 0 & 1 \\ 1 & 3 & 2 \end{pmatrix},\ \boldsymbol{B}=\begin{pmatrix} 1 & 3 \\ 1 & 2 \\ 2 & 0 \end{pmatrix},$$

求 $(\boldsymbol{AB})'$.

解

解法一 因为

$$\boldsymbol{AB}=\begin{pmatrix} 2 & 0 & 1 \\ 1 & 3 & 2 \end{pmatrix}\begin{pmatrix} 1 & 3 \\ 1 & 2 \\ 2 & 0 \end{pmatrix}=\begin{pmatrix} 4 & 6 \\ 8 & 9 \end{pmatrix},$$

所以

$$(\boldsymbol{AB})'=\begin{pmatrix} 4 & 8 \\ 6 & 9 \end{pmatrix}.$$

解法二 由转置的运算法则,得

$$(\boldsymbol{AB})'=\boldsymbol{B}'\boldsymbol{A}'=\begin{pmatrix} 1 & 1 & 2 \\ 3 & 2 & 0 \end{pmatrix}\begin{pmatrix} 2 & 1 \\ 0 & 3 \\ 1 & 2 \end{pmatrix}=\begin{pmatrix} 4 & 8 \\ 6 & 9 \end{pmatrix}.$$

5. 方阵的行列式

定义 2.13 由 n 阶方阵 $\boldsymbol{A}$ 的元素构成的行列式(各元素的位置不变),

笔记

称为方阵 $\boldsymbol{A}$ 的行列式，记作 $|\boldsymbol{A}|$.即若

$$\boldsymbol{A}=\begin{pmatrix} a_{11} & a_{12} & \cdots & a_{1n} \\ a_{21} & a_{22} & \cdots & a_{2n} \\ \vdots & \vdots & & \vdots \\ a_{n1} & a_{n2} & \cdots & a_{nn} \end{pmatrix},$$

则

$$|\boldsymbol{A}|=\begin{vmatrix} a_{11} & a_{12} & \cdots & a_{1n} \\ a_{21} & a_{22} & \cdots & a_{2n} \\ \vdots & \vdots & & \vdots \\ a_{n1} & a_{n2} & \cdots & a_{nn} \end{vmatrix}.$$

n 阶方阵 $\boldsymbol{A}$、$\boldsymbol{B}$ 的行列式满足下列法则：

(1) $|\boldsymbol{A}'|=|\boldsymbol{A}|$.

(2) $|k\boldsymbol{A}|=k^n|\boldsymbol{A}|$.

(3) $|\boldsymbol{AB}|=|\boldsymbol{A}|\cdot|\boldsymbol{B}|$.

事实上，根据行列式的性质知，上述第(1)条法则成立.对于第(2)条法则，由数乘方阵的运算定义即可得证.对于第(3)条法则，举例验证如下.

例 7 设

$$\boldsymbol{A}=\begin{pmatrix} 1 & 3 \\ 2 & -2 \end{pmatrix},\ \boldsymbol{B}=\begin{pmatrix} 2 & 5 \\ 3 & 4 \end{pmatrix},$$

试验证 $|\boldsymbol{AB}|=|\boldsymbol{A}|\cdot|\boldsymbol{B}|$.

解 因为

$$|\boldsymbol{AB}|=\left|\begin{pmatrix} 1 & 3 \\ 2 & -2 \end{pmatrix}\begin{pmatrix} 2 & 5 \\ 3 & 4 \end{pmatrix}\right|=\begin{vmatrix} 11 & 17 \\ -2 & 2 \end{vmatrix}=56.$$

$$|\boldsymbol{A}|=\begin{vmatrix} 1 & 3 \\ 2 & -2 \end{vmatrix}=-8,\ |\boldsymbol{B}|=\begin{vmatrix} 2 & 5 \\ 3 & 4 \end{vmatrix}=-7,\ |\boldsymbol{A}|\cdot|\boldsymbol{B}|=56.$$

所以 $|\boldsymbol{AB}|=|\boldsymbol{A}|\cdot|\boldsymbol{B}|$.

注意 一般来说，$|k\boldsymbol{A}|\neq k|\boldsymbol{A}|$.

2.2.3 逆矩阵

前面讨论了矩阵的加、减、数乘与乘法等运算，那么，矩阵有没有“除法”运算呢？这就是下面学习的逆矩阵问题.

1. 逆矩阵的概念

若实数 $a\neq 0$，则关系式 $aa^{-1}=a^{-1}a=1$ 成立.仿照该关系式可引出逆

笔记

矩阵的概念.

定义 2.14 设 $\boldsymbol{A}$ 是一个 n 阶方阵,$\boldsymbol{E}$ 是一个 n 阶单位矩阵.如果存在一个 n 阶方阵 $\boldsymbol{B}$,使

$$\boldsymbol{AB}=\boldsymbol{BA}=\boldsymbol{E},$$

则称 $\boldsymbol{B}$ 为 $\boldsymbol{A}$ 的**逆矩阵**,简称为 $\boldsymbol{A}$ 的逆阵或 $\boldsymbol{A}$ 的逆.这时称 $\boldsymbol{A}$ 为**可逆矩阵**,简称**可逆阵**.

例如,对于矩阵

$$\boldsymbol{A}=\begin{pmatrix}1 & 0\\ -1 & 1\end{pmatrix},\ \boldsymbol{B}=\begin{pmatrix}1 & 0\\ 1 & 1\end{pmatrix},$$

有

$$\boldsymbol{AB}=\begin{pmatrix}1 & 0\\ -1 & 1\end{pmatrix}\begin{pmatrix}1 & 0\\ 1 & 1\end{pmatrix}=\begin{pmatrix}1 & 0\\ 0 & 1\end{pmatrix}=\boldsymbol{E},$$

$$\boldsymbol{BA}=\begin{pmatrix}1 & 0\\ 1 & 1\end{pmatrix}\begin{pmatrix}1 & 0\\ -1 & 1\end{pmatrix}=\begin{pmatrix}1 & 0\\ 0 & 1\end{pmatrix}=\boldsymbol{E}.$$

所以 $\boldsymbol{A}$ 为可逆矩阵,且其逆矩阵为 $\boldsymbol{B}$.同理,$\boldsymbol{B}$ 也是可逆矩阵,其逆矩阵是 $\boldsymbol{A}$.这就是说,$\boldsymbol{A}$ 与 $\boldsymbol{B}$ 互为逆矩阵.

注意 并非任意一个非零方阵都有逆矩阵.例如,矩阵

$$\boldsymbol{A}=\begin{pmatrix}0 & 0\\ 0 & 1\end{pmatrix}$$

没有逆矩阵.这是因为,对任意矩阵

$$\boldsymbol{B}=\begin{pmatrix}b_{11} & b_{12}\\ b_{21} & b_{22}\end{pmatrix},$$

都有

$$\boldsymbol{AB}=\begin{pmatrix}0 & 0\\ 0 & 1\end{pmatrix}\begin{pmatrix}b_{11} & b_{12}\\ b_{21} & b_{22}\end{pmatrix}=\begin{pmatrix}0 & 0\\ b_{21} & b_{22}\end{pmatrix}\neq\begin{pmatrix}1 & 0\\ 0 & 1\end{pmatrix}.$$

因此,矩阵 $\boldsymbol{A}$ 不可逆.

关于逆矩阵,有以下性质:

性质 1 如果方阵 $\boldsymbol{A}$ 可逆,则 $\boldsymbol{A}$ 的逆矩阵是唯一的.

证 设 $\boldsymbol{B}$、$\boldsymbol{C}$ 都是 $\boldsymbol{A}$ 的逆矩阵,则有

$$\boldsymbol{B}=\boldsymbol{BE}=\boldsymbol{B}(\boldsymbol{AC})=(\boldsymbol{BA})\boldsymbol{C}=\boldsymbol{EC}=\boldsymbol{C}.$$

笔记

所以 $\boldsymbol{A}$ 的逆矩阵是唯一的.

性质1表明,任一可逆矩阵 $\boldsymbol{A}$ 的逆矩阵是唯一确定的,以后就用记号 $\boldsymbol{A}^{-1}$ 来表示 $\boldsymbol{A}$ 的逆矩阵.因而有

$$\boldsymbol{A}\boldsymbol{A}^{-1}=\boldsymbol{A}^{-1}\boldsymbol{A}=\boldsymbol{E}.$$

性质2 可逆矩阵 $\boldsymbol{A}$ 的逆矩阵 $\boldsymbol{A}^{-1}$ 是可逆矩阵,且 $(\boldsymbol{A}^{-1})^{-1}=\boldsymbol{A}$.

证 因为 $\boldsymbol{A}^{-1}$ 是 $\boldsymbol{A}$ 的逆矩阵,所以

$$\boldsymbol{A}(\boldsymbol{A}^{-1})=(\boldsymbol{A}^{-1})\boldsymbol{A}=\boldsymbol{E}.$$

根据逆矩阵的定义知,$\boldsymbol{A}$ 是 $\boldsymbol{A}^{-1}$ 的逆矩阵,即 $(\boldsymbol{A}^{-1})^{-1}=\boldsymbol{A}$.

性质3 可逆矩阵 $\boldsymbol{A}$ 的转置矩阵 $\boldsymbol{A}'$ 也是可逆矩阵,且 $(\boldsymbol{A}')^{-1}=(\boldsymbol{A}^{-1})'$.

证 由转置矩阵的性质,有

$$(\boldsymbol{A}^{-1})'\boldsymbol{A}'=(\boldsymbol{A}\boldsymbol{A}^{-1})'=\boldsymbol{E}'=\boldsymbol{E},$$
$$\boldsymbol{A}'(\boldsymbol{A}^{-1})'=(\boldsymbol{A}^{-1}\boldsymbol{A})'=\boldsymbol{E}'=\boldsymbol{E},$$

所以

$$(\boldsymbol{A}')^{-1}=(\boldsymbol{A}^{-1})'.$$

性质4 两个同阶可逆矩阵 $\boldsymbol{A}$、$\boldsymbol{B}$ 的乘积是可逆矩阵,且 $(\boldsymbol{A}\boldsymbol{B})^{-1}=\boldsymbol{B}^{-1}\boldsymbol{A}^{-1}$.

证 因为

$$(\boldsymbol{A}\boldsymbol{B})(\boldsymbol{B}^{-1}\boldsymbol{A}^{-1})=\boldsymbol{A}(\boldsymbol{B}\boldsymbol{B}^{-1})\boldsymbol{A}^{-1}=\boldsymbol{A}\boldsymbol{E}\boldsymbol{A}^{-1}=\boldsymbol{A}\boldsymbol{A}^{-1}=\boldsymbol{E},$$
$$(\boldsymbol{B}^{-1}\boldsymbol{A}^{-1})(\boldsymbol{A}\boldsymbol{B})=\boldsymbol{B}^{-1}(\boldsymbol{A}^{-1}\boldsymbol{A})\boldsymbol{B}=\boldsymbol{B}^{-1}\boldsymbol{E}\boldsymbol{B}=\boldsymbol{B}^{-1}\boldsymbol{B}=\boldsymbol{E},$$

所以

$$(\boldsymbol{A}\boldsymbol{B})^{-1}=\boldsymbol{B}^{-1}\boldsymbol{A}^{-1}.$$

注意 一般来说,$(\boldsymbol{A}\boldsymbol{B})^{-1}\neq\boldsymbol{A}^{-1}\boldsymbol{B}^{-1}$.

2. 逆矩阵的求法

下面来研究逆矩阵的求法.

定义2.15 若 n 阶方阵 $\boldsymbol{A}$ 的行列式 $|\boldsymbol{A}|\neq 0$,则称 $\boldsymbol{A}$ 为非奇异矩阵.若 $|\boldsymbol{A}|=0$,则称 $\boldsymbol{A}$ 是奇异矩阵.

定理2.2 若方阵 $\boldsymbol{A}$ 可逆,则 $\boldsymbol{A}$ 为非奇异矩阵.

证 因为 $\boldsymbol{A}$ 可逆,所以存在矩阵 $\boldsymbol{B}$,使

$$\boldsymbol{A}\boldsymbol{B}=\boldsymbol{B}\boldsymbol{A}=\boldsymbol{E}.$$

于是,得

笔记

$$|\boldsymbol{A}||\boldsymbol{B}|=|\boldsymbol{AB}|=|\boldsymbol{E}|=1,$$

即 $|\boldsymbol{A}|\neq 0$，所以 $\boldsymbol{A}$ 为非奇异矩阵.

定义 2.16 将 n 阶方阵

$$\boldsymbol{A}=\begin{pmatrix} a_{11} & a_{12} & \cdots & a_{1n} \\ a_{21} & a_{22} & \cdots & a_{2n} \\ \vdots & \vdots & & \vdots \\ a_{n1} & a_{n2} & \cdots & a_{nn} \end{pmatrix}$$

的行列式 $|\boldsymbol{A}|$ 中元素 a_{ij} 的代数余子式 A_{ij} 所构成的方阵

$$\begin{pmatrix} A_{11} & A_{21} & \cdots & A_{n1} \\ A_{12} & A_{22} & \cdots & A_{n2} \\ \vdots & \vdots & & \vdots \\ A_{1n} & A_{2n} & \cdots & A_{nn} \end{pmatrix}$$

称为 $\boldsymbol{A}$ 的**伴随矩阵**，记作 $\boldsymbol{A}^*$.

注意 伴随矩阵 $\boldsymbol{A}^*$ 是由 $|\boldsymbol{A}|$ 中代数余子式 A_{ij} 替代 $\boldsymbol{A}$ 中相应的 a_{ij}，然后再转置所得到的矩阵.

例 8 求下列三阶矩阵 $\boldsymbol{A}$ 的伴随矩阵 $\boldsymbol{A}^*$.

$$\boldsymbol{A}=\begin{pmatrix} 1 & 2 & 0 \\ 2 & 1 & 2 \\ 1 & 0 & 2 \end{pmatrix}.$$

解 因为

$$A_{11}=(-1)^{1+1}\begin{vmatrix} 1 & 2 \\ 0 & 2 \end{vmatrix}=2,\ A_{12}=(-1)^{1+2}\begin{vmatrix} 2 & 2 \\ 1 & 2 \end{vmatrix}=-2,$$

$$A_{13}=(-1)^{1+3}\begin{vmatrix} 2 & 1 \\ 1 & 0 \end{vmatrix}=-1,\ A_{21}=(-1)^{2+1}\begin{vmatrix} 2 & 0 \\ 0 & 2 \end{vmatrix}=-4,$$

$$A_{22}=(-1)^{2+2}\begin{vmatrix} 1 & 0 \\ 1 & 2 \end{vmatrix}=2,\ A_{23}=(-1)^{2+3}\begin{vmatrix} 1 & 2 \\ 1 & 0 \end{vmatrix}=2,$$

$$A_{31}=(-1)^{3+1}\begin{vmatrix} 2 & 0 \\ 1 & 2 \end{vmatrix}=4,\ A_{32}=(-1)^{3+2}\begin{vmatrix} 1 & 0 \\ 2 & 2 \end{vmatrix}=-2,$$

$$A_{33}=(-1)^{3+3}\begin{vmatrix} 1 & 2 \\ 2 & 1 \end{vmatrix}=-3.$$

所以

笔记

$$A^* = \begin{pmatrix} A_{11} & A_{21} & A_{31} \\ A_{12} & A_{22} & A_{32} \\ A_{13} & A_{23} & A_{33} \end{pmatrix} = \begin{pmatrix} 2 & -4 & 4 \\ -2 & 2 & -2 \\ -1 & 2 & -3 \end{pmatrix}.$$

矩阵 $\boldsymbol{A}$ 的逆矩阵与 $\boldsymbol{A}$ 的伴随矩阵有着非常密切的关系.下面以三阶矩阵为例,来寻找这种关系.将 $\boldsymbol{A}$ 与 $\boldsymbol{A}^*$ 相乘,得

$$\boldsymbol{AA}^* = \begin{pmatrix} a_{11} & a_{12} & a_{13} \\ a_{21} & a_{22} & a_{23} \\ a_{31} & a_{32} & a_{33} \end{pmatrix} \begin{pmatrix} A_{11} & A_{21} & A_{31} \\ A_{12} & A_{22} & A_{32} \\ A_{13} & A_{23} & A_{33} \end{pmatrix} = \begin{pmatrix} |\boldsymbol{A}| & 0 & 0 \\ 0 & |\boldsymbol{A}| & 0 \\ 0 & 0 & |\boldsymbol{A}| \end{pmatrix}$$
$$= |\boldsymbol{A}|\boldsymbol{E},$$

即 $\boldsymbol{AA}^* = |\boldsymbol{A}|\boldsymbol{E}$. 若 $\boldsymbol{A}$ 是非奇异矩阵,即 $|\boldsymbol{A}| \neq 0$, 则有

$$\boldsymbol{A} \cdot \frac{\boldsymbol{A}^*}{|\boldsymbol{A}|} = \boldsymbol{E}.$$

由逆矩阵的定义可知,矩阵 $\boldsymbol{A}$ 的逆矩阵

$$\boldsymbol{A}^{-1} = \frac{1}{|\boldsymbol{A}|} \cdot \boldsymbol{A}^*.$$

定理 2.3 若 $|\boldsymbol{A}| \neq 0$, 则方阵 $\boldsymbol{A}$ 可逆,且

$$\boldsymbol{A}^{-1} = \frac{1}{|\boldsymbol{A}|}\boldsymbol{A}^*.$$

由定理 2.2 和定理 2.3 知:矩阵 $\boldsymbol{A}$ 可逆的充分必要条件是 $\boldsymbol{A}$ 为非奇异方阵,即 $|\boldsymbol{A}| \neq 0$.

推论 设 $\boldsymbol{A}$ 是 n 阶方阵,如果存在 n 阶方阵 $\boldsymbol{B}$,使 $\boldsymbol{AB} = \boldsymbol{E}$ (或 $\boldsymbol{BA} = \boldsymbol{E}$), 则 $\boldsymbol{B} = \boldsymbol{A}^{-1}$.

证 由 $\boldsymbol{AB} = \boldsymbol{E}$ 得 $|\boldsymbol{AB}| = 1$, $|\boldsymbol{A}||\boldsymbol{B}| = 1$, 故 $|\boldsymbol{A}| \neq 0$, 即 $\boldsymbol{A}$ 可逆.于是

$$\boldsymbol{B} = \boldsymbol{BE} = (\boldsymbol{A}^{-1}\boldsymbol{A})\boldsymbol{B} = \boldsymbol{A}^{-1}(\boldsymbol{AB}) = \boldsymbol{A}^{-1}\boldsymbol{E} = \boldsymbol{A}^{-1}.$$

上述推论表明,以后验证一个矩阵是另一个矩阵的逆矩阵时,只需证明一个等式 $\boldsymbol{AB} = \boldsymbol{E}$ (或 $\boldsymbol{BA} = \boldsymbol{E}$)即可.

例 9 求例 8 中矩阵 $\boldsymbol{A}$ 的逆矩阵.

解 因为

$$|\boldsymbol{A}| = \begin{vmatrix} 1 & 2 & 0 \\ 2 & 1 & 2 \\ 1 & 0 & 2 \end{vmatrix} = -2 \neq 0,$$

笔记

所以 $\boldsymbol{A}$ 可逆.又因为

$$\boldsymbol{A}^{*}=\begin{pmatrix}2&-4&4\\-2&2&-2\\-1&2&-3\end{pmatrix}.$$

所以

$$\boldsymbol{A}^{-1}=\frac{1}{|\boldsymbol{A}|}\cdot\boldsymbol{A}^{*}=-\frac{1}{2}\begin{pmatrix}2&-4&4\\-2&2&-2\\-1&2&-3\end{pmatrix}=\begin{pmatrix}-1&2&-2\\1&-1&1\\\frac{1}{2}&-1&\frac{3}{2}\end{pmatrix}.$$

例 10 求下列矩阵的逆矩阵:

$$\boldsymbol{A}=\begin{pmatrix}2&1&1\\3&1&2\\0&2&1\end{pmatrix}.$$

解 因为

$$|\boldsymbol{A}|=\begin{vmatrix}2&1&1\\3&1&2\\0&2&1\end{vmatrix}=-3\neq0,$$

所以 $\boldsymbol{A}$ 可逆.容易算得 $\boldsymbol{A}$ 的伴随矩阵为

$$\boldsymbol{A}^{*}=\begin{pmatrix}-3&1&1\\-3&2&-1\\6&-4&-1\end{pmatrix},$$

故

$$\boldsymbol{A}^{-1}=\frac{1}{|\boldsymbol{A}|}\boldsymbol{A}^{*}=\begin{pmatrix}1&-\frac{1}{3}&-\frac{1}{3}\\1&-\frac{2}{3}&\frac{1}{3}\\-2&\frac{4}{3}&\frac{1}{3}\end{pmatrix}.$$

例 11 求 $\boldsymbol{A}=\begin{pmatrix}a&b\\c&d\end{pmatrix}$ 的逆矩阵,其中 $ad-bc\neq0$.

解 因为

$$|\boldsymbol{A}|=\begin{vmatrix}a&b\\c&d\end{vmatrix}=ad-bc\neq0,$$

笔记

所以 $\boldsymbol{A}$ 可逆.又因为

$$A_{11}=d,\ A_{12}=-c,\ A_{21}=-b,\ A_{22}=a,$$

所以

$$\begin{pmatrix} a & b \\ c & d \end{pmatrix}^{-1}=\frac{1}{ad-bc}\begin{pmatrix} d & -b \\ -c & a \end{pmatrix}.$$

例 12 若 $\boldsymbol{A}$ 是非奇异矩阵,且 $\boldsymbol{AB}=\boldsymbol{AC}$,则 $\boldsymbol{B}=\boldsymbol{C}$.

证 因为 $\boldsymbol{A}$ 为非奇异矩阵,所以 $\boldsymbol{A}$ 可逆.在等式 $\boldsymbol{AB}=\boldsymbol{AC}$ 两边左乘 $\boldsymbol{A}^{-1}$,得

$$\boldsymbol{A}^{-1}(\boldsymbol{AB})=\boldsymbol{A}^{-1}(\boldsymbol{AC}).$$

于是,有

$$\boldsymbol{B}=\boldsymbol{C}.$$

上例表明,当 $\boldsymbol{A}$ 为非奇异时,矩阵的乘法满足消去律.

利用逆矩阵,可求解线性方程组.

设有线性方程组

$$\begin{cases} a_{11}x_1+a_{12}x_2+\cdots+a_{1n}x_n=b_1, \\ a_{21}x_1+a_{22}x_2+\cdots+a_{2n}x_n=b_2, \\ \cdots\cdots\cdots\cdots \\ a_{n1}x_1+a_{n2}x_2+\cdots+a_{nn}x_n=b_n. \end{cases}$$

如果记

$$\boldsymbol{A}=\begin{pmatrix} a_{11} & a_{12} & \cdots & a_{1n} \\ a_{21} & a_{22} & \cdots & a_{2n} \\ \vdots & \vdots & & \vdots \\ a_{n1} & a_{n2} & \cdots & a_{nn} \end{pmatrix},\ \boldsymbol{X}=\begin{pmatrix} x_1 \\ x_2 \\ \vdots \\ x_n \end{pmatrix},\ \boldsymbol{B}=\begin{pmatrix} b_1 \\ b_2 \\ \vdots \\ b_n \end{pmatrix},$$

则利用矩阵的乘法,该方程组可写成矩阵形式

$$\begin{pmatrix} a_{11} & a_{12} & \cdots & a_{1n} \\ a_{21} & a_{22} & \cdots & a_{2n} \\ \vdots & \vdots & & \vdots \\ a_{n1} & a_{n2} & \cdots & a_{nn} \end{pmatrix}\begin{pmatrix} x_1 \\ x_2 \\ \vdots \\ x_n \end{pmatrix}=\begin{pmatrix} b_1 \\ b_2 \\ \vdots \\ b_n \end{pmatrix},$$

即

$$\boldsymbol{AX}=\boldsymbol{B}.$$

其中 $\boldsymbol{A}$ 是由线性方程组的系数构成的矩阵,称为**系数矩阵**.当 $|\boldsymbol{A}|\neq 0$ 时,$\boldsymbol{A}$ 可逆.用 $\boldsymbol{A}^{-1}$ 左乘 $\boldsymbol{AX}=\boldsymbol{B}$ 的两边,得

笔记

$$A^{-1}AX=A^{-1}B.$$

即

$$X=A^{-1}B.$$

这就是线性方程组的解.

例 13 解线性方程组

$$\begin{cases}2x_1+2x_2+x_3=1,\\3x_1+x_2+5x_3=2,\\3x_1+2x_2+3x_3=3.\end{cases}$$

解 线性方程组的矩阵形式为

$$\begin{pmatrix}2&2&1\\3&1&5\\3&2&3\end{pmatrix}\begin{pmatrix}x_1\\x_2\\x_3\end{pmatrix}=\begin{pmatrix}1\\2\\3\end{pmatrix}.$$

因为系数矩阵可逆,且其逆矩阵为

$$\begin{pmatrix}2&2&1\\3&1&5\\3&2&3\end{pmatrix}^{-1}=\begin{pmatrix}-7&-4&9\\6&3&-7\\3&2&-4\end{pmatrix},$$

所以方程组的解为

$$X=\begin{pmatrix}2&2&1\\3&1&5\\3&2&3\end{pmatrix}^{-1}\begin{pmatrix}1\\2\\3\end{pmatrix}=\begin{pmatrix}-7&-4&9\\6&3&-7\\3&2&-4\end{pmatrix}\begin{pmatrix}1\\2\\3\end{pmatrix}=\begin{pmatrix}12\\-9\\-5\end{pmatrix},$$

即

$$\begin{cases}x_1=12,\\x_2=-9,\\x_3=-5.\end{cases}$$

2.2.4 分块矩阵的概念与运算

1. 分块矩阵的概念

在矩阵的讨论和运算中,为了方便,常用一些横线或竖线把矩阵分成许多小块,每一小块称为矩阵的子块(或子矩阵),这种以子块为元素的矩阵称为**分块矩阵**.

例如,矩阵

笔记

$$\boldsymbol{A}=\left(\begin{array}{ccc:cc}1&0&0&2&5\\0&1&0&3&2\\0&0&1&1&6\\\hdashline 0&0&0&2&0\\0&0&0&0&2\end{array}\right)$$

就是一个分成 4 块的分块矩阵.若记

$$\boldsymbol{E}_3=\begin{pmatrix}1&0&0\\0&1&0\\0&0&1\end{pmatrix},\ \boldsymbol{A}_1=\begin{pmatrix}2&5\\3&2\\1&6\end{pmatrix},$$

$$\boldsymbol{0}=\begin{pmatrix}0&0&0\\0&0&0\end{pmatrix},\ 2\boldsymbol{E}_2=\begin{pmatrix}2&0\\0&2\end{pmatrix},$$

则 $\boldsymbol{A}$ 可表示为

$$\boldsymbol{A}=\begin{pmatrix}\boldsymbol{E}_3&\boldsymbol{A}_1\\\boldsymbol{0}&2\boldsymbol{E}_2\end{pmatrix}.$$

很明显,$\boldsymbol{A}$ 分块后比未分块时要简明得多,且每一个块有自己的特点.

一个矩阵有各种各样的分块方法,究竟怎样分比较好,一般根据需要而定.例如,上面的矩阵 $\boldsymbol{A}$ 还可分块为

$$\boldsymbol{A}=\left(\begin{array}{cc:ccc}1&0&0&2&5\\0&1&0&3&2\\\hdashline 0&0&1&1&6\\0&0&0&2&0\\0&0&0&0&2\end{array}\right)=\begin{pmatrix}\boldsymbol{E}_2&\boldsymbol{A}_1\\\boldsymbol{0}&\boldsymbol{A}_2\end{pmatrix},$$

其中

$$\boldsymbol{E}_2=\begin{pmatrix}1&0\\0&1\end{pmatrix},\ \boldsymbol{A}_1=\begin{pmatrix}0&2&5\\0&3&2\end{pmatrix},$$

$$\boldsymbol{0}=\begin{pmatrix}0&0\\0&0\\0&0\end{pmatrix},\ \boldsymbol{A}_2=\begin{pmatrix}1&1&6\\0&2&0\\0&0&2\end{pmatrix},$$

或可分块为

$$\boldsymbol{A}=\left(\begin{array}{ccccc}1&0&0&2&5\\\hdashline 0&1&0&3&2\\\hdashline 0&0&1&1&6\\\hdashline 0&0&0&2&0\\\hdashline 0&0&0&0&2\end{array}\right)=\begin{pmatrix}\boldsymbol{A}_1\\\boldsymbol{A}_2\\\boldsymbol{A}_3\\\boldsymbol{A}_4\\\boldsymbol{A}_5\end{pmatrix},$$

笔记

$\boldsymbol{A}_1=(1, 0, 0, 2, 5)$，$\boldsymbol{A}_2=(0, 1, 0, 3, 2)$，$\boldsymbol{A}_3=(0, 0, 1, 1, 6)$，$\boldsymbol{A}_4=(0, 0, 0, 2, 0)$，$\boldsymbol{A}_5=(0, 0, 0, 0, 2)$.

一般地，对 $m\times n$ 阶矩阵 $\boldsymbol{A}$，若先用若干条横线将它分成 r 块，再用若干条纵线将它分成 s 块，则得到一个 $r\times s$ 块的分块矩阵，可记作

$$\boldsymbol{A}=\begin{pmatrix}\boldsymbol{A}_{11} & \boldsymbol{A}_{12} & \cdots & \boldsymbol{A}_{1s}\\ \boldsymbol{A}_{21} & \boldsymbol{A}_{22} & \cdots & \boldsymbol{A}_{2s}\\ \vdots & \vdots & & \vdots\\ \boldsymbol{A}_{r1} & \boldsymbol{A}_{r2} & \cdots & \boldsymbol{A}_{rs}\end{pmatrix}.$$

其中 $\boldsymbol{A}_{ij}$ 表示 $\boldsymbol{A}$ 的第(i, j)块.注意这里 $\boldsymbol{A}_{ij}$ 是一个矩阵，而不是一个数.

2. 分块矩阵的运算

(1) 分块矩阵的加法和减法.

设 $m\times n$ 阶矩阵 $\boldsymbol{A}$ 与 $\boldsymbol{B}$ 具有相同的分块，即

$$\boldsymbol{A}=(\boldsymbol{A}_{ij})_{r\times s}=\begin{pmatrix}\boldsymbol{A}_{11} & \boldsymbol{A}_{12} & \cdots & \boldsymbol{A}_{1s}\\ \boldsymbol{A}_{21} & \boldsymbol{A}_{22} & \cdots & \boldsymbol{A}_{2s}\\ \vdots & \vdots & & \vdots\\ \boldsymbol{A}_{r1} & \boldsymbol{A}_{r2} & \cdots & \boldsymbol{A}_{rs}\end{pmatrix},$$

$$\boldsymbol{B}=(\boldsymbol{B}_{ij})_{r\times s}=\begin{pmatrix}\boldsymbol{B}_{11} & \boldsymbol{B}_{12} & \cdots & \boldsymbol{B}_{1s}\\ \boldsymbol{B}_{21} & \boldsymbol{B}_{22} & \cdots & \boldsymbol{B}_{2s}\\ \vdots & \vdots & & \vdots\\ \boldsymbol{B}_{r1} & \boldsymbol{B}_{r2} & \cdots & \boldsymbol{B}_{rs}\end{pmatrix},$$

且对任意的 i、$j(i=1, 2, \cdots, r;\ j=1, 2, \cdots, s)$，$\boldsymbol{A}_{ij}$ 与 $\boldsymbol{B}_{ij}$ 的行数与列数分别相同，则这两个分块矩阵的加法和减法可分别定义为

$$\boldsymbol{A}+\boldsymbol{B}=(\boldsymbol{A}_{ij}+\boldsymbol{B}_{ij})_{r\times s},$$
$$\boldsymbol{A}-\boldsymbol{B}=(\boldsymbol{A}_{ij}-\boldsymbol{B}_{ij})_{r\times s}.$$

例 14 求下列分块矩阵的和：

$$\boldsymbol{A}=\left(\begin{array}{cc:cc}1 & 0 & 1 & 3\\ 0 & 1 & 2 & 4\\ \hdashline 0 & 0 & -1 & 0\\ 0 & 0 & 0 & -1\end{array}\right),\ \boldsymbol{B}=\left(\begin{array}{cc:cc}1 & 2 & 0 & 0\\ 2 & 0 & 0 & 0\\ \hdashline 6 & 3 & 1 & 0\\ 0 & -2 & 0 & 1\end{array}\right).$$

解 因为，两个矩阵分块后的阶数相等，且对应的块的行数与列数相同，所以可以相加，将对应的块相加，得

笔记

$$A+B=\left(\begin{array}{cc:cc}2 & 2 & 1 & 3\\ 2 & 1 & 2 & 4\\ \hdashline 6 & 3 & 0 & 0\\ 0 & -2 & 0 & 0\end{array}\right).$$

很明显,两个分块矩阵的和仍是一个分块矩阵,并且分块矩阵的和与 A、B 作为普通矩阵相加所得的和是相同的.

(2) 分块矩阵的数乘.

一个数 k 与分块矩阵 $A=(A_{ij})_{r\times s}$ 相乘,类似于数与普通矩阵相乘,即

$$kA=(kA_{ij})_{r\times s}.$$

例如,设矩阵

$$A=\left(\begin{array}{cc:c}2 & 0 & 1\\ 1 & 0 & -1\\ \hdashline 0 & 2 & 0\\ 1 & 3 & 0\end{array}\right)=\begin{pmatrix}A_{11} & A_{12}\\ A_{21} & A_{22}\end{pmatrix},$$

其中

$$A_{11}=\begin{pmatrix}2 & 0\\ 1 & 0\end{pmatrix},A_{12}=\begin{pmatrix}1\\ -1\end{pmatrix},A_{21}=\begin{pmatrix}0 & 2\\ 1 & 3\end{pmatrix},A_{22}=\begin{pmatrix}0\\ 0\end{pmatrix},$$

则

$$2A=2\begin{pmatrix}A_{11} & A_{12}\\ A_{21} & A_{22}\end{pmatrix}=\begin{pmatrix}2A_{11} & 2A_{12}\\ 2A_{21} & 2A_{22}\end{pmatrix}=\left(\begin{array}{cc:c}4 & 0 & 2\\ 2 & 0 & -2\\ \hdashline 0 & 4 & 0\\ 2 & 6 & 0\end{array}\right).$$

(3) 分块矩阵的乘法.

分块矩阵的乘法与普通矩阵的乘法在形式上也是相似的,只是在作矩阵的块与块之间的乘法时,必须保证符合矩阵相乘的条件.

例 15 求例 14 中两矩阵的乘积矩阵 AB.

解 记

$$A_{11}=\begin{pmatrix}1 & 0\\ 0 & 1\end{pmatrix},A_{12}=\begin{pmatrix}1 & 3\\ 2 & 4\end{pmatrix},A_{21}=\begin{pmatrix}0 & 0\\ 0 & 0\end{pmatrix},A_{22}=\begin{pmatrix}-1 & 0\\ 0 & -1\end{pmatrix};$$

$$B_{11}=\begin{pmatrix}1 & 2\\ 2 & 0\end{pmatrix},B_{12}=\begin{pmatrix}0 & 0\\ 0 & 0\end{pmatrix},B_{21}=\begin{pmatrix}6 & 3\\ 0 & -2\end{pmatrix},B_{22}=\begin{pmatrix}1 & 0\\ 0 & 1\end{pmatrix}.$$

则

笔记

$$AB=\begin{pmatrix}A_{11}&A_{12}\\A_{21}&A_{22}\end{pmatrix}\begin{pmatrix}B_{11}&B_{12}\\B_{21}&B_{22}\end{pmatrix}=\begin{pmatrix}A_{11}B_{11}+A_{12}B_{21}&A_{11}B_{12}+A_{12}B_{22}\\A_{21}B_{11}+A_{22}B_{21}&A_{21}B_{12}+A_{22}B_{22}\end{pmatrix}.$$

因为

$$A_{11}B_{11}+A_{12}B_{21}=\begin{pmatrix}1&0\\0&1\end{pmatrix}\begin{pmatrix}1&2\\2&0\end{pmatrix}+\begin{pmatrix}1&3\\2&4\end{pmatrix}\begin{pmatrix}6&3\\0&-2\end{pmatrix}$$

$$=\begin{pmatrix}1&2\\2&0\end{pmatrix}+\begin{pmatrix}6&-3\\12&-2\end{pmatrix}=\begin{pmatrix}7&-1\\14&-2\end{pmatrix},$$

$$A_{11}B_{12}+A_{12}B_{22}=\begin{pmatrix}1&0\\0&1\end{pmatrix}\begin{pmatrix}0&0\\0&0\end{pmatrix}+\begin{pmatrix}1&3\\2&4\end{pmatrix}\begin{pmatrix}1&0\\0&1\end{pmatrix}=\begin{pmatrix}1&3\\2&4\end{pmatrix},$$

$$A_{21}B_{11}+A_{22}B_{21}=\begin{pmatrix}0&0\\0&0\end{pmatrix}\begin{pmatrix}1&2\\2&0\end{pmatrix}+\begin{pmatrix}-1&0\\0&-1\end{pmatrix}\begin{pmatrix}6&3\\0&-2\end{pmatrix}=\begin{pmatrix}-6&-3\\0&2\end{pmatrix},$$

$$A_{21}B_{12}+A_{22}B_{22}=\begin{pmatrix}0&0\\0&0\end{pmatrix}\begin{pmatrix}0&0\\0&0\end{pmatrix}+\begin{pmatrix}-1&0\\0&-1\end{pmatrix}\begin{pmatrix}1&0\\0&1\end{pmatrix}=\begin{pmatrix}-1&0\\0&-1\end{pmatrix}.$$

所以

$$AB=\begin{pmatrix}7&-1&1&3\\14&-2&2&4\\-6&-3&-1&0\\0&2&0&-1\end{pmatrix}.$$

由例 15 知,作分块矩阵的乘法时,为了符合矩阵相乘的条件,在划分块时,必须满足下面的要求:

① 左矩阵分块后的列组数等于右矩阵分块后的行组数.

② 左矩阵每个列组所含列数与右矩阵相应行组所含行数相等.

例 15 并没有显示出分块矩阵的优越性,甚至会感到分块乘法比不分块更麻烦.下面几个例子,体现了分块运算的优越性.

例 16 设 A、B 为二个分块对角矩阵,即

$$A=\begin{pmatrix}A_1&&&\\&A_2&&\\&&\ddots&\\&&&A_k\end{pmatrix},\ B=\begin{pmatrix}B_1&&&\\&B_2&&\\&&\ddots&\\&&&B_k\end{pmatrix},$$

其中矩阵 A_i 与 B_i 都是 n_i 阶方阵,求 AB.

解 因为矩阵 A_i 与 B_i 都是 n_i 阶方阵,因此 A_i 与 B_i 可以相乘.用分块矩阵的乘法,得

笔记

$$AB=\begin{pmatrix} A_1B_1 & & & \\ & A_2B_2 & & \\ & & \ddots & \\ & & & A_kB_k \end{pmatrix}.$$

上例表明,分块对角矩阵相乘时,只需将主对角线上的块相乘即可.

例 17 设 A 为一个分块对角矩阵

$$A=\begin{pmatrix} A_1 & & & \\ & A_2 & & \\ & & \ddots & \\ & & & A_k \end{pmatrix}$$

且每块 A_i 都是非奇异矩阵,则 A 也是非奇异矩阵,且

$$A^{-1}=\begin{pmatrix} A_1^{-1} & & & \\ & A_2^{-1} & & \\ & & \ddots & \\ & & & A_k^{-1} \end{pmatrix}.$$

证 因为

$$\begin{pmatrix} A_1 & & & \\ & A_2 & & \\ & & \ddots & \\ & & & A_k \end{pmatrix}\begin{pmatrix} A_1^{-1} & & & \\ & A_2^{-1} & & \\ & & \ddots & \\ & & & A_k^{-1} \end{pmatrix}$$

$$=\begin{pmatrix} A_1A_1^{-1} & & & \\ & A_2A_2^{-1} & & \\ & & \ddots & \\ & & & A_kA_k^{-1} \end{pmatrix}=\begin{pmatrix} E_{n1} & & & \\ & E_{n2} & & \\ & & \ddots & \\ & & & E_{nk} \end{pmatrix}=E,$$

其中 E_{n_i} 表示与 A_i 同阶的单位矩阵,所以

$$A^{-1}=\begin{pmatrix} A_1^{-1} & & & \\ & A_2^{-1} & & \\ & & \ddots & \\ & & & A_k^{-1} \end{pmatrix}.$$

上例表明,求分块对角矩阵的逆矩阵时,只需将对角线上的每一子块的逆矩阵求出即可.

笔记

例 18 求矩阵 $\boldsymbol{A}=\begin{pmatrix}2&0&0\\0&3&1\\0&0&3\end{pmatrix}$ 的逆矩阵.

解 将 $\boldsymbol{A}$ 分块化为分块对角矩阵

$$\boldsymbol{A}=\left(\begin{array}{c:cc}2&0&0\\ \hdashline 0&3&1\\0&0&3\end{array}\right)=\begin{pmatrix}\boldsymbol{A}_1&\\&\boldsymbol{A}_2\end{pmatrix}.$$

易算得

$$\boldsymbol{A}_1^{-1}=\left(\frac{1}{2}\right),\ \boldsymbol{A}_2^{-1}=\begin{pmatrix}\frac{1}{3}&-\frac{1}{9}\\0&\frac{1}{3}\end{pmatrix}.$$

所以

$$\boldsymbol{A}_1=\begin{pmatrix}\boldsymbol{A}_1^{-1}&\\&\boldsymbol{A}_2^{-1}\end{pmatrix}=\begin{pmatrix}\frac{1}{2}&0&0\\0&\frac{1}{3}&-\frac{1}{9}\\0&0&\frac{1}{3}\end{pmatrix}.$$

例 19 求分块矩阵

$$\boldsymbol{D}=\begin{pmatrix}\boldsymbol{A}&\boldsymbol{C}\\\boldsymbol{0}&\boldsymbol{B}\end{pmatrix}$$

的逆矩阵,其中 $\boldsymbol{A}$、$\boldsymbol{B}$ 分别为 r 阶与 k 阶可逆方阵,$\boldsymbol{C}$ 是 $r\times k$ 矩阵,$\boldsymbol{0}$ 是 $k\times r$ 矩阵.

解 因为

$$\begin{pmatrix}\boldsymbol{A}&\boldsymbol{C}\\\boldsymbol{0}&\boldsymbol{B}\end{pmatrix}\begin{pmatrix}\boldsymbol{A}^{-1}&-\boldsymbol{A}^{-1}\boldsymbol{C}\boldsymbol{B}^{-1}\\\boldsymbol{0}&\boldsymbol{B}^{-1}\end{pmatrix}=\begin{pmatrix}\boldsymbol{E}_r&\boldsymbol{0}\\\boldsymbol{0}&\boldsymbol{E}_k\end{pmatrix}=\boldsymbol{E},$$

所以

$$\boldsymbol{D}^{-1}=\begin{pmatrix}\boldsymbol{A}&\boldsymbol{C}\\\boldsymbol{0}&\boldsymbol{B}\end{pmatrix}^{-1}=\begin{pmatrix}\boldsymbol{A}^{-1}&-\boldsymbol{A}^{-1}\boldsymbol{C}\boldsymbol{B}^{-1}\\\boldsymbol{0}&\boldsymbol{B}^{-1}\end{pmatrix}.$$

上例表明,求逆矩阵时,有时可以将阶数高的矩阵分块化为阶数较低的矩阵,再求逆矩阵,从而可降低求逆矩阵的难度.

例 20 设矩阵

笔记

$$D=\begin{pmatrix}1&2&3&4\\0&1&2&3\\0&0&1&2\\0&0&0&1\end{pmatrix},$$

求 D^{-1}.

解 因为

$$D=\left(\begin{array}{cc:cc}1&2&3&4\\0&1&2&3\\\hdashline 0&0&1&2\\0&0&0&1\end{array}\right)=\begin{pmatrix}A&C\\0&B\end{pmatrix},$$

其中 $A=B=\begin{pmatrix}1&2\\0&1\end{pmatrix}$，$C=\begin{pmatrix}3&4\\2&3\end{pmatrix}$，且

$$A^{-1}=B^{-1}=\begin{pmatrix}1&-2\\0&1\end{pmatrix},$$

$$A^{-1}CB^{-1}=\begin{pmatrix}1&-2\\0&1\end{pmatrix}\begin{pmatrix}3&4\\2&3\end{pmatrix}\begin{pmatrix}1&-2\\0&1\end{pmatrix}=\begin{pmatrix}-1&0\\2&-1\end{pmatrix},$$

所以

$$D^{-1}=\begin{pmatrix}A^{-1}&-A^{-1}CB^{-1}\\0&B^{-1}\end{pmatrix}=\begin{pmatrix}1&-2&1&0\\0&1&-2&1\\0&0&1&-2\\0&0&0&1\end{pmatrix}.$$

习 题 2-2

1. 已知矩阵

$$A=\begin{pmatrix}1&3&x\\4&y&0\end{pmatrix},\ B=\begin{pmatrix}1&3&2\\4&-5&0\end{pmatrix},$$

且 $A=B$，求 x、y.

2. 下列各题中给出的两个矩阵是否相等，为什么？

(1) $A=\begin{pmatrix}0&0\\0&0\end{pmatrix}$，$B=\begin{pmatrix}0&0&0\\0&0&0\\0&0&0\end{pmatrix}$；

(2) $A=\begin{pmatrix}1&0\\0&1\end{pmatrix}$，$B=\begin{pmatrix}1&0&0\\0&1&0\\0&0&1\end{pmatrix}$.

3. 已知矩阵

$$A=\begin{pmatrix}1&2&1\\0&1&3\\4&0&2\end{pmatrix},\ B=\begin{pmatrix}4&-2&2\\2&3&0\\1&0&3\end{pmatrix},$$

求 $4A+2B$ 与 $4A-2B$.

4. 计算下列各题.

(1) $\begin{pmatrix}2&1&5\\3&2&4\end{pmatrix}\begin{pmatrix}2\\0\\1\end{pmatrix}$; (2) $(1\quad 2\quad 3)\begin{pmatrix}4\\2\\1\end{pmatrix}$;

(3) $\begin{pmatrix}2\\1\\0\end{pmatrix}(-1\quad 2)$; (4) $\begin{pmatrix}2&1&1&0\\1&1&2&4\end{pmatrix}\begin{pmatrix}1&0&1\\0&1&2\\1&3&1\\2&0&2\end{pmatrix}$.

5. 设

$$A=\begin{pmatrix}2&1&0\\1&0&0\end{pmatrix},\ B=\begin{pmatrix}1&0\\0&1\\1&0\end{pmatrix},\ C=\begin{pmatrix}1&0\\0&2\\2&5\end{pmatrix}.$$

(1) 求 AB 及 AC;

(2) 求 $B'A'$.

6. 设

$$A=\begin{pmatrix}1&2\\1&3\end{pmatrix},\ B=\begin{pmatrix}1&0\\1&2\end{pmatrix}.$$

(1) $AB=BA$ 成立吗?

(2) $(A+B)^2=A^2+2AB+B^2$ 成立吗?

(3) $(A+B)(A-B)=A^2-B^2$ 成立吗?

7. 对于下列矩阵 A 和 B,验证 $AB=BA=E$. 其中

$$A=\begin{pmatrix}1&2&-3\\0&1&2\\0&0&1\end{pmatrix},\ B=\begin{pmatrix}1&-2&7\\0&1&-2\\0&0&1\end{pmatrix}.$$

8. 求下列矩阵的逆矩阵.

(1) $\begin{pmatrix}1&2\\2&6\end{pmatrix}$; (2) $\begin{pmatrix}1&0&0\\0&2&0\\0&0&3\end{pmatrix}$;

(3) $\begin{pmatrix} 3 & 1 & 2 \\ 2 & 0 & 0 \\ 2 & 1 & 1 \end{pmatrix}$；　　　　(4) $\begin{pmatrix} 2 & 0 & 1 \\ 1 & 4 & 0 \\ 0 & 1 & 1 \end{pmatrix}$.

9. 设 $\boldsymbol{A}=\begin{pmatrix} 2 & 5 \\ 1 & 3 \end{pmatrix}$，$\boldsymbol{B}=\begin{pmatrix} 4 & -6 \\ 2 & 1 \end{pmatrix}$，$\boldsymbol{C}=\begin{pmatrix} -2 & 4 \\ 2 & 1 \end{pmatrix}$. 解下列矩阵方程：

(1) $\boldsymbol{AX}=\boldsymbol{B}$；　　(2) $\boldsymbol{XA}=\boldsymbol{B}$；　　(3) $\boldsymbol{AXB}=\boldsymbol{C}$.

10. 利用逆矩阵解下列方程组.

(1) $\begin{cases} x_1+3x_2+x_3=5, \\ x_1+x_2+5x_3=7, \\ x_1+2x_2-3x_3=1; \end{cases}$　　　(2) $\begin{cases} x_1+2x_2+3x_3=1, \\ 2x_1+2x_2+5x_3=2, \\ x_1+5x_2+x_3=3. \end{cases}$

11. 设方阵 $\boldsymbol{A}$ 满足 $\boldsymbol{A}^2-\boldsymbol{A}-2\boldsymbol{E}=\boldsymbol{0}$，证明：$\boldsymbol{A}$ 和 $\boldsymbol{E}-\boldsymbol{A}$ 都可逆，并求它们的逆矩阵.

12. 利用分块矩阵求下列矩阵的逆矩阵.

(1) $\begin{pmatrix} 2 & 0 & 0 & 0 & 0 \\ 0 & 4 & 1 & 0 & 0 \\ 0 & 2 & 1 & 0 & 0 \\ 0 & 0 & 0 & 2 & 1 \\ 0 & 0 & 0 & 1 & 1 \end{pmatrix}$；　　　(2) $\begin{pmatrix} 2 & 0 & 3 & 1 \\ 0 & 1 & 2 & 1 \\ 0 & 0 & 1 & 1 \\ 0 & 0 & 0 & 1 \end{pmatrix}$.

习题 2-2
参考答案

笔记

2.3　线性方程组

2.3.1　矩阵的初等变换

1. 矩阵的初等变换

根据前面所学的知识可知，用消元法解线性方程组时，有三种同解变形的方法：

(1) 交换两个方程的相对位置；

(2) 用非零常数乘以某一个方程；

(3) 用一个非零常数乘以一个方程加到另一个方程上去.

而解线性方程组的过程，又可归结为对相应的矩阵作变换，这就是矩阵的初等变换.

定义 2.17　下面的三种变换称为矩阵的**初等行(列)变换**：

(1) 交换矩阵的两行(列)；

(2) 用非零数 k 乘以矩阵的某行(列)；

笔记

(3) 把矩阵的某一行(列)乘以数 k 后加到另一行(列).

矩阵的初等行变换与初等列变换,统称为矩阵的**初等变换**.

在对某个矩阵进行具体的初等变换时,往往需要说明是行变换还是列变换,并采用类似求行列式值时所采用的记号表示变换过程.例如,对矩阵

$$\boldsymbol{A}=\begin{pmatrix}1&2&2&1\\1&3&3&4\\1&1&1&8\end{pmatrix}$$

进行三次初等行变换,得

$$\boldsymbol{A}=\begin{pmatrix}1&2&2&1\\1&3&3&4\\1&1&1&8\end{pmatrix}\xrightarrow[r_3-r_1]{r_2-r_1}\begin{pmatrix}1&2&2&1\\0&1&1&3\\0&-1&-1&7\end{pmatrix}$$

$$\xrightarrow{r_3+r_2}\begin{pmatrix}1&2&2&1\\0&1&1&3\\0&0&0&10\end{pmatrix}=\boldsymbol{B}.$$

定义 2.18 如果矩阵 $\boldsymbol{A}$ 经过若干次初等变换后变成矩阵 $\boldsymbol{B}$,就称**矩阵 $\boldsymbol{A}$ 与矩阵 $\boldsymbol{B}$** 等价,记作 $\boldsymbol{A}\sim\boldsymbol{B}$ 或 $\boldsymbol{B}\sim\boldsymbol{A}$.

事实上,如果 $\boldsymbol{A}$ 经过若干次初等变换后变成 $\boldsymbol{B}$,则可以用相反的顺序经过同样多次初等变换将 $\boldsymbol{B}$ 变成 $\boldsymbol{A}$.

可以证明,任意一个矩阵 $\boldsymbol{A}=(a_{ij})_{m\times n}$,经过若干次初等变换,均可化为下面的标准形式:

$$\boldsymbol{D}=\begin{pmatrix}\boldsymbol{E}_r&\boldsymbol{0}\\\boldsymbol{0}&\boldsymbol{0}\end{pmatrix}.$$

也就是说,任一 $m\times n$ 阶矩阵必等价于上述形式的某个对角矩阵.把上述矩阵称为 **$\boldsymbol{D}$ 矩阵**.

例 1 将下列矩阵 $\boldsymbol{A}$ 化为 $\boldsymbol{D}$ 矩阵的形式:

$$\boldsymbol{A}=\begin{pmatrix}2&1&2&3\\4&1&3&5\\2&0&1&2\end{pmatrix}.$$

解

$$\boldsymbol{A}=\begin{pmatrix}2&1&2&3\\4&1&3&5\\2&0&1&2\end{pmatrix}\xrightarrow[r_3-r_1]{r_2-2r_1}\begin{pmatrix}2&1&2&3\\0&-1&-1&-1\\0&-1&-1&-1\end{pmatrix}$$

笔记

$$\xrightarrow{\frac{1}{2}c_1}\begin{pmatrix}1&1&2&3\\0&-1&-1&-1\\0&-1&-1&-1\end{pmatrix}\xrightarrow[c_4-3c_1]{\substack{c_2-c_1\\c_3-2c_1}}\begin{pmatrix}1&0&0&0\\0&-1&-1&-1\\0&-1&-1&-1\end{pmatrix}$$

$$\xrightarrow{r_3-r_2}\begin{pmatrix}1&0&0&0\\0&-1&-1&-1\\0&0&0&0\end{pmatrix}\xrightarrow[c_4-c_2]{c_3-c_2}\begin{pmatrix}1&0&0&0\\0&-1&0&0\\0&0&0&0\end{pmatrix}$$

$$\xrightarrow{-r_2}\begin{pmatrix}1&0&0&0\\0&1&0&0\\0&0&0&0\end{pmatrix}.$$

2. 初等矩阵

定义 2.19 对单位矩阵 $\boldsymbol{E}$ 进行一次初等变换得到的矩阵,称为**初等矩阵**. 因为有三种初等变换,所以有三种初等矩阵.

(1) 交换 $\boldsymbol{E}$ 的第 i 行(列)与第 j 行(列)得到的初等矩阵,记作 $\boldsymbol{E}(i,j)$,即

$$\boldsymbol{E}(i,j)=\begin{pmatrix}1&&&&&&&&\\&\ddots&&&&&&&\\&&1&&&&&&\\&&&0&\cdots&1&&&\\&&&&1&&&&\\&&&\vdots&\ddots&\vdots&&&\\&&&&&1&&&\\&&&1&\cdots&0&&&\\&&&&&&1&&\\&&&&&&&\ddots&\\&&&&&&&&1\end{pmatrix}\begin{matrix}\\\\\\第\,i\,行\\\\\\\\第\,j\,行\\\\\\\\\end{matrix}$$

例如,将单位矩阵

$$\boldsymbol{E}=\begin{pmatrix}1&0&0&0\\0&1&0&0\\0&0&1&0\\0&0&0&1\end{pmatrix}$$

的第 2、3 行交换,得到的初等矩阵是

$$\boldsymbol{E}(2,3)=\begin{pmatrix}1&0&0&0\\0&0&1&0\\0&1&0&0\\0&0&0&1\end{pmatrix}.$$

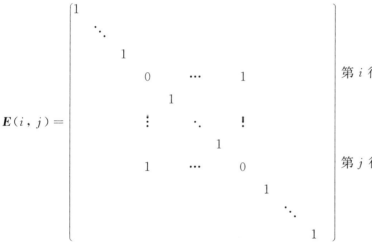

笔记

(2) 用数 $k(k\neq 0)$ 乘 $\boldsymbol{E}$ 的第 i 行(列)得到的初等矩阵,记作 $\boldsymbol{E}(i(k))$,即

$$\boldsymbol{E}(i(k))=\begin{pmatrix}1&&&&&&\\&\ddots&&&&&\\&&1&&&&\\&&&k&&&\\&&&&1&&\\&&&&&\ddots&\\&&&&&&1\end{pmatrix}\text{第 } i \text{ 行}.$$

例如,将单位矩阵

$$\boldsymbol{E}=\begin{pmatrix}1&0&0&0\\0&1&0&0\\0&0&1&0\\0&0&0&1\end{pmatrix}$$

的第 3 行乘以 k,得到的初等矩阵是

$$\boldsymbol{E}(3(k))=\begin{pmatrix}1&0&0&0\\0&1&0&0\\0&0&k&0\\0&0&0&1\end{pmatrix}.$$

(3) 用数 k 乘 $\boldsymbol{E}$ 的第 j 行(i 列)加到第 i 行(j 列)上得到的初等矩阵,记作 $\boldsymbol{E}(i,j(k))$,即

$$\boldsymbol{E}(i,j(k))=\begin{pmatrix}1&&&&&&\\&1&&&&&\\&&1&\cdots&k&&\\&&&\ddots&\vdots&&\\&&&&1&&\\&&&&&\ddots&\\&&&&&&1\end{pmatrix}\begin{matrix}\\\\\text{第 } i \text{ 行}\\\\\text{第 } j \text{ 行}\\\\\\\end{matrix}$$

例如,将单位矩阵

$$\boldsymbol{E}=\begin{pmatrix}1&0&0&0\\0&1&0&0\\0&0&1&0\\0&0&0&1\end{pmatrix}$$

笔记

的第 3 行乘以数 k 加到第 2 行,得到的初等矩阵是

$$\boldsymbol{E}(2,\ 3(k))=\begin{pmatrix}1&0&0&0\\0&1&k&0\\0&0&1&0\\0&0&0&1\end{pmatrix}.$$

例 2 设

$$\boldsymbol{A}=\begin{pmatrix}a_{11}&a_{12}&a_{13}&a_{14}\\a_{21}&a_{22}&a_{23}&a_{24}\\a_{31}&a_{32}&a_{33}&a_{34}\end{pmatrix},\ \boldsymbol{E}(1,\ 3)=\begin{pmatrix}0&0&1\\0&1&0\\1&0&0\end{pmatrix},$$

$$\boldsymbol{E}(2,\ 1(k))=\begin{pmatrix}1&0&0&0\\k&1&0&0\\0&0&1&0\\0&0&0&1\end{pmatrix}.$$

求 $\boldsymbol{E}(1,\ 3)\boldsymbol{A}$, $\boldsymbol{AE}(2,\ 1(k))$.

解 根据矩阵的乘法得

$$\boldsymbol{E}(1,\ 3)\boldsymbol{A}=\begin{pmatrix}0&0&1\\0&1&0\\1&0&0\end{pmatrix}\begin{pmatrix}a_{11}&a_{12}&a_{13}&a_{14}\\a_{21}&a_{22}&a_{23}&a_{24}\\a_{31}&a_{32}&a_{33}&a_{34}\end{pmatrix}=\begin{pmatrix}a_{31}&a_{32}&a_{33}&a_{34}\\a_{21}&a_{22}&a_{23}&a_{24}\\a_{11}&a_{12}&a_{13}&a_{14}\end{pmatrix},$$

$$\boldsymbol{AE}(2,\ 1(k))=\begin{pmatrix}a_{11}&a_{12}&a_{13}&a_{14}\\a_{21}&a_{22}&a_{23}&a_{24}\\a_{31}&a_{32}&a_{33}&a_{34}\end{pmatrix}\begin{pmatrix}1&0&0&0\\k&1&0&0\\0&0&1&0\\0&0&0&1\end{pmatrix}$$

$$=\begin{pmatrix}a_{11}+ka_{12}&a_{12}&a_{13}&a_{14}\\a_{21}+ka_{22}&a_{22}&a_{23}&a_{24}\\a_{31}+ka_{32}&a_{32}&a_{33}&a_{34}\end{pmatrix}.$$

上例表明,用 $\boldsymbol{E}(1,\ 3)$左乘 $\boldsymbol{A}$,相当于将 $\boldsymbol{A}$ 的第 1 行与第 3 行交换位置的初等变换.用 $\boldsymbol{E}(1,\ 2(k))$右乘 $\boldsymbol{A}$,相当于将 $\boldsymbol{A}$ 的第 2 列 k 倍加到第 1 列上的初等变换.一般地,设 $\boldsymbol{A}$ 是一个 $m\times n$ 阶矩阵,则

(1) 对 $\boldsymbol{A}$ 作一次行初等变换后所得到的矩阵,等于用一个 m 阶相应的初等矩阵左乘 $\boldsymbol{A}$ 后所得的积.

(2) 对 $\boldsymbol{A}$ 作一次列初等变换后所得到的矩阵,等于用一个 n 阶相应的初等矩阵右乘 $\boldsymbol{A}$ 后所得的积.

笔记

3. 用矩阵的初等变换求逆矩阵

例 3 用初等变换,将矩阵

$$A=\begin{pmatrix}1&0&1\\2&1&0\\-1&0&-5\end{pmatrix}$$

化为 D 矩阵的形式.

解

$$A=\begin{pmatrix}1&0&1\\2&1&0\\-1&0&-5\end{pmatrix}\xrightarrow[r_3+r_1]{r_2-2r_1}\begin{pmatrix}1&0&1\\0&1&-2\\0&0&-4\end{pmatrix}$$

$$\xrightarrow{-\frac{1}{4}r_3}\begin{pmatrix}1&0&1\\0&1&-2\\0&0&1\end{pmatrix}\xrightarrow[r_2+2r_3]{r_1-r_3}\begin{pmatrix}1&0&0\\0&1&0\\0&0&1\end{pmatrix}=E.$$

上例中,对矩阵 A 施行了若干次初等行变换后化成了单位矩阵 E.一般地,如果 A 可逆,则经过若干次初等变换,一定可将 A 化为单位矩阵 E.因此,存在初等矩阵 P_1、P_2、…、P_s 使

$$P_sP_{s-1}\cdot\cdots\cdot P_2P_1A=E,$$

对上式两边右乘 A^{-1},得

$$A^{-1}=P_sP_{s-1}\cdot\cdots\cdot P_2P_1E.$$

上式表明,如果 A 是一个可逆矩阵,则当 A 经过一系列初等行变换化为单位矩阵 E 时,E 就经过同样的初等行变换化为 A^{-1}.由此,得到了一个用初等行变换求逆矩阵的方法:列一个 $n\times 2n$ 阶矩阵 $(A\mid E)$,然后对此矩阵施以行的初等变换,使 A 化为 E,则同时 E 就化为 A^{-1}.

例 4 用初等行变换求方阵 $A=\begin{pmatrix}1&0&1\\2&1&0\\-1&2&-6\end{pmatrix}$ 的逆矩阵 A^{-1}.

解 因为

$$(A\mid E)=\left(\begin{array}{ccc:ccc}1&0&1&1&0&0\\2&1&0&0&1&0\\-1&2&-6&0&0&1\end{array}\right)$$

笔记

$$\xrightarrow[r_3+r_1]{r_2-2r_1}\left(\begin{array}{ccc:ccc}1&0&1&1&0&0\\0&1&-2&-2&1&0\\0&2&-5&1&0&1\end{array}\right)\xrightarrow{r_3-2r_2}\left(\begin{array}{ccc:ccc}1&0&1&1&0&0\\0&1&-2&-2&1&0\\0&0&-1&5&-2&1\end{array}\right)$$

$$\xrightarrow{-r_3}\left(\begin{array}{ccc:ccc}1&0&1&1&0&0\\0&1&-2&-2&1&0\\0&0&1&-5&2&-1\end{array}\right)\xrightarrow[r_2+2r_3]{r_1-r_3}\left(\begin{array}{ccc:ccc}1&0&0&6&-2&1\\0&1&0&-12&5&-2\\0&0&1&-5&2&-1\end{array}\right)$$

所以

$$\boldsymbol{A}^{-1}=\begin{pmatrix}6&-2&1\\-12&5&-2\\-5&2&-1\end{pmatrix}.$$

2.3.2 解线性方程组

前面介绍了行列式和矩阵知识,这是研究一般线性方程组的解的基础知识,下面来讨论一般线性方程组的解的问题.

一般的线性方程组是形如

$$\begin{cases}a_{11}x_1+a_{12}x_2+\cdots+a_{1n}x_n=b_1,\\a_{21}x_1+a_{22}x_2+\cdots+a_{2n}x_n=b_2,\\\cdots\cdots\cdots\cdots\\a_{m1}x_1+a_{m2}x_2+\cdots+a_{mn}x_n=b_m\end{cases}\tag{2-12}$$

的线性方程组.若记

$$\boldsymbol{A}=\begin{pmatrix}a_{11}&a_{12}&\cdots&a_{1n}\\a_{21}&a_{22}&\cdots&a_{2n}\\\vdots&\vdots&&\vdots\\a_{m1}&a_{m2}&\cdots&a_{mn}\end{pmatrix},\ \boldsymbol{X}=\begin{pmatrix}x_1\\x_2\\\vdots\\x_n\end{pmatrix},\ \boldsymbol{B}=\begin{pmatrix}b_1\\b_2\\\vdots\\b_m\end{pmatrix}$$

则方程组(2-12)可写成矩阵形式:

$$\boldsymbol{AX}=\boldsymbol{B},$$

其中矩阵 $\boldsymbol{A}$ 称为**系数矩阵**,$\overline{\boldsymbol{A}}=(\boldsymbol{A}\mid\boldsymbol{B})$ 称为**增广矩阵**.当 $\boldsymbol{B}\neq\boldsymbol{0}$ 时称为**非齐次线性方程组**,当 $\boldsymbol{B}=\boldsymbol{0}$ 时即 $\boldsymbol{AX}=\boldsymbol{0}$ 时称为**齐次线性方程组**.

1. 高斯消元法

从矩阵的运算可以推出,对线性方程组进行初等行变换是不会改变其解的.

定理 2.4 若将线性方程组 $\boldsymbol{AX}=\boldsymbol{B}$ 的增广矩阵 $\overline{\boldsymbol{A}}=(\boldsymbol{A}\mid\boldsymbol{B})$ 用初等

笔记

行变换化为 $(\boldsymbol{U}\mid\boldsymbol{V})$，则方程组 $\boldsymbol{AX}=\boldsymbol{B}$ 与 $\boldsymbol{UX}=\boldsymbol{V}$ 是同解方程组.

证明略.

由矩阵的理论可知，应用矩阵的初等变换可以把线性方程组(2-12)的增广矩阵 $\bar{\boldsymbol{A}}$ 化为阶梯形矩阵(或简化阶梯形矩阵)，根据定理 2.4 可知阶梯形矩阵(或简化阶梯形矩阵)所对应的方程组与原方程组(2-12)同解，这样通过解阶梯形矩阵(或简化阶梯形矩阵)所对应的方程组就求出原方程组(2-12)的解，这种方法称为**高斯消元法**.

例 5 用高斯消元法解线性方程组

$$\begin{cases}2x_1-3x_2+x_3-x_4=3,\\3x_1+x_2+x_3+x_4=0,\\4x_1-x_2-x_3-x_4=7,\\-2x_1-x_2+x_3+x_4=-5.\end{cases}$$

解 对增广矩阵施行初等行变换

$$\bar{\boldsymbol{A}}=\begin{pmatrix}2&-3&1&-1&3\\3&1&1&1&0\\4&-1&-1&-1&7\\-2&-1&1&1&-5\end{pmatrix}\xrightarrow{r_1\leftrightarrow r_2}\begin{pmatrix}3&1&1&1&0\\2&-3&1&-1&3\\4&-1&-1&-1&7\\-2&-1&1&1&-5\end{pmatrix}$$

$$\xrightarrow{r_1+r_3}\begin{pmatrix}7&0&0&0&7\\2&-3&1&-1&3\\4&-1&-1&-1&7\\2&1&-1&-1&5\end{pmatrix}\xrightarrow{\frac{1}{7}r_1}\begin{pmatrix}1&0&0&0&1\\2&-3&1&-1&3\\4&-1&-1&-1&7\\2&1&-1&-1&5\end{pmatrix}$$

$$\xrightarrow[r_4-2r_1]{\substack{r_2-2r_1\\r_3-4r_1}}\begin{pmatrix}1&0&0&0&1\\0&-3&1&-1&1\\0&-1&-1&-1&3\\0&1&-1&-1&3\end{pmatrix}\xrightarrow{r_2\leftrightarrow r_4}\begin{pmatrix}1&0&0&0&1\\0&1&-1&-1&3\\0&-1&-1&-1&3\\0&-3&1&-1&1\end{pmatrix}$$

$$\xrightarrow[r_4+3r_2]{r_3+r_2}\begin{pmatrix}1&0&0&0&1\\0&1&-1&-1&3\\0&0&-2&-2&6\\0&0&-2&-4&10\end{pmatrix}\xrightarrow{r_4-r_3}\begin{pmatrix}1&0&0&0&1\\0&1&-1&-1&3\\0&0&-2&-2&6\\0&0&0&-2&4\end{pmatrix}$$

$$\xrightarrow[-\frac{1}{2}r_4]{-\frac{1}{2}r_3}\begin{pmatrix}1&0&0&0&1\\0&1&-1&-1&3\\0&0&1&1&-3\\0&0&0&1&-2\end{pmatrix}$$

这时矩阵所对应的方程组为

$$\begin{cases} x_1 & & & = & 1 \\ & x_2 & -x_3 & -x_4 & = & 3 \\ & & x_3 & +x_4 & = & -3 \\ & & & x_4 & = & -2 \end{cases}$$

故原方程组的解为

$$\begin{cases} x_1=1, \\ x_2=0, \\ x_3=-1, \\ x_4=-2. \end{cases}$$

例 6 解线性方程组 $\begin{cases} x_1-x_2+x_3-x_4=0, \\ 2x_1-x_2+3x_3-2x_4=-1, \\ 3x_1-2x_2-x_3+2x_4=4. \end{cases}$

解:将方程组的增广矩阵用初等变换化为标准形

$$\bar{\boldsymbol{A}}=\begin{pmatrix} 1 & -1 & 1 & -1 & 0 \\ 2 & -1 & 3 & -2 & -1 \\ 3 & 2 & -1 & 2 & 4 \end{pmatrix} \xrightarrow[r_3-3r_1]{r_2-2r_1} \begin{pmatrix} 1 & -1 & 1 & -1 & 0 \\ 0 & 1 & 1 & 0 & -1 \\ 0 & 1 & -4 & 5 & 4 \end{pmatrix}$$

$$\xrightarrow{r_3-r_2} \begin{pmatrix} 1 & -1 & 1 & -1 & 0 \\ 0 & 1 & 1 & 0 & -1 \\ 0 & 0 & -5 & 5 & 5 \end{pmatrix} \xrightarrow{-\frac{1}{5}r_3} \begin{pmatrix} 1 & -1 & 1 & -1 & 0 \\ 0 & 1 & 1 & 0 & -1 \\ 0 & 0 & 1 & -1 & -1 \end{pmatrix}$$

$$\xrightarrow[r_2-r_3]{r_1-r_3} \begin{pmatrix} 1 & -1 & 0 & 0 & 1 \\ 0 & 1 & 0 & 1 & 0 \\ 0 & 0 & 1 & -1 & -1 \end{pmatrix} \xrightarrow{r_1+r_2} \begin{pmatrix} 1 & 0 & 0 & 1 & 1 \\ 0 & 1 & 0 & 1 & 0 \\ 0 & 0 & 1 & -1 & -1 \end{pmatrix}$$

这时矩阵所对应的方程组为

$$\begin{cases} x_1 & & & +x_4 & =1, \\ & x_2 & & +x_4 & =0, \\ & & x_3 & -x_4 & =-1. \end{cases}$$

将 x_4 移到等号右边得 $\begin{cases} x_1 = 1-x_4, \\ x_2 = -x_4, \\ x_3 = -1+x_4. \end{cases}$

若令 x_4 取任意常数 k,则得

笔记

笔记

$$\begin{cases} x_1 = 1 - k, \\ x_2 = -k, \\ x_3 = -1 + k, \\ x_4 = k. \end{cases}$$

或写成向量形式

$$\begin{pmatrix} x_1 \\ x_2 \\ x_3 \\ x_4 \end{pmatrix} = k \begin{pmatrix} -1 \\ -1 \\ 1 \\ 1 \end{pmatrix} + \begin{pmatrix} 1 \\ 0 \\ -1 \\ 0 \end{pmatrix} \text{(}k\text{ 为任意常数).} \tag{2-13}$$

其中 x_4 称为**自由未知数**或**自由元**,(2-13)式称为方程组的**通解**或**一般解**.

例 7 解线性方程组

$$\begin{cases} x_1 + x_2 - 2x_3 = -1, \\ x_1 + 2x_2 - x_3 = 5, \\ 2x_1 + 3x_2 - 3x_3 = 7. \end{cases}$$

解 对增广矩阵施以初等行变换,得

$$\overline{\boldsymbol{A}} = \begin{pmatrix} 1 & 1 & -2 & -1 \\ 1 & 2 & -1 & 5 \\ 2 & 3 & -3 & 7 \end{pmatrix} \rightarrow \begin{pmatrix} 1 & 1 & -2 & -1 \\ 0 & 1 & 1 & 6 \\ 0 & 0 & 0 & 3 \end{pmatrix}.$$

由最后一个矩阵知,原方程组的同解方程组为

$$\begin{cases} x_1 + 3x_2 - 2x_3 = -1, \\ x_2 + x_3 = 6, \\ 0 = 3. \end{cases}$$

上述方程表明,不论 x_1、x_2、x_3 取怎样的一组数,都不能使方程组中的"$0=3$"成立.因此,这样的方程组无解.

2. 非齐次线性方程组的相容性

如果一个非齐次线性方程组有解则可以通过高斯消元法求得其解.但是一个非齐次线性方程组满足什么条件时才能有解呢?由线性方程组的相容性定理可以得到结果.

定义 2.20 如果一个线性方程组存在解,则称方程组是**相容的**;否则就称方程组是**不相容**或**矛盾**的.

把矩阵化为阶梯形后的非零行数叫做矩阵的秩.矩阵 $\boldsymbol{A}$ 的秩常记为

笔记

$r(\boldsymbol{A})$或 $R(\boldsymbol{A})$.

在例 5、例 6 中方程组都存在解，因此方程组都是相容的.同时会发现对应方程组的系数矩阵的秩等于增广矩阵的秩：$r(\boldsymbol{A})=r(\bar{\boldsymbol{A}})$. 例 6 中 $r(\boldsymbol{A})=r(\bar{\boldsymbol{A}})=3<4=n$，方程组有无穷多解；例 5 中 $r(\boldsymbol{A})=r(\bar{\boldsymbol{A}})=4=n$，方程组有唯一的解.在例 7 中 $r(\boldsymbol{A})=2<r(\bar{\boldsymbol{A}})=3$，即 $r(\boldsymbol{A})\neq r(\bar{\boldsymbol{A}})$，方程组无解，因此是不相容的.此时，通过对上述例题的分析，可证得下面给出的线性方程组的相容性定理.

定理 2.5　若线性方程组(2-12)为非齐次线性方程组.

(1) 当 $r(\boldsymbol{A})=r(\bar{\boldsymbol{A}})$ 时，方程组相容.当 $r(\boldsymbol{A})=r(\bar{\boldsymbol{A}})=n$ 时有唯一的解，当 $r(\boldsymbol{A})=r(\bar{\boldsymbol{A}})<n$ 时有无穷多解.

(2) 当 $r(\boldsymbol{A})\neq r(\bar{\boldsymbol{A}})$ 时，方程组不相容.

证明略.

例 8　有下列方程组

$$\begin{cases} kx_1+x_2+x_3=5, \\ 3x_1+2x_2+kx_3=18-5k, \\ x_2+2x_3=2, \end{cases}$$

问 k 取何值时方程组有唯一解？无穷多解？无解？在有无穷多解时求出通解.

解：

$$\bar{\boldsymbol{A}}=\begin{pmatrix} k & 1 & 1 & 5 \\ 3 & 2 & k & 18-5k \\ 0 & 1 & 2 & 2 \end{pmatrix} \xrightarrow[r_2-2r_3]{r_1-r_3} \begin{pmatrix} k & 0 & -1 & 3 \\ 3 & 0 & k-4 & 14-5k \\ 0 & 1 & 2 & 2 \end{pmatrix}$$

$$\xrightarrow{r_1-\frac{k}{3}r_2} \begin{pmatrix} 0 & 0 & \frac{4}{3}k-\frac{1}{3}k^2-1 & \frac{5}{3}k^2-\frac{14}{3}k+3 \\ 3 & 0 & k-4 & 14-5k \\ 0 & 1 & 2 & 2 \end{pmatrix}$$

$$\xrightarrow[r_2\leftrightarrow r_3]{r_1\leftrightarrow r_2} \begin{pmatrix} 3 & 0 & k-4 & 14-5k \\ 0 & 1 & 2 & 2 \\ 0 & 0 & \frac{4}{3}k-\frac{1}{3}k^2-1 & \frac{5}{3}k^2-\frac{14}{3}k+3 \end{pmatrix}$$

(1) 当 $\frac{4}{3}k-\frac{1}{3}k^2-1\neq 0$ 时，即当 $k\neq 1$ 且 $k\neq 3$ 时，$r(\boldsymbol{A})=r(\bar{\boldsymbol{A}})=3=n$，方程组有唯一解.

笔记

(2) 当 $k=1$ 时，也有 $\frac{5}{3}k^2-\frac{14}{3}k+3=0$，故 $r(\boldsymbol{A})=r(\bar{\boldsymbol{A}})=2$，方程组有无穷多解，通解含有 $n-r(\boldsymbol{A})=3-2=1$ 个任意常数.此时矩阵对应的方程组

$$\begin{cases}3x_1-3x_3=9,\\ x_2+2x_3=2\end{cases}$$

与原方程组同解，其通解为 $\begin{cases}x_1=3+t,\\ x_2=2-2t,\\ x_3=t,\end{cases}$

或写成向量形式 $\begin{pmatrix}x_1\\ x_2\\ x_3\end{pmatrix}=t\begin{pmatrix}1\\ -2\\ 1\end{pmatrix}+\begin{pmatrix}3\\ 2\\ 0\end{pmatrix}$ (t 为任意常数).

(3) 当 $k=3$ 时，$r(\boldsymbol{A})=2<3=r(\bar{\boldsymbol{A}})$，方程组无解.

3. 齐次线性方程组的相容性

设齐次线性方程组为

$$\begin{cases}a_{11}x_1+a_{12}x_2+\cdots+a_{1n}x_n=0,\\ a_{21}x_1+a_{22}x_2+\cdots+a_{2n}x_n=0,\\ \cdots\cdots\cdots\cdots\\ a_{m1}x_1+a_{m2}x_2+\cdots+a_{mn}x_n=0.\end{cases} \tag{2-14}$$

写成矩阵形式 $\boldsymbol{AX}=\boldsymbol{0}.$

对齐次线性方程组(2-14)来说总是相容的，因为它至少有一个零解：$\boldsymbol{X}=(0,0,\cdots,0)^{\mathrm{T}}$. 除此之外它还可能存在非零解.

定理 2.6 方程组(2-14)有非零解的充分必要条件是 $r(\boldsymbol{A})<n$，且在能得出任一解的通式中含有 $n-r(\boldsymbol{A})$ 个任意常数；有唯一零解的充分必要条件是 $r(\boldsymbol{A})=n$.

例 9 求下列齐次线性方程组的通解

$$\begin{cases}x_1-x_2-x_3+x_4=0,\\ x_1-x_2+2x_3+2x_4=0,\\ 3x_1-3x_2+4x_4=0.\end{cases}$$

解

笔记

$$\boldsymbol{A}=\begin{pmatrix}1&-1&-1&1\\1&-1&2&2\\3&-3&0&4\end{pmatrix}\xrightarrow[r_3-3r_1]{r_2-r_1}\begin{pmatrix}1&-1&-1&1\\0&0&3&1\\0&0&3&1\end{pmatrix}$$

$$\xrightarrow[\frac{1}{3}r_2]{r_3-r_2}\begin{pmatrix}1&-1&-1&1\\0&0&1&\frac{1}{3}\\0&0&0&0\end{pmatrix}\xrightarrow{r_1+r_2}\begin{pmatrix}1&-1&0&\frac{4}{3}\\0&0&1&\frac{1}{3}\\0&0&0&0\end{pmatrix}.$$

此矩阵对应的方程组为

$$\begin{cases}x_1-x_2+\frac{4}{3}x_4=0,\\x_3+\frac{1}{3}x_4=0.\end{cases}$$

取 x_2、x_4 为自由未知数,得,

$$\begin{cases}x_1=x_2-\frac{4}{3}x_4,\\x_3=-\frac{1}{3}x_4,\end{cases}$$

令 $x_2=k_1$, $x_4=k_2$(k_1, k_2 为任意常数),则方程组的通解可写成:

$$\begin{cases}x_1=k_1-\frac{4}{3}k_2,\\x_2=k_1,\\x_3=-\frac{1}{3}k_2,\\x_4=k_2.\end{cases}$$

或写成向量形式

$$\begin{pmatrix}x_1\\x_2\\x_3\\x_4\end{pmatrix}=k_1\begin{pmatrix}1\\1\\0\\0\end{pmatrix}+k_2\begin{pmatrix}-\frac{4}{3}\\0\\-\frac{1}{3}\\1\end{pmatrix}\ (k_1,\ k_2\text{ 为任意常数}).$$

因为,解中的两个[即 $n-r(\boldsymbol{A})$ 个]非零向量 $\boldsymbol{\xi}_1=(1,\ 1,\ 0,\ 0)^{\mathrm{T}}$, $\boldsymbol{\xi}_2=\left(-\frac{4}{3},\ 0,\ -\frac{1}{3},\ 1\right)^{\mathrm{T}}$ 都是方程组的解,所以,称这两个向量为该方程组的一个基础解系.

习　题　2-3

1. 用初等变换将下列矩阵化为 $\boldsymbol{D}$ 矩阵的形式.

(1) $\begin{pmatrix} 1 & 1 \\ 3 & 2 \end{pmatrix}$；　　(2) $\begin{pmatrix} 1 & -1 & 2 \\ 3 & 2 & 1 \\ 1 & 0 & 2 \end{pmatrix}$.

2. 用初等行变换求下列方阵的逆矩阵.

(1) $\begin{pmatrix} 1 & 1 & 1 \\ 1 & 2 & 0 \\ 1 & 0 & 0 \end{pmatrix}$；　　(2) $\begin{pmatrix} 2 & 2 & 3 \\ 1 & -1 & 0 \\ -1 & 2 & 1 \end{pmatrix}$；

(3) $\begin{pmatrix} 0 & 0 & 1 & 2 \\ 1 & 0 & 2 & 0 \\ 0 & 1 & 0 & 2 \\ 2 & 1 & 0 & 0 \end{pmatrix}$；　　(4) $\begin{pmatrix} 1 & b & b^2 & b^3 & b^4 \\ 0 & 1 & b & b^2 & b^3 \\ 0 & 0 & 1 & b & b^2 \\ 0 & 0 & 0 & 1 & b \\ 0 & 0 & 0 & 0 & 1 \end{pmatrix}$.

3. 设 $\boldsymbol{X}$ 是一个未知矩阵，如果有

$$\begin{pmatrix} 1 & 2 & 3 \\ 0 & 1 & 2 \\ 4 & 5 & 3 \end{pmatrix} \boldsymbol{X} = \begin{pmatrix} 1 & 2 \\ 0 & 1 \\ 1 & 0 \end{pmatrix},$$

试求 $\boldsymbol{X}$.

4. 判断下列方程组是否有解，若有解，求出一般解.

习题 2-3
参考答案

(1) $\begin{cases} 4x_1 + 2x_2 - x_3 = 2, \\ 3x_1 - x_2 + 2x_3 = 10, \\ 11x_1 + 3x_2 = 8; \end{cases}$　　(2) $\begin{cases} 2x_1 + x_2 - x_3 + x_4 = 1, \\ 4x_1 + 2x_2 - 2x_3 + x_4 = 2, \\ 2x_1 + x_2 - x_3 - x_4 = 1; \end{cases}$

(3) $\begin{cases} 2x_1 + 3x_2 + x_3 = 4, \\ x_1 - 2x_2 + 4x_3 = -5, \\ 3x_1 + 8x_2 - 2x_3 = 13, \\ 4x_1 - x_2 + 9x_3 = -6; \end{cases}$　　(4) $\begin{cases} 2x_1 + x_2 - x_3 + x_4 = 1, \\ 3x_1 - 2x_2 + x_3 - 3x_4 = 4, \\ x_1 + 4x_2 - 3x_3 + 5x_4 = -2. \end{cases}$

2.4　线性代数应用举例

线性代数是数学的一个分支，也是代数的一个重要学科，线性代数的

笔记

研究内容包括行列式、矩阵、线性方程组和向量等，其主要处理的是线性关系的问题，随着数学的发展，线性代数的含义也在不断地扩大.它的理论不仅渗透到了数学的许多分支中，而且在理论物理、理论化学、工程技术、国民经济、生物技术、航天、航海等领域中都有着广泛的应用.

例 1 某文具商店在一周内所售出的文具见下表，周末盘点结账，计算该店每天的售货收入及一周的售货总账.

文具	星期						单价(元)
	一	二	三	四	五	六	
橡皮(个)	15	8	5	1	12	20	0.3
直尺(把)	15	20	18	16	8	25	0.5
胶水(瓶)	20	0	12	15	4	3	1

解 由表中数据设矩阵

$$\boldsymbol{A}=\begin{pmatrix}15&8&5&1&12&20\\15&20&18&16&8&25\\20&0&12&15&4&3\end{pmatrix},\ \boldsymbol{B}=\begin{pmatrix}0.3\\0.5\\1\end{pmatrix},$$

则售货收入可由下式算出：

$$\boldsymbol{A}^{\mathrm{T}}\boldsymbol{B}=\begin{pmatrix}15&15&20\\8&20&0\\5&18&12\\1&16&15\\12&8&4\\20&25&3\end{pmatrix}\begin{pmatrix}0.3\\0.5\\1\end{pmatrix}=\begin{pmatrix}32\\12.4\\22.5\\23.3\\11.6\\21.5\end{pmatrix}.$$

所以，每天的售货收入加在一起可得一周的售货总账，即

$$32+12.4+22.5+23.3+11.6+21.5=123.3(\text{元}).$$

例 2 已知不同商店三种水果的价格、不同人员需要水果的数量以及不同城镇不同人员的数目的矩阵为：

	商店 a	商店 b
苹果	0.10	0.15
橘子	0.15	0.20
梨	0.10	0.10

	苹果	橘子	梨
人员 a	5	10	3
人员 b	4	5	5

	人员 a	人员 b
城镇 1	1 000	500
城镇 2	2 000	1 000

第一个矩阵为 $\boldsymbol{A}$，第二个矩阵为 $\boldsymbol{B}$，而第三个矩阵为 $\boldsymbol{C}$.

(1) 求出一个矩阵，它能给出在每个商店每个人购买水果的费用是

笔记

多少.

(2) 求出一个矩阵,它能确定在每个城镇每种水果的购买量是多少.

解 (1) 设该矩阵为 $\boldsymbol{D}$,则 $\boldsymbol{D}=\boldsymbol{BA}$,即

$$\boldsymbol{D}=\begin{pmatrix}5&10&3\\4&5&5\end{pmatrix}\begin{pmatrix}0.10&0.15\\0.15&0.20\\0.10&0.10\end{pmatrix}=\begin{pmatrix}2.30&3.05\\1.65&2.10\end{pmatrix}.$$

此结果说明,人员 a 在商店 a 购买水果的费用为 2.30,人员 a 在商店 b 购买水果的费用为 3.05,人员 b 在商店 a 购买水果的费用为 1.65,人员 b 在商店 b 购买水果的费用为 2.10.

(2) 设该矩阵为 $\boldsymbol{F}$,则 $\boldsymbol{F}=\boldsymbol{CB}$,即

$$\boldsymbol{F}=\begin{pmatrix}1\,000&500\\2\,000&1\,000\end{pmatrix}\begin{pmatrix}5&10&3\\4&5&5\end{pmatrix}=\begin{pmatrix}7\,000&12\,500&5\,500\\14\,000&25\,000&11\,000\end{pmatrix}.$$

此结果说明,城镇 1 苹果的购买量为 7 000,城镇 1 橘子的购买量为 12 500,城镇 1 梨的购买量为 5 500;城镇 2 苹果的购买量为 14 000,城镇 2 橘子的购买量为 25 000,城镇 2 梨的购买量为 11 000.

例 3 某工厂检验室有甲、乙两种不同的化学原料,甲种原料分别含锌 10%、镁 20%,乙种原料分别含锌 10%、镁 30%,现在要用这两种原料分别配制 a、b 两种试剂,a 试剂需含锌 2 g、镁 5 g、b 试剂需含锌 1 g、镁 2 g.问配制 a、b 两种试剂分别需要甲、乙两种化学原料各多少?

解 设配制 a 试剂需甲、乙两种化学原料分别为 x、y g;配制 b 试剂需甲、乙两种化学原料分别为 s、t g;根据题意,得如下矩阵方程

$$\begin{pmatrix}0.1&0.1\\0.2&0.3\end{pmatrix}\begin{pmatrix}x&s\\y&t\end{pmatrix}=\begin{pmatrix}2&1\\5&2\end{pmatrix}.$$

设 $\boldsymbol{A}=\begin{pmatrix}0.1&0.1\\0.2&0.3\end{pmatrix}$, $\boldsymbol{X}=\begin{pmatrix}x&s\\y&t\end{pmatrix}$, $\boldsymbol{B}=\begin{pmatrix}2&1\\5&2\end{pmatrix}$,则 $\boldsymbol{X}=\boldsymbol{A}^{-1}\boldsymbol{B}$.

下面用初等行变换求 $\boldsymbol{A}^{-1}$.

$$\begin{pmatrix}0.1&0.1&1&0\\0.2&0.3&0&1\end{pmatrix}\xrightarrow[10r_2]{10r_1}\begin{pmatrix}1&1&10&0\\2&3&0&10\end{pmatrix}\xrightarrow{r_2-2r_1}\begin{pmatrix}1&1&10&0\\0&1&-20&10\end{pmatrix}$$

$$\xrightarrow{r_1-r_2}\begin{pmatrix}1&0&30&-10\\0&1&-20&10\end{pmatrix}\text{即 }\boldsymbol{A}^{-1}=\begin{pmatrix}30&-10\\-20&10\end{pmatrix}.$$

所以

$$\boldsymbol{X}=\begin{pmatrix}x&s\\y&t\end{pmatrix}=\begin{pmatrix}30&-10\\-20&10\end{pmatrix}\begin{pmatrix}2&1\\5&2\end{pmatrix}=\begin{pmatrix}10&10\\10&0\end{pmatrix}.$$

笔记

即配制 a 试剂分别需要甲、乙两种化学原料各 10 g，配制 b 试剂需甲、乙两种化学原料分别为 10 g、0 g.

例 4　一百货商店出售四种型号的 T 恤衫：小号、中号、大号、加大号. 四种型号的 T 恤衫的售价分别为：22 元、24 元、26 元、30 元. 若商店某周共售出了 13 件 T 恤衫，毛收入为 320 元. 已知大号的销售量为小号和加大号销售量的总和，大号的销售收入也为小号和加大号销售收入的总和，问各种型号的 T 恤衫各售出多少件？

解　设该 T 恤衫小号、中号、大号和加大号的销售量分别为 $x_i\,(i=1,2,3,4)$，由题意得

$$\begin{cases} x_1+x_2+x_3+x_4=13, \\ 22x_1+24x_2+26x_3+30x_4=320, \\ x_1-x_3+x_4=0, \\ 22x_1-26x_3+30x_4=0. \end{cases}$$

下面用初等行变换把 $\overline{\boldsymbol{A}}$ 化成行简化矩阵：

$$\overline{\boldsymbol{A}}=\begin{pmatrix} 1 & 1 & 1 & 1 & 13 \\ 22 & 24 & 26 & 30 & 320 \\ 1 & 0 & -1 & 1 & 0 \\ 22 & 0 & -26 & 30 & 0 \end{pmatrix} \xrightarrow[r_4-22r_1]{\substack{r_2-22r_1 \\ r_3-r_1}} \begin{pmatrix} 1 & 1 & 1 & 1 & 13 \\ 0 & 2 & 4 & 8 & 34 \\ 0 & -1 & -2 & 0 & -13 \\ 0 & -22 & -48 & 8 & -286 \end{pmatrix}$$

$$\xrightarrow{r_2 \leftrightarrow r_3} \begin{pmatrix} 1 & 1 & 1 & 1 & 13 \\ 0 & -1 & -2 & 0 & -13 \\ 0 & 2 & 4 & 8 & 34 \\ 0 & -22 & -48 & 8 & -286 \end{pmatrix} \xrightarrow[r_4-22r_2]{r_3+2r_2} \begin{pmatrix} 1 & 1 & 1 & 1 & 13 \\ 0 & -1 & -2 & 0 & -13 \\ 0 & 0 & 0 & 8 & 8 \\ 0 & 0 & -4 & 8 & 0 \end{pmatrix}$$

$$\xrightarrow{r_3 \leftrightarrow r_4} \begin{pmatrix} 1 & 1 & 1 & 1 & 13 \\ 0 & -1 & -2 & 0 & -13 \\ 0 & 0 & -4 & 8 & 0 \\ 0 & 0 & 0 & 8 & 8 \end{pmatrix} \xrightarrow[-\frac{1}{8}r_4]{\substack{-r_2 \\ -\frac{1}{4}r_3}} \begin{pmatrix} 1 & 1 & 1 & 1 & 13 \\ 0 & 1 & 2 & 0 & 13 \\ 0 & 0 & 1 & -2 & 0 \\ 0 & 0 & 0 & 1 & 1 \end{pmatrix}$$

$$\xrightarrow[r_3+2r_4]{r_1-r_4} \begin{pmatrix} 1 & 1 & 1 & 0 & 12 \\ 0 & 1 & 2 & 0 & 13 \\ 0 & 0 & 1 & 0 & 2 \\ 0 & 0 & 0 & 1 & 1 \end{pmatrix} \xrightarrow[r_2-2r_3]{r_1-r_3} \begin{pmatrix} 1 & 1 & 0 & 0 & 10 \\ 0 & 1 & 0 & 0 & 9 \\ 0 & 0 & 1 & 0 & 2 \\ 0 & 0 & 0 & 1 & 1 \end{pmatrix}$$

$$\xrightarrow{r_1-r_2} \begin{pmatrix} 1 & 0 & 0 & 0 & 1 \\ 0 & 1 & 0 & 0 & 9 \\ 0 & 0 & 1 & 0 & 2 \\ 0 & 0 & 0 & 1 & 1 \end{pmatrix}.$$

笔记

所以方程组解得

$$\begin{cases}x_1=1,\\x_2=9,\\x_3=2,\\x_4=1.\end{cases}$$

因此T恤衫小号、中号、大号和加大号的销售量分别为1件、9件、2件和1件.

例5 一个牧场中12头牛4周吃草10/3格尔,21头牛9周吃草10格尔,问24格尔牧草,多少头牛18周吃完?(注:格尔——牧场的面积单位)

解 设每头牛每周吃草量为x,每格尔草地每周的生长量(即草的生长量)为y,每格尔草地的原有草量为a,另外设24格尔牧草,z头牛18周吃完.则根据题意得

$$\begin{cases}12\times 4x=10a/3+10/3\times 4y,\\21\times 9x=10a+10\times 9y,\\z\times 18x=24a+24\times 18y.\end{cases}$$

其中(x, y, a)是线性方程组的未知数.

化简得
$$\begin{cases}144x-40y-10a=0,\\189x-90y-10a=0,\\18zx-432y-24a=0.\end{cases}$$

根据题意知齐次线性方程组有非零解,故$r(A)<3$,即系数行列式

$$\begin{vmatrix}144 & -40 & -10\\189 & -90 & -10\\18z & -432 & -24\end{vmatrix}=0,\text{计算得 } z=36.$$

所以24格尔牧草36头牛18周吃完.

例6 田忌和齐王赛马,双方约定出上、中、下三个等级的马各一匹进行比赛,比赛共3场,胜者得1分,负者得-1分.已知在同一等级的马进行赛跑,齐王可稳操胜券,另外,齐王的中等马对田忌的上等马,或者齐王的下等马对田忌的中等马,则田忌赢.齐王和田忌在排列赛马出场顺序时各取下列6种策略之一:

{上、中、下} {上、下、中} {中、上、下}

{中、下、上} {下、中、上} {下、上、中}

笔记

若将这 6 种策略从 1 到 6 依次编号，写出齐王的得分矩阵.

解

$$\boldsymbol{A}=\begin{pmatrix} 3 & 1 & 1 & -1 & 1 & 1 \\ 1 & 3 & -1 & 1 & 1 & -1 \\ 1 & 1 & 3 & 1 & 1 & 1 \\ 1 & 1 & 1 & 3 & -1 & 1 \\ -1 & 1 & 1 & 1 & 3 & 1 \\ 1 & -1 & 1 & 1 & 1 & 3 \end{pmatrix}.$$

习 题 2-4

1. 判断下列线性方程组是否有解.

(1) $\begin{cases} x_1-x_2+2x_3+x_4=0, \\ x_1+x_2-x_3-x_4=3, \\ -3x_1+3x_2-6x_3-3x_4=2; \end{cases}$

(2) $\begin{cases} x_1 \qquad +x_3-x_4=1, \\ x_1-x_2+x_3-2x_4=1, \\ 2x_1-2x_2-x_3+4x_4=-1. \end{cases}$

2. 解线性方程组

$$\begin{cases} -2x_1+x_2+x_3=-2, \\ x_1-2x_2+x_3=-2, \\ x_1+x_2-2x_3=4. \end{cases}$$

3. 已知总成本函数 y 是产品数量 x 的二次函数，请通过下表中产品数据与总成本函数之间的数据关系，求出成本函数.

时　　期	第一期	第二期	第三期
产品数量/件	1	2	3
总成本/万元	4	9	16

习题 2-4
参考答案

本 章 小 结

【主要内容】

本章主要内容有行列式、矩阵的概念、性质及计算，逆矩阵、线性方程组的求解.

【重　　点】 行列式的计算、矩阵运算、解线性方程组.

【难　　点】矩阵的逆及高斯消元法解线性方程组.

【学习要求】

1. 了解行列式的概念、性质及计算,会用行列式求简单的线性方程组的解.

2. 理解矩阵的概念及运算,掌握逆矩阵的简单证明.

3. 掌握利用初等行变换和高斯消元法解简单的线性方程组.

4. 会用矩阵和线性方程组解决一些简单的实际问题.

复习题二

1. 填空题.

(1) 三阶行列式 $D=3$, 将 D 第 3 行的各元素乘以 3 后加到第 1 行对应元素上去,得新行列式 $D'=$________;

(2) 四阶行列式第 3 行的元素分别是 -1、1、0、2,对应的余子式分别为 1、-2、1、3,则行列式 $D=$________;

(3) $\begin{pmatrix}1 & -1\\ 1 & 0\end{pmatrix}\begin{pmatrix}2 & 1\\ 0 & 1\end{pmatrix}+\begin{pmatrix}0 & 1\\ 1 & 2\end{pmatrix}-\begin{pmatrix}1 & 0\\ 0 & 1\end{pmatrix}=$________;

(4) $\boldsymbol{A}=\begin{pmatrix}2 & 0 & 1\\ 1 & 2 & 2\end{pmatrix}$, $\boldsymbol{B}=\begin{pmatrix}1 & 2 & -1\\ 1 & 2 & 3\\ 2 & 0 & 1\end{pmatrix}$,则 $\boldsymbol{AB}=$________;

(5) 如果非齐次线性方程组 $\boldsymbol{AX}=\boldsymbol{B}$ 无解,则当 $r(\boldsymbol{A})=k$ 时,必有 $r(\overline{\boldsymbol{A}})=$________;

(6) 已知方程组 $\begin{cases}x_1+x_2+kx_3=0,\\ x_1+kx_2+x_3=0,\\ x_1+2x_2+2x_3=0\end{cases}$ 有非零解,则 $k=$________;

(7) 设 $\boldsymbol{A}$ 是 5 阶方阵,且 $|\boldsymbol{A}|=k$, 则 $|2\boldsymbol{A}|=$________.

2. 单项选择题.

(1) 下列行列式中不等于零的有(　　).

A. 行列式 D 中有两行对应元素成比例　　B. 行列式 D 中有一行的元素全为零

C. 行列式 D 满足 $2D-3D=6$　　D. 行列式 D 中有两行对应元素之和均为零

(2) 设有 3×2 矩阵 $\boldsymbol{A}$, 2×3 矩阵 $\boldsymbol{B}$, 3×5 矩阵 $\boldsymbol{C}$,则下列(　　)运算可行.

A. $\boldsymbol{BC}$　　B. $\boldsymbol{AC}$　　C. $\boldsymbol{BAC}$　　D. $\boldsymbol{AB}-\boldsymbol{BC}$

(3) $\boldsymbol{A}$、$\boldsymbol{B}$、$\boldsymbol{C}$ 是 n 阶方阵,且 $\boldsymbol{A}$ 可逆,(　　)必成立.

A. 若 $\boldsymbol{AB}=\boldsymbol{CB}$, 则 $\boldsymbol{A}=\boldsymbol{C}$　　B. 若 $\boldsymbol{AB}=\boldsymbol{E}$, 则 $\boldsymbol{B}=\boldsymbol{E}$

C. 若 $\boldsymbol{AB}=\boldsymbol{AC}$, 则 $\boldsymbol{B}=\boldsymbol{C}$　　D. 若 $\boldsymbol{BC}=\boldsymbol{0}$,则 $\boldsymbol{B}=\boldsymbol{0}$

(4) 已知 $f(x)=\begin{vmatrix}1 & 1 & 1 & 1\\1 & 1 & -1 & -1\\1 & -1 & 1 & -1\\x & -1 & -1 & 1\end{vmatrix}$，则使 $f(x)=0$ 的根是(　　).

A. 0　　B. -3　　C. -1　　D. -2

(5) 若 $\boldsymbol{A}$、$\boldsymbol{B}$ 为 n 阶方阵，则必有(　　).

A. $|\boldsymbol{A}+\boldsymbol{B}|=|\boldsymbol{A}|+|\boldsymbol{B}|$　　B. $\boldsymbol{AB}=\boldsymbol{BA}$

C. $|\boldsymbol{AB}|=|\boldsymbol{BA}|$　　D. $(\boldsymbol{A}+\boldsymbol{B})^{-1}=\boldsymbol{A}^{-1}+\boldsymbol{B}^{-1}$

(6) 设 $\boldsymbol{A}$、$\bar{\boldsymbol{A}}$ 分别是非齐次线性方程组 $\boldsymbol{AX}=\boldsymbol{B}$ 的系数矩阵和增广矩阵，则 $r(\boldsymbol{A})=r(\bar{\boldsymbol{A}})$ 是 $\boldsymbol{AX}=\boldsymbol{B}$ 有唯一解的(　　).

A. 充分条件　　B. 必要条件

C. 充分必要条件　　D. 无关条件

3. 计算下列行列式.

(1) $\begin{vmatrix}3 & 1 & 0\\2 & 1 & 2\\1 & 4 & 3\end{vmatrix}$；　　(2) $\begin{vmatrix}0 & 1 & 0 & 1\\1 & 1 & 2 & 2\\1 & 2 & 3 & 0\\2 & 3 & 1 & 2\end{vmatrix}$.

4. 求下列矩阵的秩.

(1) $\begin{pmatrix}1 & 1 & 0\\1 & 0 & 1\\2 & 0 & 0\\3 & 1 & 2\end{pmatrix}$；　　(2) $\begin{pmatrix}1 & 2 & 1 & 0\\1 & 0 & 1 & 0\\-1 & 0 & 1 & 1\\-1 & 0 & 2 & 1\end{pmatrix}$.

5. 判断下列矩阵是否可逆，若可逆，求其逆矩阵.

(1) $\begin{pmatrix}1 & 0 & 0\\0 & -1 & 6\\1 & 0 & 5\end{pmatrix}$；　　(2) $\begin{pmatrix}1 & 1 & 1 & 1\\1 & 1 & -1 & -1\\1 & -1 & 1 & -1\\1 & -1 & -1 & 1\end{pmatrix}$.

6. 解矩阵方程 $\boldsymbol{X}\begin{pmatrix}1 & 1 & -1\\2 & 1 & 0\\1 & -1 & 1\end{pmatrix}=\begin{pmatrix}1 & 1 & 3\\4 & 3 & 2\\1 & 2 & 5\end{pmatrix}$.

7. 设 $\boldsymbol{A}=\begin{pmatrix}1 & 2 & 3 & a & 5\\2 & 6 & 7 & 2a & 10-b\\0 & -2 & -1 & 2a+b-4 & a+1\\1 & 4 & 4 & a & 5-b\end{pmatrix}$，试确定 a、b，使 $r(\boldsymbol{A})=2$.

8. 判别下列方程组是否有解？若有解，有多少解？有无穷多解时，求出通解.

(1) $\begin{cases} x_1 - x_2 + 2x_3 - x_4 = 1, \\ x_1 + x_2 - x_3 + x_4 = 2, \\ x_1 + 2x_2 - x_3 + 2x_4 = 0; \end{cases}$ (2) $\begin{cases} x_1 + 3x_2 + x_3 = 0, \\ x_1 + 2x_2 + 3x_3 = -7, \\ -x_1 + 2x_2 - x_3 = 7; \end{cases}$

(3) $\begin{cases} x_1 + x_2 + x_3 + x_4 + x_5 = 7, \\ 3x_1 + 2x_2 + x_3 + x_4 - 3x_5 = -2, \\ x_2 + 2x_3 + 2x_4 + 6x_5 = 23, \\ 5x_1 + 4x_2 + 3x_3 + 3x_4 - x_5 = 12. \end{cases}$

9. 设线性方程组为 $\begin{cases} ax_1 + x_2 + x_3 = 1, \\ x_1 + ax_2 + x_3 = 1, \\ x_1 + x_2 + ax_3 = 1, \end{cases}$ 问 a 取何值时，

(1)有唯一解？(2)无解？(3)有无穷多解？并在有无穷多解时，求出通解.

复习题二
参考答案

*第 3 章 排列与组合

计数问题,即计算具有某种特性的对象有多少,而排列组合是计数中最常见和最简单的基本问题.计数的基本原理是加法和乘法计数原理.

3.1 两个基本计数原理

笔记

3.1.1 加法计数原理

加法计数原理:相互独立的事件 A、B 分别有 m 和 n 种方法产生,则产生 A 或 B 的方法数为 $m+n$ 种.

集合论语言:若 $|A|=m$, $|B|=n$, $A\cap B=\varnothing$,则 $|A\cup B|=m+n$.

例 1 某班选修企业管理的有 16 人,不选的有 14 人,则该班共有多少人?

解 共有 $16+14=30$ 人.

例 2 天津每天直达上海的客车有 6 次、客机有 3 次,则每天由天津直达上海的旅行方式有多少种?

解 每天由天津直达上海的旅行方式有 $6+3=9$ 种.

例 3 有一个学校给一名数学竞赛优胜者发奖,奖品有三类:第一类是 5 种不同版本的数学参考书;第二类是 4 种不同版本的法汉词典;第三类是 3 种不同的奖杯.这位优胜者只能挑选一样奖品,请问他挑选奖品的方法有多少种?

解 他挑选奖品的方法有 $5+4+3=12$ 种.

3.1.2 乘法计数原理

乘法计数原理:相互独立的事件 A、B 分别有 m 和 n 种方法产生,则产生 A 与 B 的方法数为 mn.

集合论语言:若 $|A|=m$, $|B|=n$, $A\times B=\{(a,b)\mid a\in A, b\in B\}$,则 $|A\times B|=mn$.

例 4 从 A 到 B 有 5 条道路,从 B 到 C 有 3 条道路,则从 A 经 B 到 C 有多少条道路?

解 从 A 经 B 到 C 有 $5\times 3=15$ 条道路.

笔记

例 5 设某班有男生 25 名、女生 20 名，现要从中选出男、女生各一名代表班级参加演讲比赛，共有多少种不同的选法？

解 由分步乘法计数原理，共有

$$25 \times 20 = 500$$

种不同的选法.

例 6 某种字符串由两个字符组成，第一个字符可选自$\{1, 2, 3, 4, 5\}$，第二个字符可选自$\{a, b, c, d\}$，则这种字符串共有多少个？

解 这种字符串共有 $5 \times 4 = 20$ 个.

例 7 要从甲、乙、丙、丁 4 幅不同的画中选出 2 幅，分别挂在左、右两边墙上的指定位置，共有多少种不同的挂法？

解 从 4 幅画中选出 2 幅分别挂在左、右两边墙上，可以分成两个步骤完成：第 1 步，从 4 幅画中选 1 幅挂在左边墙上，有 4 种选法；第 2 步，从剩下的 3 幅画中选 1 幅挂在右边墙上，有 3 种选法.根据分步乘法计数原理，不同挂法的种数是

$$N = 4 \times 3 = 12.$$

例 8 书架的第一层放有 5 本不同的英语书，第二层放有 4 本不同的文艺书，第三层放有 3 本不同的体育书，

(1) 从书架上任取 1 本书，有多少种不同取法？

(2) 从书架的第一、二、三层各取 1 本书，有多少种不同取法？

解 (1) 从书架上任取 1 本书，有三类方法：从第一层取 1 本英语书，有 5 种方法；从第二层取 1 本文艺书，有 4 种方法；从第三层取 1 本体育书，有 3 种方法.根据分类加法计数原理，不同取法的种数是

$$N = m_1 + m_2 + m_3 = 5 + 4 + 3 = 12.$$

(2) 从书架的第一、二、三层各取 1 本书，可以分成三个步骤完成：第 1 步，从第 1 层取 1 本英语书，有 5 种方法；第 2 步，从第 2 层取 1 本文艺书，有 4 种方法；第 3 步，从第 3 层取 1 本体育书，有 3 种方法.根据分步乘法计数原理，不同取法的种数是

$$N = m_1 \times m_2 \times m_3 = 5 \times 4 \times 3 = 60.$$

接下来我们看一些加法与乘法计数原理的综合应用.

例 9 国际会议洽谈贸易中有 7 家德国公司、5 家法国公司、9 家中国公司，彼此都希望与异国的每个公司单独洽谈一次，问要安排多少个会谈场次？

笔记

解 每两国会议次数用乘法计数原理:

中德会谈场次 $=9\times 7=63$.

德法会谈场次 $=7\times 5=35$.

中法会谈场次 $=9\times 5=45$.

由于上述三类会谈互不相交,安排的会谈总场次数用加法计数原理计算:$63+35+45=143$ 个场次.

例 10 某种样式的运动服的着色由底色和装饰条纹的颜色配成.底色可选红、蓝、橙、黄、绿,条纹色可选黑、白,共有多少种着色方案.

解 着色方案有 $5\times 2=10$ 种.

若此例改成底色和条纹都用红、蓝、橙、黄、绿五种颜色的话,则着色方案就不是 $5\times5=25$,而只有 $5\times4=20$ 种.因此在乘法计数原理中要注意事件 A 和事件 B 的相互独立性.

分类加法计数原理和分步乘法计数原理,回答的都是有关做一件事的不同方法的种数问题.区别在于:分类加法计数原理针对的是"分类"问题,其中各种方法相互独立,用其中任何一种方法都可以做完这件事;分步乘法计数原理针对的是"分步"问题,各个步骤中的方法互相依存,只有各个步骤都完成才算做完这件事.

用两个计数原理解决计数问题时,最重要的是在开始计算之前要仔细分析——需要分类还是分步.

分类要做到"不重不漏".分类后再分别对每一类进行计数,最后用分类加法计数原理求和,得到总数.

分步要做到"步骤完整"——完成了所有步骤,恰好完成任务,当然步与步之间要相互独立.分步后再计算每一步方法数,最后根据分步乘法计数原理,把完成每一步的方法数相乘,得到总数.

习 题 3-1

1. 填空题.

(1) 一件工作可以用 2 种方法完成,有 6 人只会用第一种方法完成,另有 3 人只会用第二种方法完成,从中选出 1 人来完成这件工作,不同选法的种数是________.

(2) 从 A 村去 B 村的道路有 4 条,从 B 村去 C 村的道路有 5 条,从 A 村经 B 村去 C 村,不同路线的条数是________.

2. 现有高一年级的学生 2 名,高二年级的学生 5 名,高三年级的学生

4 名,问:

(1) 从中任选 1 人参加接待外宾的活动,有多少种不同的选法?

(2) 从 3 个年级的学生中各选 1 人参加接待外宾的活动,有多少种不同的选法?

3. 乘积 $(a_1+a_2+a_3)(b_1+b_2+b_3+b_4)(c_1+c_2+c_3+c_4+c_5)$ 展开后共有多少项?

4. 某电话局管辖范围内的电话号码由八位数字组成,其中前四位的数字是不变的,后四位数字都是 0 到 9 之间的一个数字,那么这个电话局不同的电话号码最多有多少个?

5. 从 6 名同学中选出正、副班长各一名,有多少种不同的选法?

6. 某商场有 5 个门,如果某人从其中的任意一个门进入商场,并且要求从其他的门出去,共有多少种不同的进出商场的方式?

习题 3-1
参考答案

笔记

3.2 排列组合

3.2.1 排列

定义 3.1 从 n 个不同元素中取 r 个按顺序排成一列,称为从 n 中取 r 的排列.排列的个数用 A_n^r 表示.

这里值得注意的是,如果两个排列的元素相同而排列顺序也相同,就是两个相同的排列,只能算作一种排列.换句话说,如果两个排列所包含的元素及排列的顺序,只要二者有一个不相同,便是两种不同的排列.而 $P(n, r)$就是求从 n 个元素中取元素个数为 r,但排列顺序不同的排列数.

从 n 中取 r 个排列的典型模型是把 r 个不同颜色的球放到 n 个编号不同的盒子中去,而且每个盒子只能放一只球.很显然,这些球的不同放法总数是

$$\mathrm{A}_n^r=n(n-1)(n-2)\cdot\cdots\cdot(n-r+1),$$

也可写成

$$\mathrm{A}_n^r=\frac{n!}{(n-r)!}.$$

当 $r=0$ 时,一个元素也不取,算作是取 0 个元素的一种排列,即 $\mathrm{A}_n^0=1$;当 $r=n$ 时,有 $\mathrm{A}_n^n=n!$,称作全排列;而把 $0<r<n$ 的情况称作选排列.

从下面几个例子中可以看到,把球放到盒中去这个问题的讨论并非毫无意义.

笔记

例 1 在 6 天之内安排 3 次考试，且不允许一天内有 2 次考试，那么一共有多少种安排方法.

解 假定把 3 次考试看作 3 只颜色不同的球，6 天看作 6 个编号不同的盒子，那么得到的结果是

$$A_6^3 = 6 \times 5 \times 4 = 120(\text{种}).$$

例 2 确定各位数中不重复的五位十进制数的个数.

解 从 0，1，…，9 的十个数中选五个数的排列数可以看作是把五个颜色不同的球放入十个标号盒的不同方法数

$$A_{10}^5 = 30\,240(\text{个}).$$

但这些数中的以 0 开头的数为

$$9 \times 8 \times 7 \times 6 = 3\,024(\text{个}).$$

因此，不以 0 开头的五位数有

$$30\,240 - 3\,024 = 27\,216(\text{个}).$$

例 3 有 5 种颜色的星状物、20 种不同的花，从中取出 5 件排列成如下图案：两边是不同色星状物，中间是 3 朵不同的花，问共有多少种这样的图案？

解 两边是星状物，从 5 种颜色的星状物中取 2 个的排列，排列数是

$$A_5^2 = 20.$$

20 种不同的花取 3 种的排列，排列数是

$$A_{20}^3 = 20 \times 19 \times 18 = 6\,840.$$

根据乘法计数原理得图案数为

$$20 \times 6\,840 = 136\,800.$$

3.2.2 组合

定义 3.2 从 n 个不同元素中，任取 r 个而不考虑次序时，称为从 n 中取 r 个组合，其组合数记作 C_n^r.

值得注意的是，如果两个组合中的元素相同，不管元素的次序如何，都是相同的组合，即算作一种组合.只有当两个组合中元素不完全相同时，才是不同的组合.

组合的模型：从 n 个不同的球中，取出 r 个，放入 r 个相同的盒子，每个盒子放 1 个；

笔记

从 n 个中取 r 个的组合，若放入盒子后再将盒子标号区别，则又回到排列模型.每一个组合可有 $r!$ 个标号方案(排列).故有

$$C_n^r \cdot r! = A_n^r,$$

$$C_n^r = \frac{A_n^r}{r!} = \frac{n(n-1)\cdot\cdots\cdot(n-r+1)}{r!} = \frac{n!}{(n-r)!\,r!}.$$

这里，有两种特殊情况：

(1) 一个元素也不取的组合也算作是一个组合，即 $C_n^0 = 1$；

(2) 取全部元素的组合也算作是一个组合，即 $C_n^n = 1$.

例 4 A 单位有 4 名代表，B 单位有 6 名代表，排成一列合影要求 A 单位的 4 人排在一起，问有多少种不同的排列方案？若 B 单位的 2 人排在队伍两端，A 单位的 4 人不能相邻，问有多少种不同的排列方案？

解 先将 A 单位的 4 名代表排在一起，看成一个人，参与排列，有 $7!$ 种；然后 A 单位内部之间有一个排列 $4!$ 种，故按乘法计数原理，共有 $4!\times 7!$ 种.

先将 B 单位的 6 名代表排好，有 $6!$ 种，然后 A 单位的 4 人插入 B 单位的两两代表之间，有 A_5^4 种，故按乘法计数原理，共有：$6!\times A_5^4$ 种.

例 5 有 4 本不同的法文书，6 本不同的中文书，8 本不同的德文书.求下列组合数：

(1) 取 2 本不同文字的书；

(2) 取 2 本相同文字的书；

(3) 任取两本书.

解 (1) $C_4^1C_6^1 + C_4^1C_8^1 + C_6^1C_8^1 = 4\times 6 + 4\times 8 + 6\times 8 = 104$.

(2) $C_4^2 + C_6^2 + C_8^2 = 6 + 15 + 28 = 49$；

(3) 方法一：

$$104 + 49 = 153.$$

方法二：

总共的书有：$4 + 6 + 8 = 18$，

所以 $$C_{18}^2 = 153.$$

例 6 在 15 个学生中间选一个 5 人代表队参加竞赛，要使学生 A 和学生 B 至少有一个必须在 5 人代表队内，共有多少种选法？

解 在 15 个学生中选一个 5 人代表队的数目是 C_{15}^5，把 A 和 B 都排除在外的代表数目是 C_{13}^5，

因此，选法的总数是 $C_{15}^5 - C_{13}^5 = 1\,716$.

笔记

例 7　从 1～300 之间任选 3 个不同的数，使得这 3 个数的和正好被 3 除尽，问共有多少种方案？

解　将 1～300 的 300 个数分成 3 类：

① 被 3 整除的余数为 1 的数集 $A=\{1, 4, 7, \cdots, 298\}$，$|A|=100$.

② 被 3 整除的余数为 2 的数集 $B=\{2, 5, 8, \cdots, 299\}$，$|B|=100$.

③ 被 3 整除的余数为 0 的数集 $C=\{3, 6, 9, \cdots, 300\}$，$|C|=100$.

任选三个数，其和正好被 3 除尽的有两种情况：

① 三个数或同属 A 或同属 B 或同属 C，应有 $C_{100}^3+C_{100}^3+C_{100}^3=3C_{100}^3$ 种.

② 三个数分别属于集合 A、B、C，根据乘法计数原理应有 $100\times100\times100=100^3$ 种.

综上所述，根据加法计数原理，任选三个不同的数，它们的和正好被 3 除尽的方案种数为

$$N=3C_{100}^3+100^3=1\,485\,100.$$

3.2.3　组合的性质

定理 3.1(二项式定理)　C_n^k 是排列组合中无处不在的一个角色，主要有以下三个重要方面：

(1) 组合意义——n 元集中取 k 个元素的组合数；

(2) 显示表示 $C_n^k=\dfrac{A_n^r}{r!}=\dfrac{n(n-1)\cdot\cdots\cdot(n-r+1)}{r!}=\dfrac{n!}{(n-r)!\ r!}$；

(3) 二项展开式系数，即有恒等式如下：

$$(x+y)^n=\sum_{k=0}^{n}C_n^k x^{n-k}y^k \quad 或 \quad (1+x)^n=\sum_{k=0}^{n}C_n^k x^k.$$

二项式定理：

$$\begin{aligned}(a+b)^n&=C_n^0a^n+C_n^1a^{n-1}b+C_n^2a^{n-2}b^2+\cdots+C_n^ka^{n-k}b^k+\cdots+C_n^nb^n\\&=\sum_{k=0}^{n}C_n^ka^{n-k}b^k.\end{aligned}$$

由上面的定理看到 $(a+b)^n$ 的二项式展开共有 $n+1$ 项，其中各项的系数 $C_n^k(k\in\{0, 1, 2, \cdots, n\})$ 叫做二项式系数(binomial coefficient)，式中的 $C_n^ka^{n-k}b^k$ 叫做二项展开式的通项，用 T_{k+1} 表示，即通项为展开式第 $k+1$ 项

$$T_{k+1}=C_n^ka^{n-k}b^k.$$

笔记

在二项式定理中,如果设 $a=1$, $b=x$,则得到公式

$$(1+x)^n=C_n^0+C_n^1x+C_n^2x^2+\cdots+C_n^kx^k+\cdots+C_n^nx^n=\sum_{k=0}^{n}C_n^kx^k.$$

例 8 求 $\left(2\sqrt{x}-\dfrac{1}{\sqrt{x}}\right)^6$ 的展开式.

分析:为了方便,可以先化简后展开.

解 先将原式化简,再展开,得

$$\begin{aligned}\left(2\sqrt{x}-\frac{1}{\sqrt{x}}\right)^6&=\left(\frac{2x-1}{\sqrt{x}}\right)^6=\frac{1}{x^3}(2x-1)^6\\&=\frac{1}{x^3}[C_6^0(2x)^6-C_6^1(2x)^5+C_6^2(2x)^4-C_6^3(2x)^3+\\&\quad C_6^4(2x)^2-C_6^5(2x)+C_6^6]\\&=\frac{1}{x^3}(64x^6-6\times32x^5+15\times16x^4-20\times8x^3+\\&\quad 15\times4x^2-6\times2x+1)\\&=64x^3-192x^2+240x-160+\frac{60}{x}-\frac{12}{x^2}+\frac{1}{x^3}.\end{aligned}$$

例 9 (1) 求 $(1+2x)^7$ 的展开式的第 5 项的系数;

(2) 求 $\left(x-\dfrac{1}{x}\right)^9$ 的展开式中 x^5 的系数.

解 (1) $(1+2x)^7$ 的展开式的第 5 项是

$$\begin{aligned}T_{4+1}&=C_7^4\times1^{7-4}\times(2x)^4\\&=C_7^4\times2^4\times x^4\\&=560x^4.\end{aligned}$$

所以其展开式的第 5 项的系数是 560.

(2) $\left(x-\dfrac{1}{x}\right)^9$ 的展开式的通项是

$$C_9^rx^{9-r}\left(-\frac{1}{x}\right)^r=(-1)^rC_9^rx^{9-2r}.$$

根据题意,得

$$9-2r=5,$$

$$r=2.$$

笔记

因此，x^5 的系数是

$$(-1)^2C_9^2=36.$$

二项式性质

(1) **对称性** $C_n^m=C_n^{n-m}$.

(2) **各二项式系数的和**

已知，$(1+x)^n=C_n^0+C_n^1x+C_n^2x^2+\cdots+C_n^kx^k+\cdots+C_n^nx^n$.

令 $x=1$，则

$$2^n=C_n^0+C_n^1+C_n^2+\cdots+C_n^k+\cdots+C_n^n.$$

这就是说，$(a+b)^n$ 的展开式中各个二项式系数的和等于 2^n.

例 10 试证：在 $(a+b)^n$ 的展开式中，奇数项的二项式系数和等于偶数项的二项式系数和.

证明 在展开式

$$(a+b)^n=C_n^0a^n+C_n^1a^{n-1}b+C_n^2a^{n-2}b^2+\cdots+C_n^ka^{n-k}b^k+\cdots+C_n^nb^n$$

中，令 $a=1$，$b=-1$，则得

$$(1-1)^n=C_n^0-C_n^1+C_n^2-C_n^3+\cdots+C_n^k(-1)^k+\cdots+C_n^n(-1)^n.$$

即

$$0=(C_n^0+C_n^2+\cdots)-(C_n^1+C_n^3+\cdots).$$

所以

$$C_n^0+C_n^2+\cdots=C_n^1+C_n^3+\cdots.$$

即在 $(a+b)^n$ 的展开式中，奇数项的二项式系数和等于偶数项的二项式系数和.

习 题 3-2

1. 从参加羽毛球团体比赛的 6 名运动员中选出 3 名，并按排定的顺序出场比赛，有多少种不同方法？

2. 从 5 种水果品种中选 3 种，分别种植在不同土质的 3 块土地上进行试验，有多少种不同的种植方法？

3. 用 0 到 9 这十个数字，可以组成多少个没有重复数字的三位数？

4. 甲、乙、丙、丁 4 个足球队举行单循环赛，列出：

(1) 所有场次比赛双方；

(2) 所有冠亚军的可能情况.

5. 已知 A、B、C、D 这 4 个点中任何 3 个点都不在一条直线上，写出由这些点构成的所有三角形.

6. 学校开设了 7 门选修课，要求每个学生从中选 3 门，共有多少种不同选法?

7. 用二项式定理展开：

(1) $\left(a+\sqrt[3]{b}\right)^{4}$；　　(2) $\left(\dfrac{\sqrt{x}}{2}-\dfrac{2}{\sqrt{x}}\right)^{5}$.

习题 3-2
参考答案

8. (1) 求 $(1-2x)^{15}$ 的展开式中前四项；

(2) 求 $(2a^{3}-3b^{2})^{10}$ 的展开式中第 8 项.

9. 已知 $(1+x)^{n}$ 的展开式中第 3 项与第 7 项的二项系数相等，求这两项的二项式系数.

3.3 排列组合的应用

笔记

排列组合问题联系实际时生动有趣，但题型多样，思路灵活，不易掌握.

例 1 一位教练的足球队共有 18 名初级学员，按照足球比赛规则，比赛时一个足球队的上场队员是 11 人，问：

(1) 这位教练可以有多少种学员上场方案?

(2) 如果在选出 11 名上场队员时，还要确定其中的守门员，那么教练员有多少种方式做这件事情?

解 (1) 由于上场学员没有角色差异，所以学员上场方案种数为

$$C_{18}^{11}=31\ 824.$$

(2) 教练员可以分两步完成这件事情：

第一步，从 18 名学员中选 11 人组成上场组，共有 C_{18}^{11} 种选法；

第二步，从选出的 11 人中选出 1 名守门员，共有 C_{11}^{1} 种选法.

所以教练员做这件事情的方式种数为

$$C_{18}^{11}\times C_{11}^{1}=350\ 064.$$

例 2 (1) 平面内有 11 个点，以其中 2 个点为端点的线段共有多少条?

(2) 平面内有 11 个点，以其中 2 个点为端点的有向线段共有多少条?

解 (1) 以平面内 11 个点中 2 个点为端点的线段的条数，就是从 11 个不同的元素中取出 2 个元素的组合数，即线段条数为

笔记

$$C_{11}^{2}=\frac{11\times 10}{1\times 2}=55.$$

(2) 由于有向线段的两端中一个是起点、另一个是终点，以平面内11个点中2个点为端点的有向线段的条数，就是从11个不同元素中取出2个元素的排列数，即有向线段条数为

$$A_{11}^{2}=11\times 10=110.$$

例3 在100件产品中有98件合格品、2件次品，从100件产品中任意抽出3件，

(1) 有多少种不同的抽法？

(2) 抽出的3件中恰好有1件是次品的抽法有多少种？

(3) 抽出的3件中至少有1件是次品的抽法有多少种？

解 (1) 所求的不同抽法的种数，就是从100件产品中取出3件组合数，所以不同抽法的种数为

$$C_{100}^{3}=\frac{100\times 99\times 98}{3\times 2\times 1}=161\ 700.$$

(2) 从2件次品中抽出1件次品的抽法有 C_{2}^{1} 种，从98件合格品中抽出2件合格品的抽法有 C_{98}^{2} 种，因此抽出的3件中恰好有1件次品的抽法种数为

$$C_{2}^{1}\times C_{98}^{2}=9\ 506.$$

(3) 方法一：从100件次品抽出3件至少有1件是次品，包括1件次品和2件次品两种情况.在前面已求得其中1件是次品的抽法是 $C_{2}^{1}\times C_{98}^{2}$ 种，因此根据分类加法计数原理，抽出的3件中至少有1件是次品的抽法种数为

$$C_{2}^{1}\times C_{98}^{2}+C_{2}^{2}\times C_{98}^{1}=9\ 604.$$

方法二：抽出的3件产品中至少有1件是次品的抽法种数，也就是从100件中抽出3件的抽法种数减去3件中都是合格品的抽法种数，即

$$C_{100}^{3}-C_{98}^{3}=161\ 700-152\ 096=9\ 604.$$

习　题　3-3

1. 学校要安排一场文艺晚会的11个节目的演出顺序，除第一个节目

和最后一个节目已经确定外,4 个音乐节目要求排在第 2、5、7、10 个节目的位置,3 个舞蹈节目要求排在第 3、6、9 个节目的位置,2 个曲艺节目要求排在第 4、8 个节目的位置,共有多少种排法?

2. 圆上有 10 个点,问:

(1) 过其中 2 个点画一条弦,共可以画多少条弦?

(2) 过每 3 个点画一个圆的内接三角形,一共可以画多少个圆内接三角形?

3. 一个学生有 25 本不同的书,所有这些书能够以多少种不同的方式排在一个单层的书架上?

4. 在一次考试的选做题部分,要求在第 1 题的 4 个小题中选做 3 个小题,在第 2 题的 3 个小题中选做 2 个小题,在第 3 题的 2 个小题中选做 1 个小题,有多少种不同的选法?

5. 6 人同时被邀请参加一项活动,必须有人去,去几人自行决定,共有多少种不同的去法?

6. 在 200 件产品中有 2 件次品,从中任取 5 件,问:

(1)“其中恰好有 2 件次品”的抽法有多少种?

(2)“其中恰好有 1 件次品”的抽法有多少种?

(3)“其中没有次品”的抽法有多少种?

(4)“其中至少有 1 件次品”的抽法有多少种?

习题 3-3
参考答案

7. 从 1、3、5、7、9 中任取 3 个数字,从 2、4、6、8 中任取 2 个数字,一共可以组成多少个没有重复数字的五位数?

本 章 小 结

【主要内容】

本章主要内容有两个计数原理,排列及排列数公式,组合及组合数公式,二项式定理及排列组合的应用.

【重　　点】排列数和组合数公式.

【难　　点】排列组合的应用.

【学习要求】

1. 掌握两个计数原理.

2. 熟练掌握排列数和组合数公式.

3. 会用排列组合解决生活中的计数问题.

复习题三

1. 填空题.

(1) 学生可从本年级开设的 9 门选修课中任意选择 3 门，从 7 种课外活动小组中选择 2 种，不同的选法种数为________；

(2) 安排 6 名歌手演出的顺序时，要求某歌手不是第一个出场，也不是最后出场，那么不同分法种数是________；

(3) 由 5 个人分 4 张无座篮球球票，每人至多分 1 张，而且票必须分完，那么不同分法的种数为________；

(4) 一种汽车牌照号码由 2 个英文字母后接 4 个数字组成，且 2 个英文字母不能相同，不同牌照号码的个数是________.

2. 某学生邀请 10 位同学中 5 位参加一项活动，其中两位同学要么都请，要么都不请，共有多少种邀请方法？

3. 100 件产品中有 97 件合格品、3 件次品，从中任意取 5 件进行检查，问：

(1) 5 件都是合格品的抽法有多少种？

(2) 5 件中恰好有 2 件是次品的抽法有多少种？

(3) 5 件中至少有 2 件是次品的抽法有多少种？

4. 求 $\left(9x+\dfrac{1}{3\sqrt{x}}\right)^{18}$ 展开式的常数项.

5. 某种产品的加工需要经过 6 道工序，问：

(1) 如果其中某一工序不能放在最后，有多少种排列加工顺序的方法？

(2) 如果其中 2 道工序既不能放在最前，也不能放在最后，有多少种排列加工顺序的方法？

复习题三
参考答案

第 4 章 概率

自然现象与社会现象是各式各样的，若从结果是否确定的角度去划分，可以分为两大类.一类是**确定性现象**，即在一定条件下，必然会发生某种结果或必然不发生某种结果的现象.例如：在一个标准大气压下，纯水加热到 100 ℃必然会沸腾；异种电荷互相吸引.另一类是**随机现象**，即在相同的条件下，多次进行同一试验所得的结果并不完全一样，而且事先并不能预言将会发生什么结果的现象.例如：抛一枚硬币，事先无法断言是正面朝上还是反面朝上；从一副不含大小王的扑克牌中任选两张，所得两张牌的花色；某电话交换台每分钟内接到的呼叫次数；从某厂的一批产品中，随机抽取 3 件进行质量检验，抽到次品的数量等，这些现象均是随机现象.

随机现象是偶然性与必然性的辩证统一，其偶然性表现在每一次试验前，不能准确地预言哪种结果出现；其必然性表现在相同条件下进行大量重复试验时，结果呈现出统计规律性.偶然性孕育着必然性，必然性通过无数的偶然性表现出来.**概率论与数理统计**的任务就是要揭示随机现象内部存在的统计规律性；从表面上看起来是错综复杂的偶然现象中，揭示出潜在的必然性规律.概率论与数理统计在自然科学和社会科学的各个领域中应用十分广泛.

笔记

4.1 随机事件及其概率

4.1.1 随机试验和随机事件

随机现象是通过随机试验去研究的，在一定条件下，抛硬币、投篮、抽查产品等，都是随机试验，简称**试验**.随机试验具有以下三个鲜明的特点：

其一，试验可以在相同的条件下大量重复进行.

其二，每次试验的可能结果不止一个，但在试验之前可知所有可能结果.

其三，每次试验前不能准确预言哪一个结果会出现.

为了便于研究，把对随机试验下的某种结果，称为随机事件，简称**事件**.通常用大写字母 A、B、C 等表示.在一定的研究范围内，不能再细分的事件，称为**基本事件（或样本点）**.由两个或两个以上的基本事件组合而成的事件，称为**复合事件**.一个随机试验所对应的基本事件个数，可以是有限个，也可以是无限多个.一个随机试验的全体基本事件组成的集合称为**样本空间**，记作 Ω.在一定条件下，每次试验下都必定发生的事件称为**必然事**

笔记

件，记为 Ω.每次试验下都肯定不发生的事件，称为**不可能事件**，记为 $\varnothing$.

显然，必然事件和不可能事件实质上都是确定性现象，失去了随机性.为了便于讨论，通常把这两种事件当作随机事件的两种极端情况来看待.

例 1　分别写出下列随机试验的样本空间：

(1) 抛两枚均匀的骰子，考察其点数之和.

(2) 一批产品共有 100 件，其中有 10 件次品，90 件正品.从中随机抽出 5 件，考察所抽 5 件中的次品数.

(3) 从一副不含大小王的扑克牌(52 张)中任抽 2 张，考察花色情形.

解　(1) 令 i 表示"两颗骰子的点数之和"，则样本空间 $\Omega=\{2, 3, 4, 5, 6, 7, 8, 9, 10, 11, 12\}$.

(2) 令 i 表示"所抽 5 件中的次品数"，则样本空间 $\Omega=\{0, 1, 2, 3, 4, 5\}$.

(3) 显然试验的所有可能结果为：黑黑，红红，方方，梅梅以及黑红，黑方，黑梅，红方，红梅，方梅.故样本空间 $\Omega=\{$黑黑，红红，方方，梅梅，黑红，黑方，黑梅，红方，红梅，方梅$\}$.

例 2　从编号分别为 1、2、3、…、9、10 的十个球中任取一个观察其编号数，试写出该试验的样本空间和下列事件所包含的基本事件：

$A=\{$取到奇数号球$\}$，$B=\{$取到偶数号球$\}$，$C=\{$取到编号数不超过 6 的球$\}$.

解　样本空间为 $\Omega=\{1, 2, 3, 4, 5, 6, 7, 8, 9, 10\}$,

$$A=\{1, 3, 5, 7, 9\},\ B=\{2, 4, 6, 8, 10\},\ C=\{1, 2, 3, 4, 5, 6\}.$$

上面例 2 表明，随机事件是样本空间 Ω 的一个子集.**一个事件发生，当且仅当该子集中的一个基本事件发生.**因为 Ω 本身就是 Ω 的一个子集，且 Ω 包含了试验的所有基本事件，在每次试验中必定发生，因此称样本空间 Ω 为必然事件.同样，空集 $\varnothing$ 是样本空间 Ω 的子集，空集 $\varnothing$ 不包含任何基本事件，在每次试验中都不可能发生，因此称空集 $\varnothing$ 为不可能事件.

由于能用样本空间的子集来表示随机事件，而随机事件是由一些基本事件构成的集合，因此借助集合知识，可以定义事件之间的运算与关系.

4.1.2　事件的关系与运算

1. 事件的和(并)

事件 A 与事件 B 至少有一个发生，称为**事件 A 与事件 B 的和(并)**，记作 $A+B$ (或 $A\cup B$)，显然 $A\cup B=\{e \mid e\in A$ 或 $e\in B\}$. 如果将样本

笔记

空间 Ω 用一个矩形来表示,借助集合文氏图进行直观显示.图 4-1 中阴影部分就表示和事件 $A \cup B$.

事件和的概念,可推广到 n 个事件和的情形:新事件 $A_1 + A_2 + \cdots + A_n$,称为 n 个事件 A_1、A_2、$\cdots$、A_n 之和,表示 n 个事件 A_1、A_2、$\cdots$、A_n 中至少有一个发生.

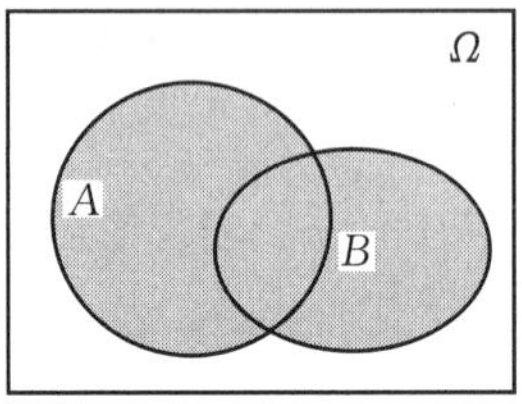

图 4-1

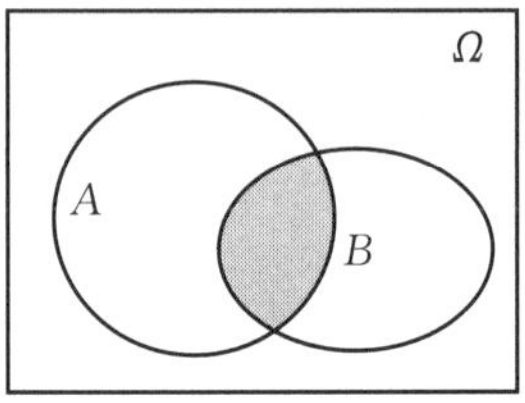

图 4-2

2. 事件的积(交)

事件 A 与事件 B 同时发生,称为**事件 A 与事件 B 的积(交)**,记作 AB(或 $A \cap B$),显然 $A \cap B = \{e \mid e \in A$ 且 $e \in B\}$. 图 4-2 中阴影部分就表示积事件 AB.

事件积的概念,可推广到 n 个事件积的情形:新事件 $A_1A_2 \cdot \cdots \cdot A_n$,称为 n 个事件 A_1、A_2、$\cdots$、A_n 之积,表示 n 个事件 A_1、A_2、$\cdots$、A_n 同时发生.

3. 事件的差

事件 A 发生而事件 B 不发生的事件,称为**事件 A 与 B 的差**,记作 $A-B$(或 $A \cap \bar{B}$).显然 $A-B=\{e \mid e \in A$ 且 $e \notin B\}$. 图 4-3 中阴影部分表示差事件 $A-B$.

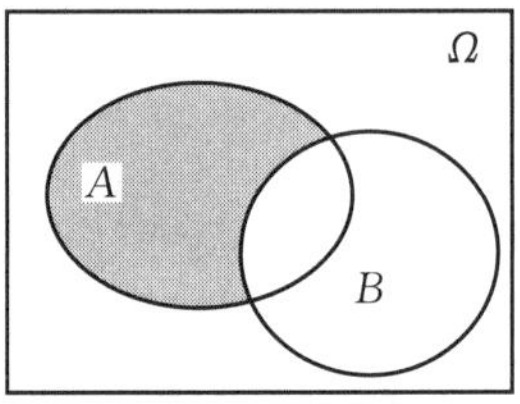

图 4-3

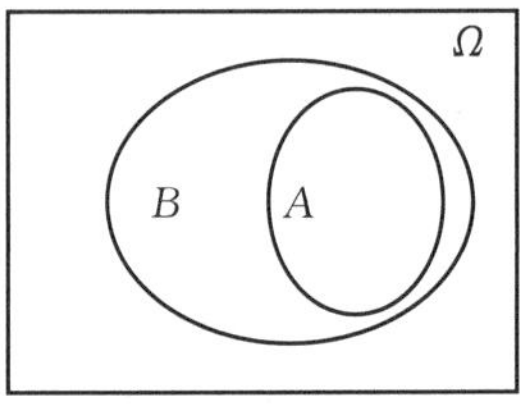

图 4-4

4. 包含关系

如果事件 A 发生,必然导致事件 B 发生,则称**事件 A 包含于事件 B**,或称**事件 B 包含事件 A**,记作 $A \subset B$.即 A 是 B 的子集,且 $A \subset B = \{e \mid$ 若 $e \in A$,则 $e \in B\}$. 包含关系 $A \subset B$ 如图 4-4 所示.

5. 相等关系

如果 $A \subset B$ 且 $B \subset A$,则称事件 A 与事件 B **相等**,记作 $A = B$. 表示事

笔记

件 A 发生必然导致事件 B 发生;反之,事件 B 发生也必然导致事件 A 发生.

6. 互不相容关系

如果事件 A 与事件 B 不可能同时发生,即 $AB=\varnothing$,则称事件 A 和 B 是**互不相容**(**或互斥**).即 A、B 没有公共的基本事件.如图 4-5 所示的两个事件 A 与 B 是互不相容关系.

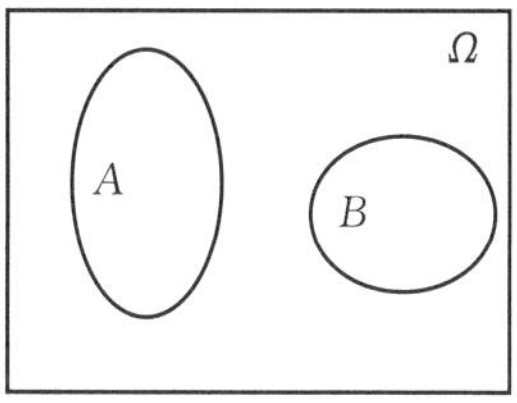

图 4-5

互不相容的概念,可推广到 n 个事件的情形.如果 n 个事件 A_1、A_2、…、A_n 中任意两个事件都不能同时发生,即

$$A_iA_j=\varnothing \quad (i\neq j;\ i,\ j=1,\ 2,\ \cdots,\ n).$$

则称这 n 个事件为**两两互不相容**.

7. 对立事件(逆事件)

如果事件 A 与事件 B 满足 $A+B=\Omega$ 且 $AB=\varnothing$,则称事件 A 与 B 互为**对立事件**(或称 B 是 A 的**逆事件**). A 的逆事件记作 $\bar{A}$,即 $B=\bar{A}$. $\bar{A}$ 表示事件 A 不发生.图 4-6 中阴影部分表示 A 的逆事件 $\bar{A}$.

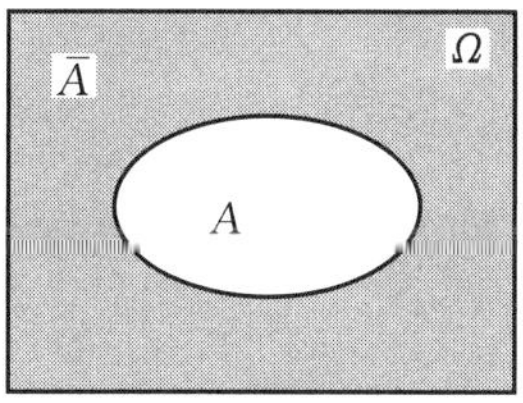

图 4-6

由对立事件定义可知,如果事件 A 与 B 互为对立事件,则事件 A 与 B 一定互不相容;反之,如果事件 A 与 B 互不相容,则事件 A 与 B 不一定是对立事件.

事件的运算具有一系列的性质,现罗列如下:

(1) 交换律:$A\cup B=B\cup A$,$A\cap B=B\cap A$.

(2) 幂等律:$A\cup A=A$,$A\cap A=A$.

(3) 吸收律:若 $B\subset A$,则 $A\cup B=A$,$A\cap B=B$.

(4) 蕴含律:$A\cup B\supset A$,$A\cup B\supset B$,$A\cap B\subset A$,$A\cap B\subset B$.

(5) 否定律:$\bar{\bar{A}}=A$,$\bar{\Omega}=\varnothing$,$\bar{\varnothing}=\Omega$.

(6) 德摩根(De Morgan)律:$\overline{A\cup B}=\bar{A}\cap\bar{B}$,$\overline{\bigcup\limits_{i=1}^{n}A_i}=\bigcap\limits_{i=1}^{n}\overline{A_i}$,

$\overline{A\cap B}=\bar{A}\cup\bar{B}$,$\overline{\bigcap\limits_{i=1}^{n}A_i}=\bigcup\limits_{i=1}^{n}\overline{A_i}$.

(7) 结合律:$(A\cup B)\cup C=A\cup(B\cup C)$,$(A\cap B)\cap C=A\cap(B\cap C)$.

(8) 分配律:$(A\cup B)C=AC\cup BC$,$(AB)\cup C=(A\cup C)(B\cup C)$.

例 3 用事件 A、B、C 分别表示某车间甲、乙、丙三台车床在同一时段正常工作.试用事件的运算表示下列事件:

笔记

(1) 三台车床都正常工作.

(2) 至少一台车床正常工作.

(3) 三台车床都出故障.

(4) 只有甲车床正常工作.

(5) 至少有两台车床正常工作.

(6) 乙车床正常工作,而甲车床与丙车床有且只有一台正常工作.

解 (1) $A \cap B \cap C$;

(2) $A \cup B \cup C$;

(3) $\bar{A} \cap \bar{B} \cap \bar{C}$;

(4) $A \cap \bar{B} \cap \bar{C}$;

(5) $AB\bar{C} \cup AC\bar{B} \cup BC\bar{A} \cup ABC$;

(6) $\bar{A}BC \cup AB\bar{C}$,或 $B(\bar{A}C + A\bar{C})$.

显然,(2)是(3)互为逆事件.

例 4 随机抽检三件产品,设 A 表示"三件中至少有一件是次品";B 表示"三件中至少有两件是次品";C 表示"三件全是正品".问 $\bar{A}$、$\bar{B}$、$\bar{C}$、$A+B$、AC 各表示什么事件?

解 $\bar{A}$ 表示"三件全是正品"$(=C)$;

$\bar{B}$ 表示"三件中至多有一件是次品";

$\bar{C}$ 表示"三件中至少有一件是次品"$(=A)$;

$A+B=A$(因为 $B \subset A$)表示"三件中至少有一件是次品";

$AC=\varnothing$ 表示不可能事件(显然还有 $A+C=\Omega$,所以 A 和 C 互为对立事件).

4.1.3 概率的统计定义

先看几组著名的实验.在抛掷均匀硬币的试验中,抛掷一次时,可能出现正面,也可能出现反面.为了研究均匀硬币正面发生的可能性大小,历史上曾有人做过多次抛掷均匀硬币的试验,结果见表 4-1.

表 4-1

试验者	抛掷次数 n	正面出现的次数 k	正面出现的频率 k/n
德·摩根	2 048	1 061	0.518 1
蒲　丰	4 040	2 048	0.506 9
费　勒	10 000	4 979	0.497 9
皮尔逊	12 000	6 019	0.501 6
皮尔逊	24 000	12 012	0.500 5

笔记

容易看出，随着抛掷次数的增加，正面向上的频率$\frac{k}{n}$围绕着一个确定的常数0.5作幅度越来越小的摆动.正面向上的频率稳定于0.5附近，这是一个客观存在的事实，不随人们主观意志转移.这一规律，就是频率的稳定性，揭示了随机现象的统计规律性.

一般地，在大量重复性试验中，事件A发生的频率$\frac{k}{n}$总是在一个确定的常数p附近摆动，且具有稳定性.这个常数p就是事件A发生的可能性大小的度量，称为事件A的**概率**，记为$P(A)$，即$P(A)=p$. 而人们常说的市场占有率、中奖率、次品率、命中率、成绩及格率等都是概率的原型或特例.

如在前面的抛掷硬币试验中，若设$A=\{$正面朝上$\}$，则

$$P(A)=0.5.$$

这就是说，出现"正面朝上"的可能性是50%.

注意 虽然事件发生的频率与概率都可以度量事件发生的可能性大小，但频率是一个试验值，具有随机性，可能取多个不同的值，因此只能近似地反映事件发生的可能性大小；概率是一个理论值，是由事件本身内在的本质特征确定的，只能取唯一值，因此能精确地反映事件发生的可能性大小.

由概率的统计定义直接确定某一事件的概率通常是十分困难的.在实际应用中，事件发生的概率不可能经过大量的重复试验来得到.但对于某些特殊试验，可以不通过重复试验，只要对一次试验中可能出现的结果进行分析，就可计算出其概率.接下来就讨论这种类型.

4.1.4 古典概率

某车间共生产30件产品，其中3件次品，现从30件产品中随机地抽取1件进行检验.这里，所谓"随机地抽取"，指的是每件产品被抽到的可能性是相同的.很明显，即使不进行大量试验，我们也会认为抽到次品的概率是$\frac{3}{30}=0.1$.

从这个例子中，可以看到一种简单而又直观的计算概率的方法.但在应用这种方法时，要求随机试验具备以下两个特点：

(1) 每次试验的样本空间只有有限个基本事件(即有限个样本点)；

(2) 每次试验中各基本事件发生的可能性相同.

具有上述两个特点的试验是大量存在的，将这样的试验称为**古典概**

笔记

型,也称为**等可能性概型**.在古典概型中,若试验的基本事件总数为 n,而事件 A 包含了 m 个基本事件,则事件 A 的概率为

$$P(A)=\frac{m}{n}=\frac{A\text{ 包含的基本事件数}}{\text{基本事件的总数}}.$$

这种概率的定义,称为**概率的古典定义**.下面通过例子来说明其计算方法.

例 5 同时抛掷三枚均匀的硬币,求事件 A:"恰有两次正面向上"的概率.

解 等可能的基本事件共有 $2^3=8$ 个,全部基本事件列举如下:(正正正)、(正正反)、(正反正)、(反正正)、(正反反)、(反正反)、(反反正)、(反反反).事件 A 含有基本事件为(正正反)、(正反正)、(反正正),共 3 个,所以

$$P(A)=\frac{m}{n}=\frac{3}{8}.$$

例 5 采用列举法处理,这种方法直观、清楚,但很繁琐.而且在很多场合下,列出所有基本事件是不现实的.因此,通常是用计算排列数、组合数的方法去求 n 和 m.

例 6 在一口袋里装有 10 个大小形状完全一样的球,其中有 6 个红球、4 个白球.从中任取 3 个球,试求事件:(1)"3 个球都是红球"的概率;(2)"有 2 个红球、1 个白球"的概率;(3)若 10 个人排队依次各取 1 球,则第 3 个人取到白球的概率.

解 令 $A=\{3$ 个球都是红球$\}$,$B=\{$有 2 个红球、1 个白球$\}$,$C=\{$第 3 个人取到白球$\}$.

(1) 方法一:试验与取球的顺序有关,则基本事件总数 $n=A_{10}^3=720$,而 A 包含的基本事件数是 $m=A_6^3=120$. 因此,有

$$P(A)=\frac{m}{n}=\frac{120}{720}=\frac{1}{6}.$$

方法二:试验与取球的顺序无关,则基本事件总数 $n=C_{10}^3=120$,而 A 包含的基本事件数是 $m=C_6^3=20$. 因此,有

$$P(A)=\frac{m}{n}=\frac{20}{120}=\frac{1}{6}.$$

(2) 按无序组合处理:则基本事件总数 $n=C_{10}^3=120$,而 B 包含的基本事件数是 $m=C_6^2C_4^1=60$. 因此,有

笔记

$$P(B)=\frac{m}{n}=\frac{60}{120}=\frac{1}{2}.$$

(3) 方法一：全排列法，将 10 个球看成是各不相同的球，将其排成一排，其基本事件总数 $n=10!$，而符合 C 的排法是：先取一个白球排在 3 号位，取法有 $\mathrm{A}_4^1=4$ 种，再将余下的 9 个球排在剩下的 9 个位置上去，其排法有 $9!$种.由乘法计数原理得，事件 C 包含的基本事件数 $m=4\times 9!$. 因此，有

$$P(C)=\frac{m}{n}=\frac{4\times 9!}{10!}=0.4.$$

方法二：选排列法，将 10 个球看成是各不相同的球，只管前 3 个取球. 10 个球中取 3 个球，并将其排成一排，其基本事件总数 $n=\mathrm{A}_{10}^3=720$，而符合 C 的排法是：先保证第 3 人取到白球，取法有 $\mathrm{A}_4^1=4$ 种，再从余下的 9 个球中任取 2 个球排在前两个位置上去，其排法有 $\mathrm{A}_9^2=72$ 种.由乘法计数原理得，事件 C 包含的基本事件数 $m=4\times 72$. 因此，有

$$P(C)=\frac{m}{n}=\frac{4\times 72}{720}=0.4.$$

提问：第 6 个人取到白球的概率又是多少？

该提问也是古典概率中著名的抽签问题，可以发现 10 人中任何一个抽到白球的概率都是 0.4，与取球的先后无关.竞技比赛中的抽签分组，日常生活中的抓阄分配，都体现公平性原则，这与日常生活经验是一致的.

4.1.5 概率的性质

根据频率与概率的关系和概率的统计定义，概率具有下述性质：

性质 1(非负性) 对任一事件 A，有 $0\leqslant P(A)\leqslant 1$.

性质 2 必然事件 Ω 的概率等于 1，即 $P(\Omega)=1$.

性质 3 不可能事件$\varnothing$的概率等于 0，即 $P(\varnothing)=0$.

定理 4.1 A 与 B 是任意两个随机事件，则 $P(A\cup B)=P(A)+P(B)-P(AB)$. 证明略.

特别：若 A 与 B 互不相容，即 $AB=\varnothing$ 时，有 $P(A\cup B)=P(A)+P(B)$.

推论 1 若事件 A_1、A_2、…、A_n 两两互不相容，则

$$P(A_1\cup A_2\cup\cdots\cup A_n)=P(A_1)+P(A_2)+\cdots+P(A_n).$$

推论 2 对任意事件 A，有 $P(\bar{A})=1-P(A)$.

笔记

推论3 若 A、B、C 是任意三个随机事件,则

$$P(A\cup B\cup C)=P(A)+P(B)+P(C)-P(AB)-P(AC)-P(BC)+P(ABC).$$

推论4 对任意事件 A 与 B,有 $P(A-B)=P(A\cap\bar{B})=P(A)-P(AB)$.

特别:当 $B\subset A$ 时,有 $P(A-B)=P(A)-P(B)$ ($\because AB=B$)

例7 对某城市家庭拥有电脑的情况进行调查,结果表明:有台式电脑的家庭占75%,有笔记本电脑的家庭占30%,没有电脑的家庭占12%,如果随机走访一户家庭,试求:

(1) 没有台式电脑的概率;

(2) 拥有电脑的概率;

(3) 同时拥有台式和笔记本电脑的概率;

(4) 只有笔记本电脑的概率.

解 令 A 表示家庭拥有台式电脑,B 表示家庭拥有笔记本电脑,由已知得

$$P(A)=0.75,\ P(B)=0.30,\ P(\bar{A}\bar{B})=0.12.$$

于是(1) $P(\bar{A})=1-P(A)=1-0.75=0.25$;

(2) $P(A+B)=1-P(\overline{A+B})=1-P(\bar{A}\bar{B})=1-0.12=0.88$;

(3) $P(AB)=P(A)+P(B)-P(A+B)=0.75+0.30-0.88=0.17$;

(4) $P(\bar{A}B)=P(B-A)=P(B)-P(AB)=0.30-0.17=0.13$.

例8 某校2017级某教学班共有40名学生,假定每人的生日在一年365天中任意一天出现的机会是均等的.试求下列事件的概率:

(1) $A=$"该班40名学生的生日各不相同";

(2) $B=$"该班40名学生中至少有两名学生的生日在同一天".

解 因为每名学生的生日都有365种情况,则40名学生的生日情况应该有 365^{40} 种,即基本事件总数 $n=365^{40}$.

(1) A 含有的基本事件数 $m=\mathrm{A}_{365}^{40}$,由古典概型,事件 A 的概率为

$$P(A)=\frac{m}{n}=\frac{\mathrm{A}_{365}^{40}}{365^{40}}\approx 0.11.$$

(2) 显然 B 是 A 的逆事件 $\bar{A}$,所以根据推论2,得

$$P(B)=P(\bar{A})=1-P(A)=1-\frac{\mathrm{A}_{365}^{40}}{365^{40}}\approx 0.89.$$

笔记

该问题也是概率论中著名的生日问题，其(2)小问的结果与大家的直观感觉相符吗？

下表是不同团体人数的情况下至少有两人生日相同的概率值，这是一个挺有意思的结论.

团体人数	10	20	22	23	30	40	50	55
至少有两人生日相同的概率	0.12	0.41	0.48	0.51	0.71	0.89	0.97	0.99

例 9 某单位职工订阅甲、乙、丙三种报纸，据调查，职工中订甲报的占 40%，订乙报的占 26%，订丙报的占 24%，同时订甲、乙报的占 8%，同时订甲、丙报的占 5%，同时订乙、丙报的占 4%，同时订甲、乙、丙报的占 2%，现从职工中随机抽查一人，问该人订阅报纸的概率是多少？只订阅甲、乙报的概率又是多少？

解 令 A、B、C 分别表示职工订阅甲报、乙报、丙报.由已知得 $P(A)=0.4$, $P(B)=0.26$, $P(C)=0.24$, $P(AB)=0.08$, $P(AC)=0.05$, $P(BC)=0.04$, $P(ABC)=0.02$. 则“订阅报纸”可表示为 $A+B+C$，而“只订阅甲乙报”可表示为 $AB\overline{C}$.于是

$$\begin{aligned}P(A+B+C)&=P(A)+P(B)+P(C)-P(AB)-P(AC)-\\&\quad P(BC)+P(ABC)\\&=0.4+0.26+0.24-0.08-0.05-0.04+0.02=0.75.\end{aligned}$$

$$P(AB\overline{C})=P(AB)-P(ABC)=0.08-0.02=0.06.$$

故该单位订阅报纸的职工占 75%，只订阅甲、乙报的职工占 6%.

习 题 4-1

1. 某人同时抛掷三颗骰子，考察三颗骰子的点数之和，试写出该随机试验的样本空间 Ω，并列举出 $A=\{$点数之和小于 9$\}$的基本事件.

2. 以下两式各说明事件 A 与 B 之间有什么关系？

(1) $A+B=A$；　　　　(2) $AB=A$.

3. 将一枚均匀硬币连续抛掷 4 次，试求其样本空间 Ω 中基本事件的个数，并列举出 $A=\{$恰有 2 正 2 反$\}$，$B=\{$至少有 3 次正面向上$\}$所含的基本事件.

4. 回答下列问题：

(1) 概率与频率有什么联系，有什么区别？

(2) 古典概型有什么特点？

(3) 事件 A 与其对立事件 $\bar{A}$ 的概率有什么关系？

(4) 使用概率加法公式时，应注意什么条件？

5. 设 A、B、C、D 是四个事件，试用它们表示下列事件：

(1)“A、B、C、D 都不发生”；

(2)“A、B、C、D 中至少有 1 个发生”；

(3)“A、B、C、D 中恰有 2 个发生”；

(4)“A、B、C、D 中恰有 3 个发生”.

6. 一书架上放有 5 本数学书、3 本英语书和 2 本计算机书，现从书架上任取 3 本书，求恰好取到数学、英语、计算机各 1 本的概率.

7. 有 5 名女同学和 3 名男同学决定用抽签的方法分配四张电影票，问分到电影票的恰是 2 名女同学和 2 名男同学的概率是多少？至少有一名男同学分到电影票的概率又是多少？

8. 有 10 张卡片，分别写上 0、1、2、…、9，从这 10 张卡片中任取 2 张，求下列事件的概率：$A=\{$两数字都是奇数$\}$，$B=\{$两数字的和是偶数$\}$，$C=\{$两数字的积是偶数$\}$.

9. 从 1、2、3、4、5、6、7、8、9 共九个数字中，不放回地任取四个排成一个四位数，求排成四位数是奇数的概率是多少？排成的四位数大于 6 000 的概率是多少？

10. 某城市发行日报和晚报两种报纸，有 50% 的住户订日报，有 65% 的住户订晚报，有 35% 的住户同时订两种报，求全市(1)订报住户的百分比；(2)只订日报的住户百分比；(3)只订晚报的住户百分比.

习题 4-1
参考答案

11. 已知 $P(A)=0.2$，$P(B)=0.45$，$P(AB)=0.15$，求 $P(A\bar{B})$、$P(\bar{A}B)$、$P(\bar{A}\bar{B})$.

4.2 条件概率与事件的独立性

4.2.1 条件概率

在概率问题的研究中，经常会碰到下列问题，即在事件 A 发生的条件下，事件 B 发生的概率问题.先考察下面的例子.

例 1 某企业所属甲、乙两个车间生产同一产品，共 100 件，其车间类别与产品质量情况如下表：

笔记

车 间	合格品数	次品数	合 计
甲	60	10	70
乙	27	3	30
合 计	87	13	100

现从中随机抽取 1 件产品,(1) 抽到合格品的概率;(2) 已知抽到产品是乙车间所生产的,问它是合格品的概率.

解 用 A 表示"抽到合格品",B 表示"抽到产品是乙车间生产",显然 AB 表示"抽到乙车间生产的合格品",由古典概率定义知:

(1) $P(A)=\dfrac{87}{100}$;

(2) 因为已经知道所抽产品是乙车间所生产的,于是只能在乙车间所产的 30 件产品中进行抽取,故所求概率为$\dfrac{27}{30}$.

为什么(1)与(2)的答案不一样呢? 因为(2)所求概率是在附加了一个新的条件下的概率,称为条件概率.

定义 4.1 如果事件 A、B 是同一试验下的两个随机事件,且 $P(B)\neq 0$,则在事件 B 已经发生的条件下事件 A 发生的概率称为事件 A 的**条件概率**,记作 $P(A\mid B)$.

如例 1(2) $P(A\mid B)=\dfrac{27}{30}$. 同时在例 1 中易求 $P(B)=\dfrac{30}{100}$, $P(AB)=\dfrac{27}{100}$, 则成立等式: $P(A\mid B)=\dfrac{P(AB)}{P(B)}$

一般地,有下述**条件概率的计算公式**

$$P(A\mid B)=\frac{P(AB)}{P(B)} \qquad [P(B)\neq 0],$$

或

$$P(B\mid A)=\frac{P(AB)}{P(A)} \qquad [P(A)\neq 0].$$

例 2 一个盒子内装有 5 只坏电子管和 7 只好电子管,从盒中不放回地抽取两次,每次一只,若发现第一只是好的,问另一只也是好的概率是多少?

解 设 A 表示"第一只是好的",B 表示"第二只是好的",根据题意要求 $P(B\mid A)$.

笔记

方法一:假设将12只电子管编上号码,不放回地抽取两次,其基本事件总数为 $12\times11=132$. 而 AB 表示"两次都抽到好的",则 AB 含有的基本事件数为 $7\times6=42$. 由古典概率定义得 $P(A)=\frac{7}{12}$ 与 $P(AB)=\frac{42}{132}=\frac{7}{22}$. 故所求概率

$$P(B\mid A)=\frac{P(AB)}{P(A)}=\frac{7}{22}\div\frac{7}{12}=\frac{6}{11}.$$

方法二:借助古典概率的思想.首先在 A 已发生的条件下,盒中只剩下11只电子管,且其中只有6只是好电子管(因为已经抽取了1只好的),因此第二次再抽取到好电子管的概率为 $\frac{6}{11}$,即 $P(B\mid A)=\frac{6}{11}$.

4.2.2 乘法公式

由条件概率的计算公式,可得到概率的乘法公式.

定理 4.2(乘法定理) 设 A、B 为任意两个事件,则

$$P(AB)=P(A)P(B\mid A)\qquad P(A)\neq0,$$

$$P(AB)=P(B)P(A\mid B)\qquad P(B)\neq0.$$

上述公式称为概率的**乘法公式**.

推论 1 设 A、B、C 为任意三个事件,则

$$P(ABC)=P(A)P(B\mid A)P(C\mid AB),\text{其中 } P(AB)\neq0.$$

读者可类似推广到更多事件的情况.

例 3 一口袋中有10个球:红球4个、白球6个,从中不放回地抽取3次,每次1个,求全是红球的概率.

解 设 A、B、C 分别表示第1、2、3次抽到红球,则 ABC 表示"全是红球".由题意知

$$P(A)=\frac{4}{10},\ P(B\mid A)=\frac{3}{9},\ P(C\mid AB)=\frac{2}{8}.$$

所以 $P(ABC)=P(A)P(B\mid A)P(C\mid AB)=\frac{4}{10}\times\frac{3}{9}\times\frac{2}{8}=\frac{1}{30}$.

例 4 有一代数方程,甲先解,甲解出的概率为0.75,如果甲解不出来,乙再来解答,解出的概率为0.6,求(1)此方程是由乙解出的概率;(2)此方程被解出的概率.

笔记

解　设 A 表示“甲解出方程”，B 表示“乙解出方程”，显然 $\bar{A}$ 表示“甲没解出方程”，并且 $B \subset \bar{A}$，所以 $\bar{A}B = B$.

已知 $P(A)=0.75$，$P(B \mid \bar{A})=0.6$.

“方程被解出”可表示为 $A \cup B = A \cup \bar{A}B$，$A$ 和 $\bar{A}B$ 互不相容.

则(1) 所求概率

$$\begin{aligned} P(B) &= P(\bar{A}B) = P(\bar{A})P(B \mid \bar{A}) \\ &= [1-P(A)]P(B \mid \bar{A}) = (1-0.75) \times 0.6 = 0.15. \end{aligned}$$

(2) 所求概率

$$P(A \cup B) = P(A \cup \bar{A}B) = P(A) + P(\bar{A}B) = 0.75 + 0.15 = 0.9.$$

例 5　甲、乙两市都位于长江上游，根据多年来的气象记录知道一年中甲市下雨天的比例占 21%，乙市下雨天的比例占 15%，两市同时下雨的比例占 12%，试求：

(1) 乙市下雨的条件下，甲市出现雨天的概率.

(2) 两地至少有一地下雨的概率.

(3) 甲市不下雨的条件下，乙市不下雨的概率.

解　设事件 A 表示“甲市出现雨天”，B 表示“乙市出现雨天”.由已知条件得

$P(A)=0.21$，$P(B)=0.15$，$P(AB)=0.12$. 于是

(1) $P(A \mid B) = \dfrac{P(AB)}{P(B)} = \dfrac{0.12}{0.15} = 0.8$.

(2) $P(A+B) = P(A)+P(B)-P(AB) = 0.21+0.15-0.12 = 0.24$.

(3) $P(\bar{B} \mid \bar{A}) = \dfrac{P(\bar{A}\bar{B})}{P(\bar{A})} = \dfrac{P(\overline{A+B})}{1-P(A)} = \dfrac{1-0.24}{1-0.21} = \dfrac{76}{79}$.

该例子中 $P(A \mid B)=0.8$，表明在乙市下雨的条件下，甲市出现雨天的概率上升到 80%.因此，假设某人要从乙市出差去甲市，而乙市正在下雨，明智的做法是携带雨伞，以免在甲市遭遇淋雨的尴尬.

4.2.3 全概率公式

在概率的计算中，有时可将复杂事件的概率转化为一些简单事件的概率.全概率公式就是这种思想的具体体现.为此，先定义完备事件组.

定义 4.2　事件组 A_1、A_2、…、A_n 称为样本空间 Ω 的**完备事件组**：是指在一次试验中，n 个事件 A_1、A_2、…、A_n 中至少有一个必然发生，即 $A_1 + A_2 + \cdots + A_n = \Omega$；且只能有一个发生，即 A_1、A_2、…、A_n 两两互不相容.

笔记

可见,样本空间 Ω 的完备事件组 A_1、A_2、…、A_n 是将 Ω 分成若干个互不相容的事件.如图 4-7 所示.

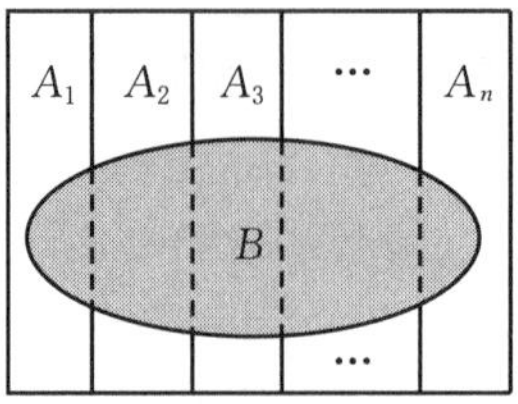

图 4-7

定理 4.3 若 A_1、A_2、…、A_n 构成样本空间 Ω 的完备事件组,则对任意一事件 B,皆有

$$P(B)=\sum_{i=1}^{n}P(A_i)P(B\mid A_i).$$

上述公式叫作**全概率公式**.其中 $P(A_i)$ 又叫作**原因概率**(或**先验概率**).可将 A_1、A_2、…、A_n 理解为影响结果事件 B 的 n 个原因.

运用全概率公式的关键,在于找出样本空间 Ω 的一个完备事件组.

由于 $A+\bar{A}=\Omega$,且 $A\bar{A}=\varnothing$,即 A 和 $\bar{A}$ 构成完备事件组,因此,当 $n=2$ 时,全概率公式为如下形式:

$$P(B)=P(A)P(B\mid A)+P(\bar{A})P(B\mid \bar{A}).$$

例 6 甲、乙、丙 3 人抢答一道智力竞赛题,他们抢到答题权的概率分别是 0.2、0.3、0.5,而他们能答对竞赛题的概率分别为 0.9、0.7、0.4.试求该竞赛题被答对的概率.

解 设 A_1、A_2、A_3 分别表示甲、乙、丙抢到答题权,B 表示竞赛题被答对,则 A_1、A_2、A_3 两两互不相容,且 $\Omega=A_1+A_2+A_3$. 所以 A_1、A_2、A_3 构成一个完备事件组.已知

$$P(A_1)=0.2,\qquad P(A_2)=0.3,\qquad P(A_3)=0.5;$$
$$P(B\mid A_1)=0.9,\qquad P(B\mid A_2)=0.7,\qquad P(B\mid A_3)=0.4.$$

根据全概率公式,竞赛题被答对的概率是

$$\begin{aligned}P(B)&=P(A_1)P(B\mid A_1)+P(A_2)P(B\mid A_2)+P(A_3)P(B\mid A_3)\\&=0.2\times0.9+0.3\times0.7+0.5\times0.4=59\%.\end{aligned}$$

例 7 从装有 3 个白球、2 个黑球的甲袋中随机取出 1 球,放入装有 6 个白球、3 个黑球的乙袋中,现从乙袋中任取一球,试求取得白球的概率.

解 用 A 表示"从甲袋中取出白球",则 $\bar{A}$ 表示"从甲袋中取出黑球".又用 B 表示"从乙袋中取到白球".已知

$$P(A)=\frac{3}{5},\qquad P(\bar{A})=1-\frac{3}{5}=\frac{2}{5};$$
$$P(B\mid A)=\frac{7}{10},\qquad P(B\mid \bar{A})=\frac{6}{10}.$$

笔记

根据全概率公式,得

$$P(B)=P(A)P(B \mid A)+P(\bar{A})P(B \mid \bar{A})$$
$$=\frac{3}{5}\times\frac{7}{10}+\frac{2}{5}\times\frac{6}{10}=0.66.$$

4.2.4 贝叶斯公式

与全概率公式所解决的问题相反,如果已知各种原因概率 $P(A_i)$ 与条件概率 $P(B \mid A_i)(i=1, 2, \cdots, n)$,则在结果事件 B 已经发生的条件下,来自于原因 A_j 的条件概率 $P(A_j \mid B)(j=1, 2, \cdots, n)$ 是多少?

定理 4.4 设 A_1、A_2、$\cdots$、A_n 为样本空间 Ω 的一个完备事件组,且 $P(A_i)>0(i=1, 2, \cdots, n)$,则对随机事件 $B[P(B)>0]$,有

$$P(A_j \mid B)=\frac{P(A_j)P(B \mid A_j)}{\sum_{i=1}^{n}P(A_i)P(B \mid A_i)} \quad (j=1, 2, \cdots, n).$$

其中,分母为 $P(B)=\sum_{i=1}^{n}P(A_i)P(B \mid A_i)$.

上述公式叫作**贝叶斯**(Bayes)**公式**(又叫**逆概率公式**).由于该公式是在结果事件 B 已经发生后对原因事件 A_j 发生可能性大小所做的逆向推算,所以也叫**后验概率**.

例 8 仓库中有分别由甲、乙、丙三个厂家生产的同种电子元件,三个厂家生产的产量分别占 50%、35%、15%,其次品率分别为 0.01、0.02、0.04.现从仓库中随机抽取一个电子元件,经检验是次品,求该次品是甲、乙、丙厂家生产的概率各是多少?

解 令 A_1、A_2、A_3 分别表示抽到甲、乙、丙厂家的产品,$B=\{$抽到次品$\}$,则由全概率公式可得抽到次品的概率为

$$P(B)=P(A_1)P(B \mid A_1)+P(A_2)P(B \mid A_2)+P(A_3)P(B \mid A_3).$$
$$=0.50\times0.01+0.35\times0.02+0.15\times0.04=1.8\%.$$

再由贝叶斯公式,得

$$P(A_1 \mid B)=\frac{P(A_1)P(B \mid A_1)}{P(B)}=\frac{0.5\times0.01}{1.8\%}=\frac{5}{18}.$$

$$P(A_2 \mid B)=\frac{P(A_2)P(B \mid A_2)}{P(B)}=\frac{0.35\times0.02}{1.8\%}=\frac{7}{18}.$$

笔记

$$P(A_3 \mid B)=\frac{P(A_3)P(B \mid A_3)}{P(B)}=\frac{0.15 \times 0.04}{1.8\%}=\frac{6}{18}.$$

很明显,该件次品来自于乙厂家的可能性最大.

例 9 已知某类人群的癌症患病率为 0.6%,现在用某种试验方式对该类人群进行癌症普查,其试验效果如下:被试验者患癌症则试验结果呈阳性的概率为 0.95;被试验者没患癌则试验结果呈阴性的概率为 0.96.试求试验结果呈阳性的被试者确实患癌症的概率是多少?

解 用 A 表示被试者患癌症,则 $\bar{A}$ 表示被试者没患癌症,又用 B 表示试验结果呈阳性.

由已知 $P(A)=0.006$ $P(\bar{A})=0.994$

$P(B \mid A)=0.95$ $P(B \mid \bar{A})=1-0.96=0.04$

所以,由贝叶斯公式得

$$P(A \mid B)=\frac{P(A)P(B \mid A)}{P(A)P(B \mid A)+P(\bar{A})P(B \mid \bar{A})}$$

$$=\frac{0.006 \times 0.95}{0.006 \times 0.95+0.994 \times 0.04} \approx 12.5\%.$$

本题结论表明,虽然 $P(B \mid A)=0.95$ 和 $P(\bar{B} \mid \bar{A})=0.96$ 都比较大,表面上体现该试验方式比较可靠.但将该试验方式在普查情况下用于癌症诊断,由于 $P(A \mid B)=12.5\%$,即 1 000 个阳性被试者中大约只有 125 个确实患癌症.如果混淆了 $P(B|A)$ 和 $P(A|B)$ 的概念,就有可能造成误诊,引起被试者的恐慌,产生不良的后果.

4.2.5 事件的独立性

先考察一个试验:甲、乙二人同时向同一目标各射击一次.如果用 A 表示"甲击中目标",用 B 表示"乙击中目标",显然甲是否击中目标对乙的射击并不产生影响,反之,乙是否击中目标对甲的射击也不产生影响,即 A 发生与否和 B 发生与否互不影响.此时下式成立:

$$P(B \mid A)=P(B) \text{ 与 } P(A \mid B)=P(A).$$

定义 4.3 如果事件 A 与事件 B 满足 $P(B \mid A)=P(B)$ 或 $P(A \mid B)=P(A)$,则称事件 A 与 B 是**相互独立**的.

定理 4.5 事件 A 与事件 B 相互独立的充分必要条件是(证明略)

$$P(AB)=P(A)P(B).$$

笔记

推论 2 若事件 A 与事件 B 独立，则 A 与 $\bar{B}$、$\bar{A}$ 与 B、$\bar{A}$ 与 $\bar{B}$ 中的每一对事件都相互独立.

证 对于事件 $\bar{A}$ 与 B，因为

$$\begin{aligned}P(\bar{A}B)&=P(B)-P(AB)=P(B)-P(A)P(B)\\&=P(B)[1-P(A)]=P(B)P(\bar{A})\end{aligned}$$

所以，由定理知，$\bar{A}$ 与 B 相互独立.同理可证 A 与 $\bar{B}$、$\bar{A}$ 与 $\bar{B}$ 相互独立.

独立性概念在概率论的理论及应用中都起着非常重要的作用.但在实际问题中，两个事件是否独立，通常不是通过计算来验证的，而是根据问题的具体情况，按独立性的实际意义来判定的.比如：张同学投篮是否命中与李同学投篮是否命中显然是相互独立的，无需计算验证.

例 10 甲、乙两门高射炮同时向同一敌机开炮，击中敌机的概率分别为 0.6 和 0.75，求敌机被击中的概率.

解 令 A 表示“甲击中敌机”，B 表示“乙击中敌机”，显然事件 A 与 B 是相互独立的.而“敌机被击中”的概率可表示为 $P(A+B)$.

方法一：利用分类思想

$$\begin{aligned}P(A+B)&=P(AB+A\bar{B}+\bar{A}B)=P(AB)+P(A\bar{B})+P(\bar{A}B)\\&=P(A)P(B)+P(A)P(\bar{B})+P(\bar{A})P(B)\\&=0.6\times0.75+0.6\times(1-0.75)+(1-0.6)\times0.75=0.90.\end{aligned}$$

方法二：利用一般加法公式

$$\begin{aligned}P(A+B)&=P(A)+P(B)-P(AB)=P(A)+P(B)-P(A)P(B)\\&=0.6+0.75-0.6\times0.75=0.9.\end{aligned}$$

方法三：利用德摩根律

$$\begin{aligned}P(A+B)&=1-P(\overline{A+B})=1-P(\bar{A}\bar{B})=1-P(\bar{A})P(\bar{B})\\&=1-(1-0.6)\times(1-0.75)=0.90.\end{aligned}$$

显然第 3 种方法解答更为简便，针对独立事件和的概率求解特别有效.

独立性的概念可推广到任意有限多个事件的情形.

定义 4.4 如果 $n(n>2)$ 个事件 A_1、A_2、…、A_n 中任何一个事件发生的概率都不受其他一个或几个事件发生与否的影响，则称 A_1、A_2、…、A_n 相互独立.

笔记

例如,三个事件 A、B、C 相互独立,当且仅当以下四个等式同时成立:

$$P(AB)=P(A)P(B),$$

$$P(AC)=P(A)P(C),$$

$$P(BC)=P(B)P(C),$$

$$P(ABC)=P(A)P(B)P(C).$$

显然,如果 n 个事件 A_1、A_2、…、A_n 相互独立,那么其中任意 k 个($2\leqslant k\leqslant n$)事件也相互独立,并且把 A_1、A_2、…、A_n 中的任意一个或几个事件换成逆事件后,得到的 n 个事件也相互独立.

一般地,当 n 个事件 A_1、A_2、…、A_n 相互独立时,有下述公式

$$P(A_1A_2\cdot\cdots\cdot A_n)=P(A_1)P(A_2)\cdot\cdots\cdot P(A_n).$$

$$P(A_1+A_2+\cdots+A_n)=1-P(\overline{A_1})P(\overline{A_2})\cdot\cdots\cdot P(\overline{A_n}).$$

例 11 有三个电路开关 a、b、c,它们闭合的概率分别为 0.8、0.9、0.7,则在如图 4-8 所示三种连接方式下,求线路接通的概率:(1)串联;(2)并联;(3)混联.

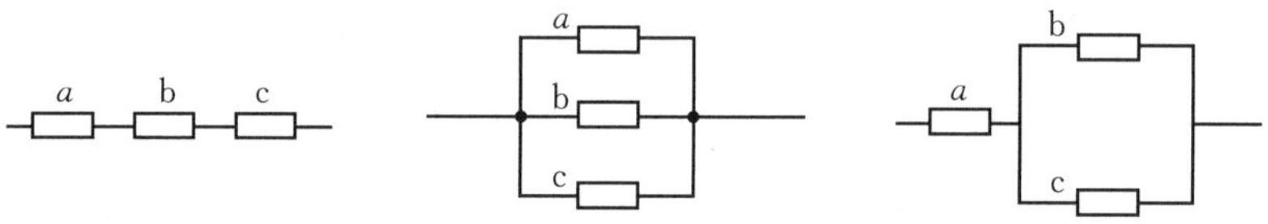

图 4-8

解 令 A、B、C 分别表示电路开关 a、b、c 闭合,显然事件 A、B、C 相互独立,且

$P(A)=0.8$, $P(B)=0.9$, $P(C)=0.7$,若令 D 表示"线路接通",则

(1) $P(D)=P(ABC)=P(A)P(B)P(C)=0.8\times0.9\times0.7=0.504$;

(2) $P(D)=P(A+B+C)=1-P(\bar{A})P(\bar{B})P(\bar{C})$

$=1-(1-0.8)\times(1-0.9)\times(1-0.7)=0.994$;

(3) $P(D)=P[A(B+C)]=P(A)P(B+C)$

$=P(A)[1-P(\bar{B})P(\bar{C})]$

$=0.8\times[1-(1-0.9)\times(1-0.7)]=0.776$.

如果将电路开关闭合的概率理解为电子元件的可靠性(即电子元件正常工作的概率),那例 11 的求解结果就是不同连接方式下的系统可靠性,即近代新兴学科——可靠性理论.

笔记

4.2.6 伯努利概型

定义 4.5 如果将一个试验重复做 n 次,并满足:

(1) 每次试验条件都一样,且可能的结果为有限个;

(2) 各次试验的结果互不影响(即相互独立).

则称此 n 次重复试验为 **n 次独立试验**.特别,如果每次试验只有两个结果 A 和 $\bar{A}$,且

$$P(A)=p,\ P(\bar{A})=q=1-p(0<p<1),$$

则称此 n 次重复试验为 **n 次伯努利**(Bernoulli)**试验**.伯努利试验的概率模型称为**伯努利概型**,该模型是应用得最广泛的模型之一,因此也是概率论研究得最多的模型之一.特别是在保险、博彩行业中得到广泛应用.在伯努利概型中,主要关心的是 n 次试验中 A 恰好发生 k 次的概率问题.

定理 4.6 设一次试验中事件 A 发生的概率为 $p(0<p<1)$,则在 n 次伯努利试验中 A 恰好发生 k 次的概率是

$$P_n(k)=C_n^k p^k q^{n-k} \quad (k=0,\ 1,\ 2,\ \cdots,\ n),\text{其中 } q=1-p.$$

很明显,上述公式正好是二项式 $(q+p)^n$ 展开式中的一般项,所以也叫二项概率公式.

例 12 某篮球运动员进行 5 次投篮,而该篮球运动员的投篮命中率为 0.6,试求在 5 次投篮中,恰有 3 次投中的概率.

解 很明显,在短时间内该运动员水平不会产生根本性的变化,即每次投篮命中率都是 0.6,共进行 5 次,所以是 5 次伯努利试验.已知 $n=5$, $p=0.6$, 故所求概率为

$$P_5(3)=C_5^3\times 0.6^3\times(1-0.6)^{5-3}=0.345\,6.$$

例 13 某仪器装有 12 个各自独立工作的电子元件,每个电子元件出故障的概率都是 0.05,当至少 2 个电子元件出现故障时,仪器不能正常工作,试求仪器不能正常工作的概率.

解 显然是 12 次伯努利试验.已知 $n=12$, $p=0.05$, 则仪器不能正常工作的概率为

$$\begin{aligned}P&=\sum_{k=2}^{12}C_{12}^k\times 0.05^k\times(1-0.05)^{12-k}=1-P_{12}(0)-P_{12}(1)\\&=1-0.95^{12}-C_{12}^1\times 0.05\times 0.95^{11}\approx 0.118.\end{aligned}$$

笔记

例 14 某地区人群中,每人血液中含有某种病毒的概率为 0.002,现随机抽取人群中 2 000 人的血液进行混合,求混合后的血液中含有该种病毒的概率是多少?

解 显然是 2 000 次伯努利试验.已知 $n=2\,000$, $p=0.002$,而混合后血液中含有病毒等价于 2 000 人中至少有一人血液里含有病毒,故所求概率为

$$P=\sum_{k=1}^{2\,000}C_{2\,000}^{k}\times 0.002^{k}\times(1-0.002)^{2\,000-k}=1-P_{2\,000}(0)$$
$$=1-0.998^{2\,000}\approx 0.982.$$

从此例可以看出,虽然每个人携带该种病毒的概率很小,但混合后的血样中含有该种病毒的概率却相当大.在实际工作中,千万不能轻视某些小概率事件.

习 题 4-2

1. 已知 $P(A)=0.2$, $P(B)=0.45$, $P(AB)=0.15$,求 $P(\bar{A}+B)$、$P(B\mid A)$、$P(A\mid\bar{B})$.

2. 掷两个均匀的骰子,如果已知它们的点数不同,问至少有一个是 1 点的条件概率是多少?

3. 一批种子的发芽率为 0.95,出芽后的幼苗成活率为 0.80,从这批种子中任取一粒,求这粒种子能成长为活苗的概率.

4. 袋中有 4 个红球和 6 个白球,从中随机取出一个,然后放回,并同时放入与抽出的球同色的球 2 个,再取第 2 个,求所取两球都是白球的概率.

5. 某地区气象台统计,该地区下雨的概率是$\frac{4}{15}$,刮大风的概率是$\frac{2}{15}$,既刮大风又下雨的概率是$\frac{1}{10}$.则(1)在下雨天里,刮风的概率是多少?(2)在刮风的条件下,下雨的概率是多少?

6. 在空战中,甲机先向乙机开火,击落乙机的概率是 0.2,若乙机未被击落,就进行还击,击落甲机的概率是 0.3,若甲机未被击落,则再进攻乙机,击落乙机的概率是 0.6.求这几个回合中,(1)甲机被击落的概率;(2)乙机被击落的概率.

7. 仓库中放有甲、乙两台机床加工的同种零件,甲加工零件数是乙加工零件数的 2 倍,且甲机床产出零件次品率为 0.04,乙机床产出零件次品

率为 0.06.现从仓库中任取一零件,则它是合格品的概率为多少?

8. 某射击小组共有 20 名射手,其中一级射手 4 人,二级射手 8 人,三级射手 8 人,一、二、三级射手能通过选拔进入比赛的概率分别是 0.9、0.7、0.4,求任选一名射手能通过选拔进入比赛的概率.

9. 已知产品中 96%是合格品,现有一种简化的检查方法,它把真正的合格品确认为合格品的概率为 0.98,而把不合格品误认为合格品的概率为 0.05.求在简化方法检查下,一检验结果为合格品而确实是合格品的概率.

10. 在秋菜运输中,某汽车可能到甲、乙、丙三地去拉菜,设到此三地拉菜的概率分别为 0.2、0.5、0.3,而在各处拉到一级菜的概率分别为 0.1、0.3、0.7.

(1) 求汽车拉到一级菜的概率;

(2) 已知汽车拉到一级菜,求该车菜是乙地拉来的概率.

11. 三人各自独立地破译同一份密码,他们各自译出的概率分别为$\frac{2}{5}$、$\frac{1}{3}$、$\frac{1}{4}$,求密码被译出的概率.

12. 射击时甲的命中率为 p,乙的命中率为 0.7,现在已知两人各自独立地向同一目标射击一次,恰好一人命中的概率为 0.38,试求甲的命中率 p.

13. 某工人看管三台机床,在一小时内甲、乙、丙三台机床需工人照看的概率分别是 0.9、0.8、0.85,求在一小时中,恰有一台机床需要照看的概率.

14. 某试卷共有 10 道选择题,每题有 4 个备选答案,只有 1 个答案是正确的,每题 5 分,某同学全凭猜测,试问他恰好猜中 3 道题的概率,他刚好得到 30 分的概率.

习题 4-2
参考答案

15. 甲、乙两名篮球运动员投篮命中率分别为 0.7、0.6,每人投篮三次,试求甲、乙两人进球数目相等的概率,甲比乙投中次数多的概率.

4.3 随机变量及其分布

4.3.1 随机变量的概念

在随机现象的讨论中,有很大一部分试验的试验结果直接可用数字表示.例如:①在产品抽样检查时,主要关心的是抽到产品中正品(或次品)的

笔记

件数;②掷一枚骰子时,考察出现的点数;③灯泡使用寿命的长短;④机械零件的测量误差等.即使有些随机试验的试验结果直接与数字无关,但可以人为量化.如:抛一枚硬币时,若规定“出现正面”为数字 1、“出现反面”为数字 0.这样也能将试验结果与数字联系起来.

定义 4.6 如果随机试验的每一个可能结果 e 都唯一对应着一个实数 $X(e)$,则这个随试验结果不同而变化的量称为**随机变量**.随机变量通常用 X、Y、Z 等表示,也可用希腊字母 ξ、η、ζ 等表示.

引进随机变量后,就可以用随机变量表达的等式或不等式来表示随机事件.如在前面例子中:如果用随机变量 X 表示掷出骰子的点数,则“$X=4$”表示“掷出 4 点”、“$X\leqslant 3$”表示“掷出点数 1、2 或 3 点”;用随机变量 Y 表示灯泡的使用寿命,则“$Y>1\ 000$ h”表示“灯泡使用寿命超过 1 000 h”.

一般地,随机变量最常见的有两种类型,即离散型随机变量和连续型随机变量.

4.3.2 离散型随机变量

定义 4.7 如果随机变量 X 只取有限个或无限可列个值,则称 X 为**离散型随机变量**.

设离散型随机变量 X 的可能取值为 x_1、x_2、x_3、…、x_k、…,且取这些值的概率依次为 p_1、p_2、p_3、…、p_k、…,即 $P\{X=x_i\}=p_i\ (i=1,2,3,\cdots)$,称其为 X 的**概率分布**,简称**分布**.为直观起见,常将随机变量 X 的概率分布写成表格形式

X	x_1	x_2	x_3	…	x_k	…
P	p_1	p_2	p_3	…	p_k	…

并称之为随机变量 X 的**分布列**.

显然 p_i 具有如下性质:

(1) $p_i\geqslant 0\quad (i=1,2,3,\cdots)$; (2) $\sum\limits_i p_i=1$.

例 1 重复独立地抛掷一枚均匀的硬币,直到出现正面向上为止,求:(1)抛掷次数 X 的分布列;(2) $P\{X\leqslant 2\}$, $P\{1<X\leqslant 3\}$.

解 X 的可能取值是$\{1,2,3,\cdots\}$,且每次掷出正面的概率都是 0.5,显然 $X=k$ 表示前 $k-1$ 次掷出反面,第 k 次掷出正面,其概率为 $P\{X=k\}=(1-0.5)^{k-1}\times 0.5$.

笔记

所以(1)抛掷次数 X 的分布列为：$P\{X=k\}=0.5^k \quad (k=1, 2, 3, \cdots)$.

X	1	2	3	…
P	0.5	0.5^2	0.5^3	…

(2) $P\{X \leqslant 2\}=P\{X=1\}+P\{X=2\}=0.5+0.5^2=0.75$；

$P\{1<X \leqslant 3\}=P\{X=2\}+P\{X=3\}=0.5^2+0.5^3=0.375$.

例 2 从六个数1、2、3、4、5、6中随机抽取三个数 x_1、x_2、x_3，试求随机变量 $X=\max(x_1, x_2, x_3)$ 的分布列以及 $P\{3.4<X<5.1\}$.

解 因为 X 的所有可能取值为$\{3, 4, 5, 6\}$，且

$$P\{X=3\}=\frac{C_2^2}{C_6^3}=\frac{1}{20}; \qquad P\{X=4\}=\frac{C_3^2}{C_6^3}=\frac{3}{20};$$

$$P\{X=5\}=\frac{C_4^2}{C_6^3}=\frac{6}{20}; \qquad P\{X=6\}=\frac{C_5^2}{C_6^3}=\frac{10}{20}.$$

所以，X 的分布列为

X	3	4	5	6
P	0.05	0.15	0.30	0.50

$P\{3.4<X<5.1\}=P\{X=4\}+P\{X=5\}=0.15+0.30=0.45$.

由上述例子可以看出，只要知道了离散型随机变量的分布列，就掌握了离散型随机变量的整个分布规律.

下面介绍几种常见的离散型随机变量的概率分布.

(1) 两点分布

定义 4.8 如果随机变量 X 的概率分布为

X	0	1
P	$1-p$	p

其中，$0<p<1$，则称随机变量 X 服从**两点分布**，记作 $X \sim (0-1)$.

在实践中，服从两点分布的随机变量是很多的.例如，产品的“合格”与“不合格”；一次考试是“及格”与“不及格”；射击一次的“中靶”与“脱靶”等.总之，任何一个只有两种可能结果的随机现象都可以将其数量化，变为两点分布.

笔记

例 3 仓库 100 件产品中有 95 件正品,5 件次品,从中随机抽取一件产品,求正品数 X 的分布列.

解 显然 $P\{X=1\}=0.95$, $P\{X=0\}=0.05$.即

X	0	1
P	0.05	0.95

所以正品数 X 服从两点分布.

(2) 二项分布

定义 4.9 如果随机变量 X 的概率分布为

$$P\{X=k\}=C_n^k p^k q^{n-k} \qquad (k=0, 1, 2, \cdots, n),$$

其中,$0<p<1$, $q=1-p$,则称 X 服从参数为 n、p 的二项分布,记作 $X \sim B(n, p)$.

很明显,$P\{X=k\}=C_n^k p^k q^{n-k} \geqslant 0(k=0, 1, 2, \cdots, n)$. 又由二项式定理知

$$\sum_{k=0}^{n} P\{X=k\}=\sum_{k=0}^{n} C_n^k p^k q^{n-k}=(p+q)^n=1.$$

因此,该随机变量 X 满足概率分布的两条性质.由于 $C_n^k p^k q^{n-k}$ 恰好是 $(p+q)^n$ 的二项展开式的通项,所以称其为二项分布.二项分布的实际背景就是 n 次伯努利概型.当 $n=1$ 时,二项分布就成为两点分布.

例 4 设袋中有 3 只红球、2 只白球,有放回地摸 4 次,每次 1 个球,试求摸到的红球数 X 的概率分布.

解 由于是有放回地摸球,因此可以看成 4 次伯努利概型,即 $n=4$. 而每次摸到红球的概率是 $p=\frac{3}{5}$, 所以 $X \sim B\left(4, \frac{3}{5}\right)$, 于是得

$$P\{X=k\}=C_4^k\left(\frac{3}{5}\right)^k\left(\frac{2}{5}\right)^{4-k} \qquad (k=0, 1, 2, 3, 4).$$

分布列可表示为

X	0	1	2	3	4
P	$\frac{16}{625}$	$\frac{96}{625}$	$\frac{216}{625}$	$\frac{216}{626}$	$\frac{81}{625}$

(3) 泊松分布

定义 4.10 如果随机变量 X 的概率分布为

笔记

$$P\{X=k\}=\frac{\lambda^k}{k!}\mathrm{e}^{-\lambda}\quad (k=0,1,2,\cdots;\lambda>0),$$

则称 X 服从参数为 λ 的泊松分布,记作 $X\sim\pi(\lambda)$.

泊松分布是概率论中相当重要的分布之一,实际生活中,服从泊松分布的随机现象很多.例如,交通路口的车辆流量、一定时间段内公交车站到达的乘客数、排队窗口的排队人数、一页书上出现的瑕疵数等,都服从泊松分布.

例 5 假定一分钟内到达某高速路口的车辆数 X 服从参数为 3 的泊松分布.试求:(1)一分钟内恰有 2 辆车到达高速路口的概率;(2)一分钟内到达高速路口车辆数超过 4 辆的概率.

解 因为一分钟内到达高速路口的车辆数 X 服从参数为 $\lambda=3$ 的泊松分布,所以

$$P\{X=k\}=\frac{3^k}{k!}\mathrm{e}^{-3}\quad (k=0,1,2,\cdots),$$

则(1) $P\{X=2\}=\dfrac{3^2}{2!}\mathrm{e}^{-3}=\dfrac{9}{2\mathrm{e}^3}\approx 0.224$,

(2) $P\{X>4\}=\displaystyle\sum_{k=5}^{\infty}\frac{3^k}{k!}\mathrm{e}^{-3}\approx 0.184\ 73$.

实际应用中为了方便,将泊松分布的某些参数值 λ 所对应的概率列成专门的表(见附表 1),即泊松分布表,可供计算时查用.

泊松分布与二项分布之间是否存在联系呢? 下面的定理可以回答这个问题.

定理 4.7(泊松定理) 设 $\lim\limits_{n\to\infty} np_n=\lambda$,则 $\lim\limits_{n\to\infty}\mathrm{C}_n^k p_n^k(1-p_n)^{n-k}\approx\dfrac{\lambda^k}{k!}\mathrm{e}^{-k}$,$k$ 为非负整数(证明略).

该定理表明,泊松分布是二项分布当 $n\to\infty$ 时的极限分布.可以证明:当 n 很大,p 很小,且 $np<5$ 时,有以下近似公式

$$P_n(k)=\mathrm{C}_n^k p^k(1-p)^{n-k}\approx\frac{\lambda^k}{k!}\mathrm{e}^{-\lambda},\text{其中 }\lambda=np>0.$$

例 6 设有同类型仪器若干台,各仪器的工作相互独立,且发生故障的概率为 0.02,通常一台仪器的故障可由一个人来排除.(1)若由 4 个人共同负责维修 100 台仪器,求仪器发生故障又不能及时排除的概率.(2)若由一个人包干 25 台仪器,求仪器发生故障又不能及时排除的概率.

笔记

解 (1) 设 X 表示 100 台仪器在同一时刻发生故障的台数,则 $X \sim B(100, 0.02)$. 问题是计算 $P\{X \geqslant 5\}$,由于 $n=100$ 很大,$p=0.02$ 很小,且 $\lambda = np = 100 \times 0.02 = 2$,可用泊松定理近似计算,所以有

$$P\{X \geqslant 5\} = \sum_{k=5}^{100} \mathrm{C}_{100}^{k} \times 0.02^{k} \times 0.98^{100-k} \approx \sum_{k=5}^{100} \frac{2^{k}}{k!}\mathrm{e}^{-2} \approx 0.052\ 66.$$

(2) 设 Y 表示 25 台仪器在同一时刻发生故障的台数,则 $Y \sim B(25, 0.02)$. 问题是计算 $P\{Y \geqslant 2\}$,此时 $\lambda = np = 25 \times 0.02 = 0.5$,同理有

$$P\{Y \geqslant 2\} = \sum_{k=2}^{25} \mathrm{C}_{25}^{k} \times 0.02^{k} \times 0.98^{25-k} \approx \sum_{k=2}^{25} \frac{0.5^{k}}{k!}\mathrm{e}^{-0.5} \approx 0.090\ 2.$$

其中,最后结果由查泊松分布表得到.

计算结果表明,虽然同样是人均看管 25 台仪器,但共同负责的方式比个人包干的方式更好,效率更高.

4.3.3 连续型随机变量

若随机变量 X 可以取某一区间内所有实数值,这时考察 X 取某个值的概率,就没什么意义.例如:在公共汽车站候车,候车时间就是相邻两班车的时间间隔范围,乘客关心的不是“正好候车几分钟”,而是“候车时间不超过几分钟”;射击选手打靶时,选手不在乎具体击中哪个点,而是关心击中几环,显然每一环数都是到靶心的距离范围.于是,所讨论的问题就成了 $P(a \leqslant X \leqslant b)$ 的问题.

定义 4.11 对于随机变量 X,如果存在一个非负可积函数 $p(x)(-\infty < x < +\infty)$,使得对于任意实数 a、$b(a<b)$,都有

$$P\{a < X < b\} = \int_{a}^{b} p(x)\mathrm{d}x,$$

则称 X 为**连续型随机变量**,$p(x)$ 称为 X 的**概率密度函数**,简称**概率密度**或**密度函数**.

由定义知,连续型随机变量 X 的密度函数 $p(x)$ 具备如下性质:① $p(x) \geqslant 0 \quad (-\infty < x < +\infty)$;② $\int_{-\infty}^{+\infty} p(x)\mathrm{d}x = 1$.

这里应该注意两个问题:

① 连续型随机变量 X 取区间内任一定值的概率为零,即 $P\{X = c\} = 0$;

② 连续型随机变量 X 在任一区间上取值的概率与是否含有区间端点

笔记

无关，即

$$P\{a<X<b\}=P\{a\leqslant X<b\}=P\{a<X\leqslant b\}=P\{a\leqslant X\leqslant b\}.$$

密度函数 $y=p(x)$ 的图像称为**密度曲线**.由定积分的几何意义知，连续型随机变量 X 在区间 (a,b) 内取值的概率等于由曲线 $y=p(x)$ 及 $x=a$，$x=b$，$y=0$ 围成的曲边梯形的面积(图 4-9).

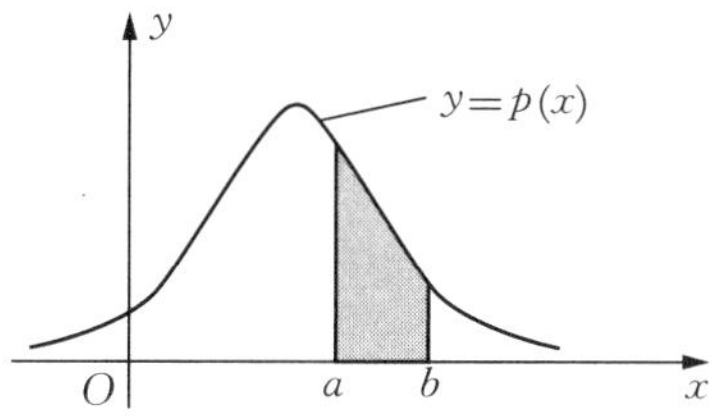

图 4-9 连续随机变量的区间概率

类似于离散型随机变量分布列的作用，如果知道了连续型随机变量 X 的密度函数 $p(x)$，也就知道了连续型随机变量的统计规律性，则 X 落在某区间 (a,b) 的概率都可以通过定积分 $\int_a^b p(x)\mathrm{d}x$ 加以求解.

例 7 已知连续型随机变量 X 的密度函数为 $p(x)=\begin{cases}kx^2, & 0\leqslant x<1,\\ 2-x, & 1\leqslant x\leqslant 2,\\ 0, & \text{其他},\end{cases}$

求常数 k，并计算 $P\{0.5<X\leqslant 1.5\}$.

解 由 $\int_{-\infty}^{+\infty}p(x)\mathrm{d}x=\int_0^1 kx^2\mathrm{d}x+\int_1^2(2-x)\mathrm{d}x=\frac{1}{3}k+\frac{1}{2}=1$，得 $k=\frac{3}{2}$；

所以密度函数为 $p(x)=\begin{cases}\frac{3}{2}x, & 0\leqslant x<1,\\ 2-x, & 1\leqslant x\leqslant 2,\\ 0, & \text{其他}.\end{cases}$

于是 $P\{0.5<X\leqslant 1.5\}=\int_{0.5}^1\frac{3}{2}x^2\mathrm{d}x+\int_1^{1.5}(2-x)\mathrm{d}x=\frac{7}{16}+\frac{3}{8}=\frac{13}{16}.$

下面介绍几种常见的连续型随机变量的概率分布.

(1) 均匀分布

定义 4.12 如果随机变量 X 的密度函数 $(a<b)$ 为

$$p(x)=\begin{cases}\frac{1}{b-a}, & a\leqslant x\leqslant b,\\ 0, & \text{其他},\end{cases}$$

则称 X 服从区间 $[a,b]$ 上的**均匀分布**，记为 $X\sim U[a,b]$.

笔记

显然 $p(x)$ 满足密度函数的两条性质：$p(x)\geqslant 0$；$\int_{-\infty}^{+\infty}p(x)\mathrm{d}x=\int_a^b\frac{1}{b-a}\mathrm{d}x=1$.

如果 $[c,d]\subset[a,b]$，则 X 在区间 $[c,d]$ 上取值的概率为

$$P\{c\leqslant X\leqslant d\}=\int_c^d p(x)\mathrm{d}x=\int_c^d\frac{1}{b-a}\mathrm{d}x=\frac{d-c}{b-a}.$$

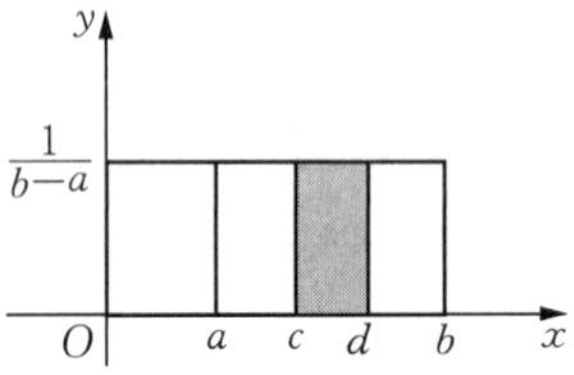

图 4-10 均匀分布

上式表明，X 落在区间 $[a,b]$ 中任一子区间的概率(图 4-10 中阴影部分)与该子区间的具体位置无关，而与该子区间的长度成正比.这就是说，X 在区间 $[a,b]$ 上取值是均匀的.

均匀分布在实际问题中常常遇到.例如，在数值计算中，由于四舍五入，小数点后第一位小数所引起的误差 X，一般可看作一个在区间 $[-0.5,+0.5]$ 上服从均匀分布的随机变量.

例 8 某公共汽车站从上午 7 时起，每隔 20 min 有一辆公交车通过，即 7:00、7:20、7:40、8:00 等时刻有公交车通过，如果某乘客在 7:00 到 7:40 随机到达该车站候车.

(1) 求该乘客到站时间 X(单位：min)的密度函数；

(2) 求该乘客候车时间不超过 5 min 的概率.

解 (1) 依题意可知 X 服从区间 $[0,40]$ 上的均匀分布，则 X 的密度函数为

$$p(x)=\begin{cases}\dfrac{1}{40}, & 0\leqslant x\leqslant 40,\\ 0, & \text{其他}.\end{cases}$$

(2) 要使候车时间不超过 5 min，则到站时间为 7:15 到 7:20 之间，或 7:35 到 7:40 之间.故所求概率为

$$P\{15<X\leqslant 20\}+P\{35<X\leqslant 40\}=\int_{15}^{20}\frac{1}{40}\mathrm{d}x+\int_{35}^{40}\frac{1}{40}\mathrm{d}x=0.25.$$

(2) 指数分布

定义 4.13 如果随机变量 X 的密度函数($\lambda>0$)为

$$p(x)=\begin{cases}\lambda\mathrm{e}^{-\lambda x} & x\geqslant 0,\\ 0, & x<0,\end{cases}$$

笔记

则称 X 服从参数为 λ 的**指数分布**，记为 $X \sim E(\lambda)$.

显然指数分布满足密度函数的两条性质：① $p(x) \geqslant 0$；② $\int_{-\infty}^{+\infty} p(x)\mathrm{d}x = \int_{0}^{+\infty} \lambda \mathrm{e}^{-\lambda x}\mathrm{d}x = -\mathrm{e}^{-\lambda x}\Big|_{0}^{+\infty} = 1$.

指数分布密度函数的图像如图 4-11 所示.指数分布也有广泛的实用背景，如电子元件的寿命，电话的通话时间，随机服务系统的排队时间等，都近似地服从指数分布.

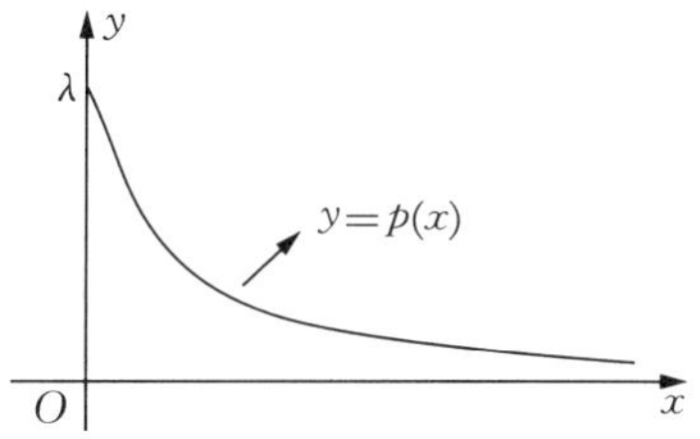

图 4-11 指数分布

例 9 某型号日光灯管的使用寿命 X(单位:h)服从参数 $\lambda = \frac{1}{800}$ 的指数分布.(1)试求任取一支日光灯管，其使用寿命超过 800 h 的概率；(2)若一间教室里安装了 8 支这种日光灯管，则 800 h 后，至少还有一支灯管可用的概率.

解 (1) 据题意，日光灯管使用寿命 X 密度函数为

$$p(x) = \begin{cases} \dfrac{1}{800}\mathrm{e}^{-\frac{1}{800}x}, & x > 0, \\ 0, & x \leqslant 0. \end{cases}$$

故所求概率是

$$P\{X > 800\} = \int_{800}^{+\infty} \frac{1}{800}\mathrm{e}^{-\frac{1}{800}x}\mathrm{d}x = -\mathrm{e}^{-\frac{1}{800}x}\Big|_{800}^{+\infty} = \frac{1}{\mathrm{e}}.$$

(2) 显然 800 h 后，8 支日光灯管可用支数 Y 服从二项分布 $B\left(8, \frac{1}{\mathrm{e}}\right)$，故所求概率是

$$P\{Y \geqslant 1\} = 1 - P\{Y = 0\} = 1 - \left(1 - \frac{1}{\mathrm{e}}\right)^{8}.$$

(3) 正态分布

定义 4.14 如果随机变量 X 的密度函数为

$$p(x) = \frac{1}{\sqrt{2\pi}\sigma}\mathrm{e}^{-\frac{1}{2\sigma^2}(x-\mu)^2} \quad (-\infty < x < +\infty, \sigma > 0),$$

则称 X 服从参数为 μ、σ^2 的**正态分布**，记作 $X \sim N(\mu, \sigma^2)$.

正态分布在概率统计中占有重要的地位.现实生活中，许多随机变量都服从正态分布或近似服从正态分布.如稳定生产条件下的产品质量指

笔记

标,学生考试的分数,成年人的身高、体重以及通信中的噪声电流或电压等都服从正态分布.

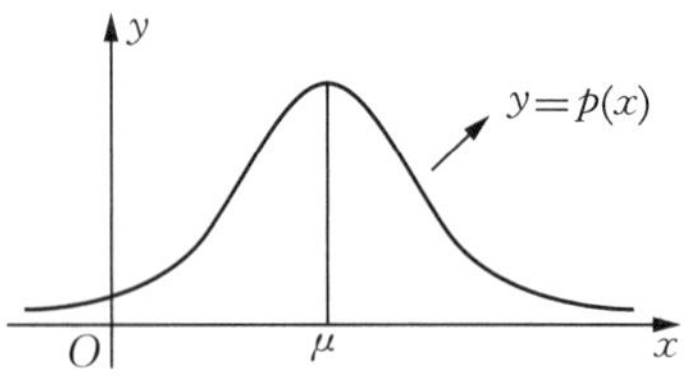

图 4-12 正态分布

正态分布密度函数 $y=p(x)$ 的图像如图 4-12 所示.曲线呈对称性,在 $x=\mu$ 点处取得最大值,关于直线 $x=\mu$ 对称,在 $x=\mu\pm\sigma$ 对应的点处有两个拐点,当 $x\to\infty$ 时,曲线以 x 轴为其渐近线.

正态分布曲线由其参数 μ、σ^2 唯一确定.μ 的改变,曲线的对称轴 $x=\mu$ 作平行移动;σ^2 的改变,影响密度曲线 $y=p(x)$ 的陡峭平坦程度,当 σ^2 较大时,曲线平坦,而当 σ^2 较小时,曲线陡峭(图 4-13).

特别在正态分布中,当 $\mu=0$、$\sigma^2=1$ 时,称 X 服从**标准正态分布**,记作 $X\sim N(0,1)$.标准正态分布的密度函数用 $\varphi(x)$表示,即

$$\varphi(x)=\frac{1}{\sqrt{2\pi}}e^{-\frac{x^2}{2}}\quad(-\infty<x<+\infty).$$

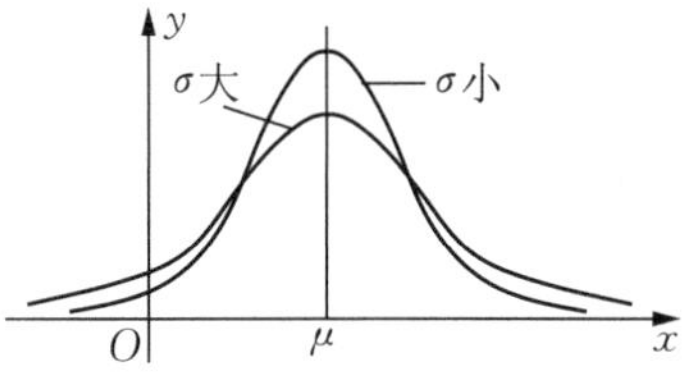

图 4-13 不同 σ 下的正态分布曲线

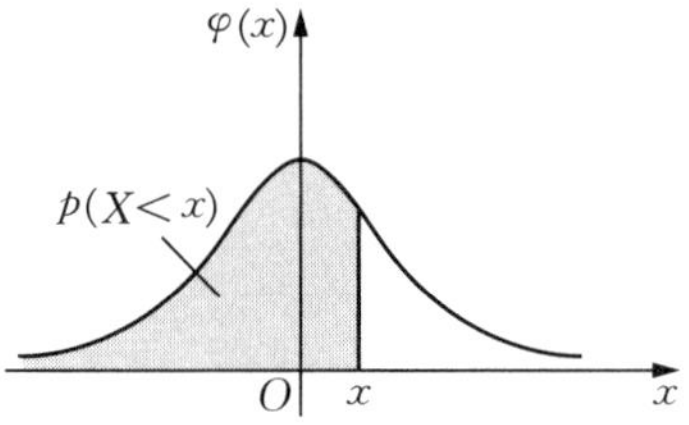

图 4-14 标准正态分布曲线

如果 $X\sim N(0,1)$,则 X 落在区间$(-\infty,x)$内的概率(图 4-14 中的阴影部分)为

$$P\{X<x\}=\int_{-\infty}^{x}\varphi(t)\,dt=\int_{-\infty}^{x}\frac{1}{\sqrt{2\pi}}e^{-\frac{t^2}{2}}\,dt.$$

它是 x 的函数,通常记作 $\Phi(x)$,即

$$\Phi(x)=P\{X<x\}=\int_{-\infty}^{x}\frac{1}{\sqrt{2\pi}}e^{-\frac{t^2}{2}}\,dt.$$

对非负的 x 值,可直接从 $\Phi(x)$函数值表(称为标准正态分布表)(见附表 2)中查得.对于负的 x 值,可根据标准正态分布密度曲线的对称性(图 4-15)知

$$\Phi(x)=1-\Phi(-x).$$

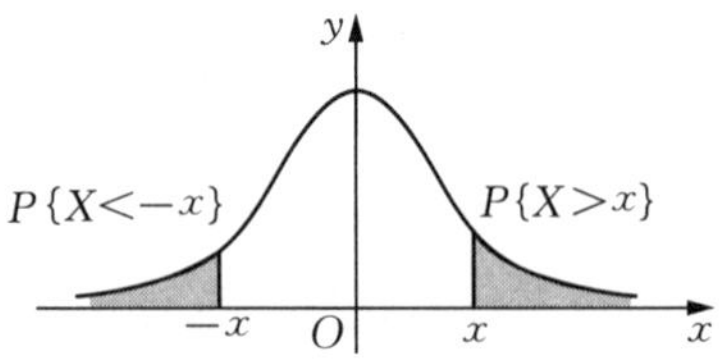

图 4-15 标准正态分布曲线的对称性

笔记

当 $X\sim N(0,1)$，还有如下结论：

① $P\{a\leqslant X\leqslant b\}=\Phi(b)-\Phi(a)$； ② $P\{X\leqslant b\}=\Phi(b)$；

③ $P\{X>b\}=1-\Phi(b)$； ④ $P\{|X|\leqslant b\}=2\Phi(b)-1$.

例 10 已知随机变量 $X\sim N(0,1)$，查表求：

(1) $P\{1<X\leqslant 1.55\}$； (2) $P\{X<-1.2\}$；

(3) $P\{X\geqslant 2.33\}$； (4) $P\{|X|\geqslant 2\}$.

解 (1) $P\{1<X\leqslant 1.55\}=\Phi(1.55)-\Phi(1)=0.939\,4-0.841\,3=0.098\,1$.

(2) $P\{X<-1.2\}=\Phi(-1.2)=1-\Phi(1.2)=1-0.884\,9=0.115\,1$.

(3) $P\{X\geqslant 2.33\}=1-\Phi(2.33)=1-0.990\,1=0.009\,9$.

(4) $P\{|X|\geqslant 2\}=1-P\{|X|<2\}=1-[2\Phi(2)-1]=2\times(1-0.977\,2)=0.045\,6$.

对于一般正态分布 $X\sim N(\mu,\sigma^2)$，通过变量代换

$$Y=\frac{X-\mu}{\sigma},$$

可化为标准正态分布，即 $Y\sim N(0,1)$，从而也可通过查标准正态分布表求概率值.

若 $X\sim N(\mu,\sigma^2)$，有如下结论：

(1) $P\{a\leqslant X\leqslant b\}=\Phi\left(\dfrac{b-\mu}{\sigma}\right)-\Phi\left(\dfrac{a-\mu}{\sigma}\right)$；

(2) $P\{X\leqslant b\}=\Phi\left(\dfrac{b-\mu}{\sigma}\right)$；

(3) $P\{X>b\}=1-\Phi\left(\dfrac{b-\mu}{\sigma}\right)$；

(4) $P\{|X|\leqslant b\}=2\Phi\left(\dfrac{b-\mu}{\sigma}\right)-1$.

例 11 已知某人在火车发车前 1 h 乘坐出租车到火车站，已知乘车地点到火车站有两条路线，相应的乘车时间(min)服从 $N(40,1\,600)$ 和 $N(50,100)$，若只考虑时间因素，问应该选取哪条路线使赶上火车的概率更大？

解 令 X 表示走路线一所花时间，则 $X\sim N(40,1\,600)$；Y 表示走路线二所花时间，则 $Y\sim N(50,100)$. 能赶上火车就是所花时间不超过 60 min. 故

路线一能赶上火车的概率

$$P\{X \leqslant 60\} = \Phi\left(\frac{60-40}{40}\right) = \Phi(0.5) = 0.691\,5;$$

想一想

如果只有 50 min 可用呢?

路线二能赶上火车的概率

$$P\{Y \leqslant 60\} = \Phi\left(\frac{60-50}{10}\right) = \Phi(1) = 0.841\,3.$$

因此,应该选择走第二条路线,赶上火车的概率更大.

例 12 设 $X \sim N(\mu, \sigma^2)$,求 $P\{\mu - k\sigma < X < \mu + k\sigma\}$.

解

$$\begin{aligned} & P\{\mu - k\sigma < X < \mu + k\sigma\} \\ &= \Phi\left(\frac{\mu + k\sigma - \mu}{\sigma}\right) - \Phi\left(\frac{\mu - k\sigma - \mu}{\sigma}\right) \\ &= \Phi(k) - \Phi(-k) = 2\Phi(k) - 1. \end{aligned}$$

由上述结论可得

$$P\{\mu - \sigma < X < \mu + \sigma\} = 2\Phi(1) - 1 = 0.682\,6,$$

$$P\{\mu - 2\sigma < X < \mu + 2\sigma\} = 2\Phi(2) - 1 = 0.954\,4,$$

$$P\{\mu - 3\sigma < X < \mu + 3\sigma\} = 2\Phi(3) - 1 = 0.997\,4.$$

上述第三式表明,在正态分布中,随机变量 X 取值落在区间 $(\mu - 3\sigma, \mu + 3\sigma)$ 内的概率高达 99.74%,也就是说随机变量 X 取值落在 $(\mu - 3\sigma, \mu + 3\sigma)$ 之外的情况几乎不会发生,这一事实就是所谓的"三倍均方差原理",也叫 3σ 规则.在实际生活中有着广泛的应用,特别在企业管理中,经常应用这个规则进行质量检验和工艺过程控制.

习 题 4-3

1. 设随机变量 X 服从下列概率分布,试确定常数 c:

(1) $P\{X = k\} = \dfrac{c}{n} \quad (k = 1, 2, \cdots, n)$;

(2) $P\{X = k\} = c \cdot 2^k \quad (k = 0, 1, 2)$.

2. 从五个数 1、2、3、4、5、6 中任取三个数 x_1、x_2、x_3,试求随机变量 $X = \min(x_1, x_2, x_3)$ 的分布列以及 $P\{X \geqslant 3\}$.

3. 一批晶体管中有 5%是次品,从中随机抽取 8 个,试求 8 个中含有的次品数 X 的分布列和正品数 Y 的分布列,并求其中至少有 1 个次品的概率.

4. 设某场乒乓球比赛中,实力较强的队员每局获胜的概率为 0.6,现在比赛规则由三局两胜制改为五局三胜制，问修改后的规则对实力较强的队员是否有利？

5. 汽车需要通过 4 个装有红、绿信号灯的路口，才能到达目的地，设汽车在遇到绿灯时的概率为 0.6，遇到红灯时的概率为 0.4，求首次停下或到达目的地时，已通过绿灯数 X 的概率分布.

6. 设随机变量 X 服从参数为 λ 的泊松分布，且 $P\{X=1\}=2P\{X=2\}$，试求参数 λ 以及 $P\{X=3\}$.

7. 确定下列函数中的常数 k，使之成为随机变量 X 的密度函数，并求相应的概率.

(1) $p(x)=\begin{cases} k\mathrm{e}^{-2x}, & x>0, \\ 0, & x\leqslant 0, \end{cases}$ 求 $P\{X\geqslant 0.5\}$；

(2) $p(x)=\begin{cases} kx(1-x), & 0\leqslant x\leqslant 1, \\ 0, & \text{其他}, \end{cases}$ 求 $P\left\{-1<X\leqslant \dfrac{1}{3}\right\}$.

8. 设随机变量 X 服从区间 $[0, 3]$ 上的均匀分布，求方程 $x^2+2Xx+1=0$ 有实根的概率.

9. 某品牌电脑使用的年数服从参数 $\lambda=0.125$ 的指数分布，如果某办公室配置了三台这样的电脑，问使用 8 年后还有电脑能使用的概率.

10. 若 $X\sim N(0, 1)$，查表求：(1) $P\{X<1\}$；(2) $P\{X>1\}$；(3) $P\{1<X\leqslant 2\}$；(4) $P\{X<-1\}$；(5) $P\{|X|<1\}$；(6) $P\{|X|>2\}$.

11. 若 $X\sim N(15, 2^2)$，试求：(1) $P\{14\leqslant X\leqslant 17\}$；(2) $P\{(X<13\}$；(3) $P\{|X-15|>4\}$.

12. 某城市大学男生的身高 X(cm) 服从 $N(170, 10^2)$，现从该城市大学男生中随机抽选一名来测量身高. 试求：(1) 该男生身高超过 180 cm 的概率？(2) 身高介于 165 cm 与 175 cm 之间的概率？

习题 4-3
参考答案

4.4 随机变量的数字特征

由前面的讨论可知，随机变量 X 的分布列或概率密度能完整地描述 X 的统计规律性，但对随机变量 X 取值的平均位置与分散程度却并不清楚. 而在实际应用中反映平均位置的平均数与反映分散程度的方差却是两个非常重要的指标. 例如，学生学习成绩评估的主要内容是平均成绩和成绩波动的大小，通常平均成绩高且成绩波动小的班级，学习成绩比较整齐，班上的学习风气就要好些；奥运选手选拔通常都是挑选成绩好且发挥稳定的选手；一定播种面积下的农作物总产量的估算，也是通过平均亩产量来

笔记

进行的.下面分别以离散型随机变量与连续性随机变量来讨论随机变量的数学期望和方差.

4.4.1 随机变量的期望

1. 离散型随机变量的期望

先看下面的实例:

例 1 某农场有甲、乙、丙三个水稻品种,播种面积分别是 30 亩、50 亩、20 亩,其对应亩产量分别为 450 kg、500 kg、650 kg,求农场水稻平均亩产量.

解 记水稻平均亩产量为 $E(X)$,而平均亩产量 = 总产量 ÷ 播种面积,则

$$E(X)=\frac{450\times30+500\times50+650\times20}{30+50+20}$$
$$=450\times0.3+500\times0.5+650\times0.2=515.$$

如果引入随机变量 X 表示从农场 100 亩水稻田中任取一亩的产量,由已知条件可得随机变量 X 的分布列为:

X	450	500	650
P	0.3	0.5	0.2

则上述平均亩产量的计算结构就是离散型随机变量取值与概率相乘,然后再相加.

定义 4.15 设离散型随机变量 X 的概率分布为

$$P\{X=x_k\}=p_k \quad (k=1,2,3,\cdots),$$

如果级数

$$\sum_{k=1}^{\infty}x_kp_k=x_1p_1+x_2p_2+\cdots+x_kp_k+\cdots$$

绝对收敛,则称级数 $\sum\limits_{k=1}^{\infty}x_kp_k$ 为 X 的**数学期望**(或**均值**),简称**期望**,记作 $E(X)$,即

$$E(X)=\sum_{k=1}^{\infty}x_kp_k.$$

显然当 X 取有限个(比如 n 个)值时,有 $E(X)=\sum\limits_{k=1}^{n}x_kp_k$.

例 2 若随机变量 X 取值 -1、2、4、5、8 是等可能性的,试求随机变

笔记

量 X 的期望 $E(X)$.

解 由已知可写出 X 的分布列为

X	-1	2	4	5	8
P	0.2	0.2	0.2	0.2	0.2

根据公式 $E(X)=\sum_{k=1}^{n} x_k p_k$，得

$$E(X)=-1\times 0.2+2\times 0.2+4\times 0.2+5\times 0.2+8\times 0.2=3.6.$$

例 3 一批零件中有 9 件合格品与 3 件次品，安装机器时从这批零件中任取 1 件，如果取出的次品不再放回去，求在取得合格品前已取出的次品数 X 的期望.

解 显然取得合格品前已取出的次品数 X 所有可能取值有 0、1、2、3.由已知

$$P\{X=0\}=\frac{9}{12}=\frac{3}{4};\qquad P\{X=1\}=\frac{3}{12}\times\frac{9}{11}=\frac{9}{44};$$

$$P\{X=2\}=\frac{3}{12}\times\frac{2}{11}\times\frac{9}{10}=\frac{9}{220};\quad P\{X=3\}=\frac{3}{12}\times\frac{2}{11}\times\frac{1}{10}\times\frac{9}{9}=\frac{1}{220}.$$

所以 $$E(X)=0\times\frac{3}{4}+1\times\frac{9}{44}+2\times\frac{9}{220}+3\times\frac{1}{220}=0.3.$$

利用定义可得常见离散型随机变量的期望.

(1) 两点分布 $X\sim(0,1)$，即 X 的概率分布为

X	0	1
P	$1-p$	p

其中，$0<p<1$，则 $E(X)=p$.

(2) 二项分布 $X\sim B(n,p)$，即 X 的概率分布为

$$P\{X=k\}=C_n^k p^k(1-p)^{n-k}\quad(k=0,1,2,\cdots,n)，则 E(X)=np.$$

(3) 泊松分布 $X\sim\pi(\lambda)$，即 X 的概率分布为

$$P\{X=k\}=\frac{\lambda^k}{k!}e^{-\lambda}\quad(k=0,1,2,\cdots;\lambda>0)，则 E(X)=\lambda.$$

例 4 在一本新出版的教材中，发现只有 74% 的页数没有一个印刷错误.如果假定每页的印刷错误数 X 服从泊松分布，求该教材每页的平均印刷错误数.

笔记

解 设 λ 为泊松分布的待定参数,则 X 的分布列为

$$P\{X=k\}=\frac{\lambda^k}{k!}e^{-\lambda} \quad (k=0, 1, 2, \cdots),$$

问题即是求 $E(X)=\lambda$. 依题意,一页上不出现印刷错误的概率为 0.74.而一页上不出现印刷错误就是指印刷错误数 $X=0$,故有

$$P\{X=0\}=\frac{\lambda^0 e^{-\lambda}}{0!}=e^{-\lambda}=0.74,$$

于是

$$\lambda=-\ln 0.74\approx 0.3,$$

即

$$E(X)=\lambda\approx 0.3.$$

这就是说,每页的平均印刷错误数大约为 0.3 个.

2. 连续型随机变量的期望

定义 4.16 设连续型随机变量 X 的密度函数为 $p(x)(-\infty<x<+\infty)$,如果广义积分 $\int_{-\infty}^{+\infty}xp(x)dx$ 绝对收敛,则称积分 $\int_{-\infty}^{+\infty}xp(x)dx$ 为 X 的**数学期望**(或**均值**),简称**期望**,记作 $E(X)$,即

$$E(X)=\int_{-\infty}^{+\infty}xp(x)dx.$$

例 5 设连续型随机变量 X 的密度函数为

$$p(x)=\begin{cases}kx+1, & 0<x<2,\\ 0, & \text{其他}.\end{cases}$$

求常数 k 的值以及 X 的数学期望 $E(X)$.

解 因为

$$\int_{-\infty}^{\infty}p(x)dx=\int_0^2(kx+1)dx=\left(\frac{k}{2}x^2+x\right)\Big|_0^2=2k+2=1,$$

所以

$$k=-\frac{1}{2},$$

即 X 的密度函数为 $p(x)=\begin{cases}-\dfrac{1}{2}x+1, & 0<x<2,\\ 0, & \text{其他}.\end{cases}$

则数学期望 $E(X)=\int_{-\infty}^{+\infty}xp(x)dx=\int_0^2 x\left(-\frac{1}{2}x+1\right)dx$

$$=\left(-\frac{1}{6}x^3+\frac{1}{2}x^2\right)\Big|_0^2=\frac{2}{3}.$$

笔记

利用定义可得常见连续型随机变量的期望.

(1) 均匀分布 $X \sim U[a, b]$，即 X 的密度函数为

$$p(x)=\begin{cases}\dfrac{1}{b-a}, & a \leqslant x \leqslant b, \\ 0, & \text{其他}.\end{cases}$$

由定义得

$$E(X)=\int_{-\infty}^{+\infty} x p(x) \mathrm{d} x=\int_{a}^{b} \frac{x}{b-a} \mathrm{d} x$$

$$=\frac{1}{b-a} \cdot \left.\frac{x^{2}}{2}\right|_{a}^{b}=\frac{1}{2} \cdot \frac{b^{2}-a^{2}}{b-a}=\frac{1}{2}(b+a).$$

(2) 指数分布 $X \sim E(\lambda)$，即 X 的密度函数($\lambda>0$)为

$$p(x)=\begin{cases}\lambda \mathrm{e}^{-\lambda x}, & x \geqslant 0, \\ 0, & x<0.\end{cases}$$

由定义得

$$E(X)=\int_{-\infty}^{+\infty} x p(x) \mathrm{d} x=\lambda \int_{0}^{+\infty} x \mathrm{e}^{-\lambda x} \mathrm{d} x=\int_{0}^{+\infty} x \mathrm{d}\left(-\mathrm{e}^{-\lambda x}\right)$$

$$=-x \mathrm{e}^{-\lambda x} \Big|_{0}^{+\infty}+\int_{0}^{+\infty} \mathrm{e}^{-\lambda x} \mathrm{d} x=-\frac{1}{\lambda} \mathrm{e}^{-\lambda x} \Big|_{0}^{+\infty}=\frac{1}{\lambda}.$$

其中，$\lim\limits_{x \rightarrow+\infty} x \mathrm{e}^{-\lambda x}=0$，$\lim\limits_{x \rightarrow+\infty} \mathrm{e}^{-\lambda x}=0$.

(3) 正态分布 $X \sim N(\mu, \sigma^{2})$，即 X 的密度函数为

$$p(x)=\frac{1}{\sqrt{2 \pi} \sigma} \mathrm{e}^{-\frac{1}{2 \sigma^{2}}(x-\mu)^{2}} \quad(-\infty<x<+\infty, \sigma>0).$$

由定义得 $E(X)=\mu$，证明略.

上式表明，正态分布的参数 μ 恰好是正态分布随机变量 X 的期望.

例 6　若某种电子元件的使用寿命 X(h)服从指数分布，且平均使用寿命为 200 h，求该电子元件使用寿命 X 的密度函数以及概率 $P\{X \geqslant 200\}$.

解　由指数分布期望结论知，电子元件使用寿命 X 服从参数 $\lambda=\dfrac{1}{200}$ 的指数分布，即 $E(X)=\dfrac{1}{\lambda}=200$，所以 X 的密度函数为

笔记

$$p(x)=\begin{cases}\dfrac{1}{200}\mathrm{e}^{-\frac{1}{200}x}, & x\geqslant 0,\\ 0, & x<0.\end{cases}$$

$$P\{X\geqslant 200\}=\int_{200}^{+\infty}\frac{1}{200}\mathrm{e}^{-\frac{1}{200}x}\mathrm{d}x=-\mathrm{e}^{-\frac{1}{200}x}\Big|_{200}^{+\infty}=\frac{1}{\mathrm{e}}\approx 0.368.$$

即电子元件使用寿命 X 不小于平均使用寿命 $E(X)=200$ h 的概率约为 0.368.

4.4.2 随机变量函数的期望

设 X 为一已知随机变量,则随机变量的函数 $Y=g(X)$ 仍然是随机变量,针对 X 是离散型和连续型的两种情况,下面给出 $Y=g(X)$ 的数学期望 $E(Y)$的计算方法.

(1) 若离散型随机变量 X 的概率分布为 $P\{X=x_k\}=p_k(k=1,2,3,\cdots)$,且级数 $\sum\limits_{k=1}^{\infty}g(x_k)p_k$ 绝对收敛,则 $Y=g(X)$ 的数学期望 $E(Y)=E[g(X)]=\sum\limits_{k=1}^{\infty}g(x_k)p_k$.

特别当 $Y=X^2$ 时,便有 $E(X^2)=\sum\limits_{k=1}^{\infty}x_k^2p_k$.

(2) 若连续型随机变量 X 的密度函数为 $p(x)(-\infty<x<+\infty)$,且 $\int_{-\infty}^{+\infty}g(x)p(x)\mathrm{d}x$ 绝对收敛,则 $Y=g(X)$ 的数学期望 $E(Y)=E[g(X)]=\int_{-\infty}^{+\infty}g(x)p(x)\mathrm{d}x$.

特别当 $Y=X^2$ 时,便有 $E(X^2)=\int_{-\infty}^{+\infty}x^2p(x)\mathrm{d}x$.

以上两个公式表明,在已知随机变量 X 的分布条件下,要求出新随机变量 $Y=g(X)$ 的期望,不需要求出 Y 的分布(证明略).

4.4.3 方差的概念

数学期望描述了随机变量取值的平均情况、集中趋势.但在很多情况下,只了解期望是不够的,有时还需研究随机变量取值在期望附近的波动性情况.比如,甲、乙两射手对同一目标各发 5 发子弹,甲射手命中环数依次为 9、5、8、7、6;乙射手命中环数依次为 10、7、8、6、4.显然甲、乙两射手命中环数的平均值都是 7 环,但直观上明显感到甲射手技术水平发挥更加稳定.因为甲射手命中的 5 个环数靠近平均数 7 环,比较紧密,波动不大.

笔记

那么衡量数据波动大小的指标是什么呢？就是方差.

定义 4.17 设 X 是一个随机变量，若 $E[X-E(X)]^2$ 存在，则称 $E[X-E(X)]^2$ 为 X 的**方差**，记为 $D(X)$，即

$$D(X)=E[X-E(X)]^2.$$

这就是说，随机变量 X 的方差等于随机变量 X 与其均值 $E(X)$ 之差的平方的期望.

方差 $D(X)$ 的算术平方根 $\sqrt{D(X)}$，叫作随机变量 X 的**标准差**或**均方差**.

注：(1) 若 X 为离散型随机变量，其概率分布为

$$P\{X=x_k\}=p_k \quad (k=1,\ 2,\ 3,\ \cdots),$$

则
$$D(X)=\sum_{k=1}^{\infty}[x_k-E(X)]^2 p_k.$$

(2) 若 X 为连续型随机变量，其密度函数是 $p(x)$ $(-\infty<x<+\infty)$，则

$$D(X)=\int_{-\infty}^{+\infty}[x-E(X)]^2 p(x)\mathrm{d}x.$$

(3) 一个重要公式

$$D(X)=E(X^2)-[E(X)]^2.\ \text{（证明略）}$$

其中，$[E(X)]^2$ 可简记为 $E^2(X)$.

例 7 甲、乙两台自动车床生产同种零件，经过长期观察，生产 1 000 件零件所产生的次品数 X、Y 的分布列如下：

甲次品数 X	0	1	2	3
P	0.6	0.1	0.2	0.1
乙次品数 Y	0	1	2	3
P	0.5	0.3	0.1	0.1

试判断哪台自动车床生产更为稳定.

解 $E(X)=0\times0.6+1\times0.1+2\times0.2+3\times0.1=0.8.$

$E(Y)=0\times0.5+1\times0.3+2\times0.1+3\times0.1=0.8.$

$E(X^2)=0^2\times0.6+1^2\times0.1+2^2\times0.2+3^2\times0.1=1.8.$

$E(Y^2)=0^2\times0.5+1^2\times0.3+2^2\times0.1+3^2\times0.1=1.6.$

笔记

$$D(X)=E(X^2)-[E(X)]^2=1.8-0.8^2=1.16.$$

$$D(Y)=E(Y^2)-[E(Y)]^2=1.6-0.8^2=0.96.$$

因为 $D(X)>D(Y)$，所以乙自动车床生产更加稳定.

例 8 求例 5 中随机变量 X 的方差 $D(X)$.

解 期望 $E(X)=\dfrac{2}{3}$ (见例 5).

$$E(X^2)=\int_{-\infty}^{+\infty}x^2p(x)\mathrm{d}x=\int_0^2 x^2\left(-\frac{1}{2}x+1\right)\mathrm{d}x$$

$$=\left(-\frac{1}{8}x^4+\frac{1}{3}x^3\right)\Big|_0^2=\frac{2}{3}.$$

$$D(X)=E(X^2)-[E(X)]^2=\frac{2}{3}-\left(\frac{2}{3}\right)^2=\frac{2}{9}.$$

试想，如果用 $D(X)=E[X-E(X)]^2$ 求解，过程较为复杂.一般来说，求方差时，利用公式 $D(X)=E(X^2)-[E(X)]^2$ 往往比较简便.

利用上述公式可得常见随机变量的方差.

(1) 两点分布 $X\sim(0-1)$，即 X 的概率分布为

X	0	1
P	$1-p$	p

其中，$0<p<1$，则 $D(X)=p(1-p)$.

(2) 二项分布 $X\sim B(n,p)$，即 X 的概率分布为 $P\{X=k\}=C_n^k p^k\cdot(1-p)^{n-k}\quad(k=0,1,2,\cdots,n)$. 则 $D(X)=np(1-p)$.

(3) 泊松分布 $X\sim\pi(\lambda)$，即 X 的概率分布为 $P\{X=k\}=\dfrac{\lambda^k}{k!}\mathrm{e}^{-\lambda}\quad(k=0,1,2,\cdots;\lambda>0)$，则 $D(X)=\lambda$.

可见，服从泊松分布的随机变量的均值与方差是相等的，都等于 λ.

(4) 均匀分布 $X\sim U[a,b]$，即 X 的密度函数为 $p(x)=\begin{cases}\dfrac{1}{b-a}, & a\leqslant x\leqslant b,\\ 0, & \text{其他}.\end{cases}$

因为 $E(X)=\dfrac{a+b}{2}$，且

$$E(X^2)=\int_a^b x^2\cdot\frac{1}{b-a}\mathrm{d}x=\frac{b^3-a^3}{3(b-a)}=\frac{1}{3}(b^2+ab+a^2),$$

笔记

所以,有

$$D(X)=\frac{1}{3}(b^2+ab+a^2)-\left(\frac{a+b}{2}\right)^2=\frac{1}{12}(b-a)^2.$$

(5) 指数分布 $X\sim E(\lambda)$, 即 X 的密度函数为 $p(x)=\begin{cases}\lambda e^{-\lambda x}, & x\geqslant 0,\\ 0, & x<0\end{cases}$ $(\lambda>0)$. 因为 $E(X)=\frac{1}{\lambda}$, 且

$$E(X^2)=\int_0^{+\infty}x^2\cdot\lambda e^{-\lambda x}dx=-x^2e^{-\lambda x}\Big|_0^{+\infty}+2\int_0^{+\infty}xe^{-\lambda x}dx$$
$$=\frac{2}{\lambda}\int_0^{+\infty}x\cdot\lambda e^{-\lambda x}dx=\frac{2}{\lambda}E(X)=\frac{2}{\lambda^2},$$

所以,

$$D(X)=\frac{2}{\lambda^2}-\frac{1}{\lambda^2}=\frac{1}{\lambda^2}.$$

(6) 正态分布 $X\sim N(\mu,\sigma^2)$, 其方差 $D(X)=\sigma^2$(证明略).

可见,服从正态分布的随机变量的两个参数 μ 和 σ^2,一个是数学期望,另一个是方差.也就是说,一个刻画了变量取值的平均水平,另一个刻画了变量取值的分散性程度.

特别地,如果随机变量 X 服从标准正态分布,则期望为 0,方差为 1.

至此,已得到 6 种常见分布的期望与方差,现汇列在表 4-2 中,以便查用.

表 4-2

名称	概率分布或密度函数	均 值	方 差	参数范围
两点分布	$P\{X=k\}=p^k(1-p)^{1-k}$ $(k=0,1)$	p	$p(1-p)$	$0<p<1$
二项分布	$P\{X=k\}=C_n^kp^k(1-p)^{n-k}$ $(k=0,1,2,\cdots,n)$	np	$np(1-p)$	$0<p<1$
泊松分布	$P\{X=k\}=\frac{\lambda^k}{k!}e^{-\lambda}$ $(k=0,1,2,\cdots)$	λ	λ	$\lambda>0$
均匀分布	$p(x)=\begin{cases}\frac{1}{b-a}, & a\leqslant x\leqslant b,\\ 0, & \text{其他}\end{cases}$	$\frac{a+b}{2}$	$\frac{(b-a)^2}{12}$	$b>a$
指数分布	$p(x)=\begin{cases}\lambda e^{-\lambda x}, & x\geqslant 0,\\ 0, & x<0\end{cases}$	$\frac{1}{\lambda}$	$\frac{1}{\lambda^2}$	$\lambda>0$
正态分布	$p(x)=\frac{1}{\sqrt{2\pi}\sigma}e^{-\frac{(x-\mu)^2}{2\sigma^2}}$ $(-\infty<x<+\infty)$	μ	σ^2	$\mu\in\mathbf{R},\sigma>0$

笔记

4.4.4 期望与方差的性质

以下性质均假设期望与方差都存在.

(1) $E(C)=C$, $D(C)=0$, C 为常数;

(2) $E(kX)=kE(X)$, $D(kX)=k^2D(X)$, k 为常数;

(3) $E(aX+b)=aE(X)+b$, $D(aX+b)=a^2D(X)$, a、b 为常数;

(4) $E(X+Y)=E(X)+E(Y)$, 此式可推广到多个随机变量的情况;

(5) 若 X 与 Y 相互独立,则 $D(X+Y)=D(X)+D(Y)$.

上式可以推广到多个随机变量相互独立的情形.

注:随机变量 X 与 Y 相互独立,指的是随机事件 $P\{X\leqslant x\}$ 与 $P\{Y\leqslant y\}$ 相互独立.

例 9 已知随机变量 X 的分布列为

X	-2	0	3
P	0.2	0.5	0.3

求: $D(X)$, $E(2X^2-3X+1)$, $D(-2X+5)$.

解 $E(X)=-2\times0.2+0\times0.5+3\times0.3=0.5$,

$E(X^2)=(-2)^2\times0.2+0^2\times0.5+3^2\times0.3=3.5$,

$D(X)=E(X^2)-[E(X)]^2=3.5-0.5^2=3.25$.

$E(2X^2-3X+1)=2E(X^2)-3E(X)+1=2\times3.5-3\times0.5+1=6.5$.

$D(-2X+5)=(-2)^2D(X)=4\times3.25=13$.

例 10 掷 20 颗均匀的骰子,求这 20 颗骰子出现的点数之和的数学期望与方差.

解 设 X_i 表示第 i 颗骰子出现的点数, $i=1,2,\cdots,20$.那么 20 颗骰子点数之和 X 就表示为 $X=X_1+X_2+\cdots+X_{20}$.

很显然, X_i 具有相同的概率分布 $P\{X_i=k\}=\dfrac{1}{6}$ $(k=1,2,3,4,5,6;\ i=1,2,\cdots,20)$. 且 X_1、X_2、$\cdots$、X_{20} 相互独立.故所求期望为 $E(X)$,方差为 $D(X)$.

因为
$$E(X_i)=\frac{1}{6}(1+2+3+4+5+6)=\frac{21}{6},$$
$$E(X_i^2)=\frac{1}{6}(1^2+2^2+3^2+4^2+5^2+6^2)=\frac{91}{6},$$
$$D(X_i)=E(X_i^2)-[E(X_i)]^2=\frac{91}{6}-\left(\frac{21}{6}\right)^2=\frac{35}{12}\quad(i=1,2,\cdots,20),$$

笔记

所以

$$E(X)=E(X_1+X_2+\cdots+X_{20})=E(X_1)+E(X_2)+\cdots+E(X_{20})$$
$$=20\times\frac{21}{6}=70.$$
$$D(X)=D(X_1+X_2+\cdots+X_{20})=D(X_1)+D(X_2)+\cdots+D(X_{20})$$
$$=20\times\frac{35}{12}=\frac{175}{3}.$$

例 11 设随机变量 X 的期望 $E(X)=\mu$，方差 $D(X)=\sigma^2(\sigma>0)$，随机变量 $Y=\frac{X-\mu}{\sigma}$. 试证：$E(Y)=0$，$D(Y)=1$.

证 由期望的性质得

$$E(Y)=E\left(\frac{X-\mu}{\sigma}\right)=\frac{1}{\sigma}E(X-\mu)=\frac{1}{\sigma}[E(X)-\mu]=0.$$

再由方差的性质得

$$D(Y)=D\left(\frac{X-\mu}{\sigma}\right)=\frac{1}{\sigma^2}D(X-\mu)=\frac{1}{\sigma^2}D(X)=1.$$

由此可知，若 $X\sim N(\mu,\sigma^2)$，则 $Y=\frac{X-\mu}{\sigma}\sim N(0,1)$. 因此，$Y$ 叫作 X 的**标准化随机变量**.

例 12 一台仪器由 10 个独立工作的元件组成，每一个元件发生故障的概率都相等，且在规定时间内，平均发生故障的元件数为 1，试求在这规定的时间内发生故障的元件数的方差.

解 设 10 个元件中发生故障的元件数为随机变量 X，每个元件发生故障的概率为 p，则 $X\sim B(10,p)$，且 $E(X)=1$. 于是

$$E(X)=np=10p=1,$$

所以 $$p=0.1,\ q=0.9,$$

故所求方差为 $$D(X)=npq=10\times0.1\times0.9=0.9.$$

习 题 4-4

1. 有甲、乙两种建筑材料，从中各取等量的样品检验它们的抗拉强度指数如下：

甲(X)	110	120	125	130	135
P	0.15	0.2	0.4	0.15	0.1
乙(Y)	100	115	125	130	145
P	0.1	0.2	0.4	0.1	0.2

试比较两种建筑材料的抗拉强度指数.

2. 从四名男生和三名女生中随机抽选三名学生去参加辩论比赛,求参赛女生数 X 的数学期望与方差.

3. 从数字 1、2、3、4、5 中随机抽出三个数 x_1、x_2、x_3,求随机变量 $X=\max(x_1, x_2, x_3)$ 的分布列以及 X 的数学期望 $E(X)$ 与方差 $D(X)$.

4. 对某一目标进行 5 次独立射击,每次命中的概率为 0.4,求 5 次射击中命中次数 X 的期望与方差.

5. 一高射炮对敌机连发三发炮弹,第一、二、三发炮弹击中敌机的概率分别为 0.5、0.7、0.8,设射击是相互独立的,求高射炮击中敌机的炮弹数 X 的分布列,以及 X 的数学期望 $E(X)$ 与方差 $D(X)$.

6. 设离散型随机变量 X 以概率 $p_1=0.5$ 取可能值 $x_1=4$,以概率 $p_2=0.3$ 取可能值 x_2,以概率 p_3 取可能值 $x_3=15$,并已知 $E(X)=8D(X)$. 求 p_3 和 x_2.

7. 设随机变量 X 服从参数为 2 的泊松分布,且 $Y=3X-1$,试求 $E(Y)$ 与 $D(Y)$.

8. 设随机变量 X 的密度函数为

$$p(x)=\begin{cases}\cos x, & 0<x<\dfrac{\pi}{2},\\ 0, & \text{其他}.\end{cases}$$

求 X 的期望与方差.

9. 设随机变量 X 的密度函数为

$$p(x)=\begin{cases}a+bx, & 0<x<1,\\ 0, & \text{其他}.\end{cases}$$

且 $E(X)=0.6$,求常数 a 和 b 以及方差 $D(X)$.

10. 已知随机变量 X 的密度函数为

$$p(x)=\begin{cases}x, & 0\leqslant x\leqslant 1,\\ 2-x, & 1<x\leqslant 2,\\ 0, & \text{其他}.\end{cases}$$

求 X 的期望、方差和标准差.

11. 已知随机变量 $X \sim B(n, p)$，且 $E(X)=2.4$，$D(X)=1.44$，试求 n 和 p.

12. 已知随机变量 X 的概率分布为

X	-2	0	2
P	0.2	0.3	0.5

求：$D(X)$，$E(3X^2+5)$，$D(-2X+1)$.

13. 设独立随机变量 X_1、X_2、X_3 的数学期望分别为 9、20、12，方差分别为 2、1、4，求下列随机变量 $Y_1=3X_1+X_2+2X_3$，$Y_2=X_1-3X_2-2X_3$ 的数学期望与方差.

14. 已知 $X_1 \sim \pi(0.25)$，$X_2 \sim B(10, 0.2)$，且 X_1 与 X_2 相互独立，求 $D(4X_1-3X_2)$.

习题 4-4
参考答案

4.5 概率的应用

笔记

例 1 （生活中的概率问题）在一项游戏中，袋中装有很多大小形状完全一样的乒乓球，上面标示有数字 5 和 10，游戏参与者随机从袋中抽取 10 个乒乓球，将上面的数字相加.如果和为 70、75 或 80，就分别付出 10 元、5 元、10 元钱；如果和为 50、100、55、95、60、90、65 或 85，将获得奖励 500、500、50、50、10、10、0、0 元钱.问此游戏规则对参与者是否有利？

解　设随机变量 X 表示抽取的 10 个乒乓球数字之和，其值分别可取 50、55、60、65、70、75、80、85、90、95、100.而随机变量 R 表示参与者的收益，且每次抽到数字 5 或 10 的概率都是 $\frac{1}{2}$，由已知得下表：

X	50	55	60	65	70	75	80	85	90	95	100
P	$\frac{1}{1\,024}$	$\frac{10}{1\,024}$	$\frac{45}{1\,024}$	$\frac{120}{1\,024}$	$\frac{210}{1\,024}$	$\frac{252}{1\,024}$	$\frac{210}{1\,024}$	$\frac{120}{1\,024}$	$\frac{45}{1\,024}$	$\frac{10}{1\,024}$	$\frac{1}{1\,024}$
R	500	50	10	0	-10	-5	-10	0	10	50	500

于是参与者的平均收益为

$$E(R)=500\times\frac{1}{1\,024}\times 2+50\times\frac{10}{1\,024}\times 2+10\times\frac{45}{1\,024}\times 2$$
$$+0\times\frac{120}{1\,024}\times 2+(-10)\times\frac{210}{1\,024}\times 2+(-5)\times\frac{252}{1\,024}=-2.5(\text{元}).$$

计算结果表明，参与者每参与一次抽球将会亏损 2.5 元，此游戏规则

笔记

对参与者不利.此例是日常生活中经常见到的.

例 2 **(可靠性问题)**某厂设计一种电子设备由三种元件 D1、D2、D3 组成,已知这三种元件的单价分别为 30、15、20 元,可靠性分别为 0.9、0.8、0.6.为了增加设备的可靠性,某些元件可装备用元件,并设计有备用元件自动启动装置,要求设计中所使用元件费用不超过 105 元,试问应该如何设计可使设备可靠性达到最大?

解 方法一(列举法) 设电子设备中装有元件 D1、D2、D3 各 x、y、z 个.于是借助费用限制不等式 $30x+15y+20z\leqslant 105$,列举出 x、y、z 的所有情况:

$$(1,1,1);(1,1,2);(1,1,3);(1,2,1);$$
$$(1,2,2);(1,3,1);(2,1,1).$$

然后算出对应的电子设备的可靠性,比较即可.

注意:三种元件 D1、D2、D3 之间为串联关系,而备用元件则是并联关系.故

(1,1,1)的可靠性为 $0.9\times 0.8\times 0.6=0.432$;

(1,1,2)的可靠性为 $0.9\times 0.8\times[1-(1-0.6)^2]=0.6048$;

(1,1,3)的可靠性为 $0.9\times 0.8\times[1-(1-0.6)^3]=0.67392$;

(1,2,1)的可靠性为 $0.9\times[1-(1-0.8)^2]\times 0.6=0.5184$;

(1,2,2)的可靠性为 $0.9\times[1-(1-0.8)^2]\times[1-(1-0.6)^2]=0.72576$;

(1,3,1)的可靠性为 $0.9\times[1-(1-0.8)^3]\times 0.6=0.53568$;

(2,1,1)的可靠性为 $[1-(1-0.9)^2]\times 0.8\times 0.6=0.4752$.

可见在满足费用要求的条件下,安装 1 个 D1、2 个 D2、2 个 D3 可使设备可靠性最大.

方法二(函数法) 设电子设备中装有元件 D1、D2、D3 各 x、y、z 个.则设备的可靠性函数为 $P=[1-(1-0.9)^x]\cdot[1-(1-0.8)^y]\cdot[1-(1-0.6)^z]$.而限制条件为

$$30x+15y+20z\leqslant 105\quad(1\leqslant x、y、z\leqslant 3,\text{取整数}).$$

要求解函数 P 的最大值,显然非常困难,但是借助数学软件也可以求解.其最优解仍然是设备上安装 1 个 D1、2 个 D2、2 个 D3 可使可靠性最大,最大可靠性为 0.725 76.

例 3 **(企业生产问题)**假设一部机器在一天内发生故障的概率为0.2,

笔记

机器发生故障时全天停止工作，若一周 5 个工作日里无故障，可获利润 10 万元；发生一次故障仍可获利润 5 万元；发生两次故障可获利润 0 元；发生三次或三次以上故障要亏损 2 万元.求一周内期望利润是多少?

解　设 X 表示一周 5 个工作日内发生故障的天数，则由题意知 X 服从二项分布，即 $X \sim B(5, 0.2)$.

于是　$P\{X=0\}=(1-0.2)^5=0.327\,68$,

$P\{X=1\}=C_5^1\times 0.2\times(1-0.2)^4=0.409\,6$,

$P\{X=2\}=C_5^2\times 0.2^2\times(1-0.2)^3=0.204\,8$,

$P\{X\geqslant 3\}=1-P\{X=0\}-P\{X=1\}-P\{X=2\}=0.057\,92$.

又设 Y 表示一周内的所获利润，由已知条件得 Y 的分布列

Y	10	5	0	-2
P	0.327 68	0.409 6	0.204 8	0.057 92

则一周内期望利润为

$$E(Y)=10\times 0.327\,68+5\times 0.409\,6+0\times 0.204\,8+(-2)\times 0.057\,92$$
$$=5.208\,96(\text{万元}).$$

接下来为大家介绍风险型决策问题和随机型储存问题.

风险型决策问题：决策是面对未来的，而未来又有不确定性和随机性，因此，有些决策具有一定的失败概率，叫风险型决策，即根据各种可能结果的概率来做决策.决策者对此要承担一定的风险.风险型问题具有决策者期望达到的明确标准，存在两个以上的可供选择方案和决策者无法控制的两种以上的自然状态，并且在不同自然状态下不同方案的损益值可以测算出来，对于未来发生何种自然状态，决策者虽然不能作出确定回答，但能大致估计出其发生的概率值.

例 4　某企业家需要就该企业是否与另一家外国企业合资联营做出决策.根据有关专家估计，合资联营的成功率为 0.4.若合资联营成功，可增加利润 7 万元；若失败，将减少利润 4 万元；若不联营，则利润不变.问此企业家应如何做决策?

解　在该问题中，成功与失败是两种自然状态，联营与不联营是两种可选方案.

用 X 表示选择合资联营能增加的利润值，则 X 的概率分布为

$$P\{X=7\}=0.4,\ P\{X=-4\}=0.6.$$

笔记

所以,选择合资联营能增加的利润期望值为

$$E(X)=7\times 0.4+(-4)\times 0.6=0.4(\text{万元}).$$

由于不合资联营,增加的利润为零,故应做出合资联营的决策.

例 5 某公司为扩大市场,在某天要举办一个产品展销会,会址打算选择甲、乙、丙三地.获利情况除了与会址有关外,还与当天天气有关,天气分为晴、阴、多雨三种,据天气预报,估计当天三种天气情况可能发生的概率分别为 0.2、0.5、0.3.若在甲地举办,在晴、阴、多雨三种天气下的收益(单位:百万元,后同)分别为 4.5、5、1.5;若在乙地举办,在晴、阴、多雨三种天气下的收益分别为 5.5、4.5、1;若在丙地举办,在晴、阴、多雨三种天气下的收益分别为 6、3.5、1.5;请通过分析为公司确定会址.

解 在该问题中,晴、阴、多雨是三种自然状态,甲、乙、丙会址是三种可选方案.如果用随机变量 X 表示获利,则针对 3 个会址分别求出对应的期望收益进行比较.

甲地期望收益 $E(X)=4.5\times 0.2+5\times 0.5+1.5\times 0.3=3.85$(百万元);

乙地期望收益 $E(X)=5.5\times 0.2+4.5\times 0.5+1\times 0.3=3.65$(百万元);

丙地期望收益 $E(X)=6\times 0.2+3.5\times 0.5+1.5\times 0.3=3.40$(百万元);

经比较知,该公司应该在甲地举办产品展销会,可使期望收益最大化.

对这类风险型决策问题,常用损益矩阵分析法和决策树法求解.

随机型储存问题:工矿企业为了保证生产正常进行,从原材料、半成品到成品都需要储存;商业方面,为了满足市场需要,必须采购一定数量的货物,保证一定量的库存.如果库存量过大会造成积压的损失,库存量过小则会造成缺货的损失.因此,必须选择一个最优的储存方案,使总费用最小,获利最大,这就是储存问题.

例 6 某商品某月销售一种易腐烂商品,每筐成本 20 元,售价 50 元.若每天剩余一筐,则损失 20 元.现市场的需求情况不清楚,但有去年同月(该月为 30 天)的日售量统计资料如下:

日销售量(筐)	100	110	120	130
销售天数	6	15	6	3
概　　率	0.2	0.5	0.2	0.1

试决定今年同月的日订货量.

解 (1) 若订货量为 100 筐,则期望利润为

笔记

$$E(X_1)=3\,000\times0.2+3\,000\times0.5+3\,000\times0.2+3\,000\times0.1$$
$$=3\,000(\text{元}).$$

(2) 若订货量为 110 筐,则期望利润为

$$E(X_2)=2\,800\times0.2+3\,300\times0.5+3\,300\times0.2+3\,300\times0.1$$
$$=3\,200(\text{元}).$$

(3) 若订货量为 120 筐,则期望利润为

$$E(X_3)=2\,600\times0.2+3\,100\times0.5+3\,600\times0.2+3\,600\times0.1$$
$$=3\,150(\text{元}).$$

(4) 若订货量为 130 筐,则期望利润为

$$E(X_4)=2\,400\times0.2+2\,900\times0.5+3\,400\times0.2+3\,900\times0.1$$
$$=3\,000(\text{元}).$$

可以看出,当订货量为 110 筐时,其期望利润最大.因此,该商店每天应订货 110 筐.

例 7 假定在国际市场上,每年对我国某种出口商品的需求量是随机变量 X(吨),由以往的统计资料可知,它近似地服从在区间$[2\,000,\ 4\,000]$上的均匀分布.设每出售这种商品 1 吨,可以为国家赚取外汇 3 万元;如果不能售出,造成积压,则每吨需付库存费用 1 万元.问每年应组织多少货源,才能使国家的收益最大?

解 设 y 表示某年准备出口的此种商品量(显然可只考虑 $2\,000\leqslant y\leqslant4\,000$),出口该商品所获得的收益为 Z,则

$$Z=f(X)=\begin{cases}3y, & y\leqslant X\leqslant4\,000,\\ 3X-(y-X), & 2\,000\leqslant X<y.\end{cases}$$

于是问题化为:求 y 为何值时,$E(Z)$取得最大值? 因为 X 是随机变量,所以 Z 也是随机变量.且 Z 是 X 的函数,即 $Z=f(X)$. 又 X 的密度函数为

$$p(x)=\begin{cases}\dfrac{1}{2\,000}, & 2\,000\leqslant x\leqslant4\,000,\\ 0, & \text{其他}.\end{cases}$$

于是,得 $$E(Z)=E[f(X)]=\int_{-\infty}^{+\infty}f(x)p(x)\mathrm{d}x$$
$$=\int_{2\,000}^{4\,000}f(x)\cdot\frac{1}{2\,000}\mathrm{d}x$$

笔记

$$=\frac{1}{2\,000}\left\{\int_{2\,000}^{y}[3x-(y-x)]\mathrm{d}x+\int_{y}^{4\,000}3y\mathrm{d}x\right\}$$

$$=\frac{1}{2\,000}\left[\int_{2\,000}^{y}(4x-y)\mathrm{d}x+\int_{y}^{4\,000}3y\mathrm{d}x\right]$$

$$=\frac{1}{2\,000}\left[(2x^2-xy)\Big|_{2\,000}^{y}+3xy\Big|_{y}^{4\,000}\right]$$

$$=\frac{1}{1\,000}(-y^2+7\,000y-4\,000\,000).$$

上式关于 y 求导,得

$$E'(Z)=\frac{1}{1\,000}(-2y+7\,000).$$

令 $E'(Z)=0$,得 $y=3\,500$ 是唯一驻点.故当 $y=3\,500$(吨)时,$E(Z)$取得最大值.这就是说,每年应组织 3 500 吨此种商品出口,才能使国家的收益最大.

上面通过几个具体实例简单地介绍了概率知识在日常生活和工作中的应用.应当注意,所讨论的问题都是经过抽象、简化了的数学模型,实际情况往往要复杂得多.因此,在实际工作中,遇到类似的问题时,要深入调查,全面掌握情况,科学地分析问题,以求得最优方案.

习　题　4-5

1. 一家生产易腐食品的公司,每盒产品的成本为 10 元.产品销售单价是每盒 15 元.需求量 X(盒)是随机变量,可能的取值为{100, 200, 300},相对应的概率依次为 0.2、0.2、0.6.如果需求低于产量,过剩产品就会损失掉;如果需求超过产量,则公司为了保持良好的服务形象,将以每盒 18 元的成本开动一条特别生产线,以满足超额需求,但产品总是以每盒 15 元的单价出售.该公司应如何决策?

2. 某公司最近在海湾附近购买了土地,准备建设成一个新的开发区,现需确定这个新开发区的规模,有三种选择:小规模、中规模、大规模.由于该地区经济发展的情况不明,因此很难了解开发区的需求会怎样.如果大规模开发,而后来的需求是低的话,对公司来说代价很高.但是,如果公司保守地做小规模开发的决策,而后来又发现需求是高的,那么公司的利润就要比他们可能得到的要少.该公司按照三种需求水平(低、中、高)制定了下列支付表(单位:亿元):

规　模	需　　求		
	低	中	高
小规模	400	400	400
中规模	100	600	600
大规模	−300	300	900

设三种需求的概率分别为：P(低)$=0.20$，P(中)$=0.35$，P(高)$=0.45$.问该公司应选择哪种规模进行开发？

3. 质量控制程序要对从供应商那里收到的零件进行100%的检验.历史资料表明，出现的不合格品率如下表：

不合格品率	0%	1%	2%	3%
概　率	0.15	0.25	0.40	0.20

100%检验的质量控制成本是每500件的一批货物250元.如果这批货物不是100%经过检验，那么不合格的就会引起在以后的生产过程中返工的问题，每件不合格品的返工费用是25元.工厂经理为了节省每批货物250元的检验费，想免掉检验程序，你支持这一做法吗？

4. 某工厂有甲、乙两种新产品要由商业部门依次在某地市场上试销.根据合同，试销的先后次序由工厂决定，并且如果工厂决定先试销甲(或乙)产品，则只有当产品试销成功后，商业部门才同意继续试销乙(或甲)产品.如果第一种产品试销不成功，那么商业部门就不再试销另一种产品.设甲产品试销成功可得利润 v_1 元，试销成功的概率为 p_1；乙产品试销成功可得利润 v_2 元，试销成功的概率为 p_2，且两种产品试销结果是相互独立的.试问工厂应先试销哪种产品，才能使利润的期望值最大？

习题4-5
参考答案

本章小结

【主要内容】

本章主要内容有概率、期望和方差.

【重　　点】 事件，概率，独立性，随机变量，期望和方差的概念.

【难　　点】 期望和方差的计算.

【学习要求】

1. 理解概率的统计定义与古典概率定义，掌握事件的和、差、积、逆运算；掌握简单问题下古典概率的计算;能运用概率的有关性质解决一些实际问题下的概率求解.

2. 理解条件概率定义,掌握并运用乘法公式,全概率公式以及贝叶斯公式;理解事件的独立性概念,熟练掌握伯努利概型下二项概率公式的运用.

3. 理解随机变量概念,理解随机变量的分布列或密度函数;掌握简单问题用分布列的求解和已知密度函数的条件下区间概率的求解;理解随机变量的期望和方差,熟练掌握期望与方差的计算;熟记六种常见分布(两点分布,二项分布,泊松分布,均匀分布,指数分布,正态分布)的性质,会运用它们的期望与方差的结论,会查泊松分布表与标准正态分布表;会利用期望和方差的性质解决一些实际问题.

复习题四

1. 填空题.

(1) 设 A、B、C 为三个随机事件.则“A 与 B 都发生,且 C 不发生”的事件可表示为____________;

(2) 设事件 A 与 B 互不相容,且 $P(A)=\frac{1}{3}$, $P(A\cup B)=\frac{1}{2}$,则 $P(\bar{B})=$________;

(3) 设事件 A 与 B 满足, $P(A\bar{B})=P(B\bar{A})$,且 $P(A)=0.4$,则 $P(B)=$________;

(4) 若事件 A、B 相互独立,且 $P(A)=0.8$, $P(B)=0.65$,则 $P(A+B)=$________;

(5) 设 A、B 为随机事件, $P(A)=0.5$, $P(B)=0.6$, $P(A\cup B)=0.7$,则 $P(A\mid B)=$________;

(6) 每次试验中事件 A 发生的概率为 p,现重复进行 n 次独立试验,则 A 至少发生一次的概率为________,A 发生次数不超过一次的概率为________________;

(7) 某随机现象的样本空间共有 15 个样本点,且每个样本点出现的概率都相同,已知事件 A 包含 12 个样本点,事件 B 包含 7 个样本点,且 A 与 B 有 4 个样本点是相同的,则 $P(B\mid A)=$________;

(8) 设随机变量 X 在区间$[0,4]$上服从均匀分布,则 $P\{1<X<2.5\}=$________;

(9) 若随机变量 X 的分布列为:

X	1	2	3	4
P	a	$3a$	$4a$	$2a$

则常数 a 的值为________;

(10) 设 $X\sim b(n,p)$ 为二项分布,且 $E(X)=1.8$, $D(X)=1.26$,则 $n=$________, $p=$________.

2. 选择题.

(1) 设事件 A 与 B 互不相容,且 $P(A)>0$, $P(B)>0$,则有(　　).

A. $P(A)=1-P(B)$　　B. $P(AB)=P(A)P(B)$

C. $P(A\cup B)=1$　　D. $P(\overline{AB})=1$

(2) 设 A 与 B 互为对立事件,且 $P(A)>0$, $P(B)>0$,则下列各式中错误的是(　　).

A. $P(A)=1-P(B)$　　B. $P(AB)=P(A)P(B)$

C. $P(A\cup B)=1$　　D. $P(\overline{AB})=1$

(3) 设 A、B 为两个随机事件,且 $B\subset A$,则下列式子正确的是(　　).

A. $P(A+B)=P(A)$　　B. $P(AB)=P(A)$

C. $P(B|A)=P(B)$　　D. $P(B-A)=P(B)-P(A)$

(4) 连续掷一枚不均匀硬币 4 次,且反面向上的概率为$\frac{2}{3}$,则恰好 3 次正面向上的概率是(　　).

A. $\frac{8}{81}$　　B. $\frac{8}{27}$　　C. $\frac{32}{81}$　　D. $\frac{3}{4}$

(5) 设随机变量 X 的密度函数为 $f(x)=\begin{cases}\frac{|x|}{4}, & -2<x<2,\\ 0, & 其他,\end{cases}$ 则 $P\{|X|\geqslant 1\}=$(　　).

A. 0.25　　B. 0.5　　C. 0.75　　D. 1

(6) 设随机变量 $X\sim N(1,2^2)$, $Y\sim N(1,2^2)$,已知 X、Y 相互独立,则 $3X+2Y$ 的方差为(　　).

A. 8　　B. 16　　C. 28　　D. 44

3. 甲盒中有白球 3 个、红球 5 个,乙盒中有白球 4 个、红球 2 个,现从甲、乙两盒中各取一个球,求:(1) 两个都是红球的概率;(2) 至少一个是白球的概率.

4. 某型号灯泡的使用时数在 1 000 h 以上的概率为 0.2,求 3 只该型号灯泡在使用 1 000 h 后至少有一只损坏的概率.

5. 设有 3 个工厂生产灯泡,甲厂供应市场需求量的 50%,乙厂供应市场需求量的 30%,丙厂供应市场需求量的 20%,又知甲、乙、丙厂的正品率分别为 96%、80%、75%,现顾客从市场任意购买一个灯泡,问:(1)此灯泡是正品的概率是多少?(2)若购买到的一个灯泡不是正品,问此灯泡是由甲厂生产的概率是多少?

6. 设随机变量 X 的密度函数为

$$p(x)=\begin{cases}e^{-x}, & x>0,\\ 0, & x\leqslant 0.\end{cases}$$

求：(1) $P\{X \leqslant 2\}$；(2) $P\{X > 2\}$.

7. 已知随机变量 X 的密度函数为 $f(x)=\begin{cases} ax+b, & 0<x<1, \\ 0, & \text{其他}, \end{cases}$ 且 $P\left\{x>\dfrac{1}{2}\right\}=\dfrac{5}{8}$，求：(1)常数 a、b 的值；(2)X 的期望与方差.

8. 设随机变量 $X \sim B(4, p)$，且 $P\{X \geqslant 1\}=\dfrac{80}{81}$，求 p 的值.

9. 袋中有 10 个球、7 个红球、3 个白球，从中任取 2 个球，求取得的红球数 X 的概率分布，并求 X 的均值与方差.

10. 设足球队 A 与 B 比赛，若有一队胜 4 场，则比赛结束，假设 A、B 在每场比赛中获胜的概率均为 $\dfrac{1}{2}$，试求平均需比赛几场才能分出胜负？

复习题四
参考答案

第5章 数理统计初步

笔记

在实际生活工作和科学实验中，对随机现象的整体性认识，最可靠的方法是对构成随机现象的所有个体进行逐一观察，从而获得随机现象的全面资料.但客观上，这种方法在使用中，有时是不必要、不允许的，甚至有时是不可能的.如企业生产中，产品质量的检测，通常带有破坏性，根本不能采用逐一测试；市场上出售的饮料质量检查，显然不允许采用逐一品鉴的方法.那么，怎样做才合理有效呢？对部分个体进行观察或试验，从而达到对随机现象整体性的认识，就不失为一种事半功倍的方法.数理统计学就能解决这样的问题.所谓数理统计学，就是运用概率论的知识，研究如何从试验资料出发，对随机变量的概率分布或某些特征做出推断的学科.其特点是从局部观测资料的统计特性，来推断随机现象整体统计特性.它的应用相当广泛，已成为从事科学研究和经济管理工作必不可少的工具.

5.1 总体与样本

5.1.1 基本概念

在数理统计中，对于某研究对象，往往研究它的某一项（或几项）数量指标，为此，考虑与该数量指标相联系的随机试验，对这一数量指标进行观察或试验.并将试验的全部可能的观察值称为**总体**（或**母体**），每一个可能的观察值称为**个体**.从总体中抽取的一部分观察值称为**样本或子样**.样本中所包含的个体数称为**样本容量**.样本容量通常用 n 表示.

例如，欲获得某企业生产的 1 万只灯泡的使用寿命，则这 1 万只灯泡的使用寿命就是总体，其中的每一只灯泡的使用寿命就是一个个体.由于试验具有破坏性，只能采用抽样法.若从中抽取 30 只灯泡进行使用寿命检测，则这 30 只灯泡的使用寿命构成样本，样本容量为 30.

总体中的每个个体都是随机试验的一个观察值，随着试验的不同而变化，因此观察值为随机变量.当对总体的某一数量指标进行研究时，该总体就对应于一个随机变量 X，所以对总体的研究就是对随机变量 X 的研究.如某厂生产的一批笔记本电脑的平均使用寿命，某机床加工的所有零件的长度方差等.在这里，寿命和长度就是要研究的数量标志，寿命随笔记本电脑的不同而变化，长度随零件的不同而变化，二者都是随机变量.因此，在

笔记

后面就将总体与随机变量不加区别.说总体 X 也就是指它所对应的随机变量 X;说总体 X 的分布也就是指它对应的随机变量 X 的分布.

如果从总体 X 中抽取 n 个个体 X_1、X_2、…、X_n 构成一个样本,则记作$(X_1, X_2, \cdots, X_n)$,其中 $X_i(i=1, 2, \cdots, n)$表示样本中的第 i 个个体.很明显,每个 $X_i(i=1, 2, \cdots, n)$都是随机变量,且与总体 X 具有相同的分布.所以,称$(X_1, X_2, \cdots, X_n)$为**随机样本**.对样本$(X_1, X_2, \cdots, X_n)$的每一次观测所得到的 n 个数据$(x_1, x_2, \cdots, x_n)$,称为**样本观测值**(或**样本值**).习惯上,对样本$(X_1, X_2, \cdots, X_n)$与其观测值$(x_1, x_2, \cdots, x_n)$不加区别,并都用$(X_1, X_2, \cdots, X_n)$表示.在考察一般问题时,把$(X_1, X_2, \cdots, X_n)$作为一组随机变量;而对某一次观测结果而言,$(X_1, X_2, \cdots, X_n)$又是一组确定的数值,即样本观测值.

抽取样本的目的是为了推断总体,而样本的抽取方法影响着统计推断的方法.为了研究方便,常常假定样本满足下面两个条件:

(1) 独立性:$X_1, X_2, \cdots, X_n$ 是 n 个相互独立、互不影响的随机变量.

(2) 代表性:每个个体 $X_i(i=1, 2, \cdots, n)$与总体 X 具有相同的分布.

满足上述两个条件的随机样本$(X_1, X_2, \cdots, X_n)$称为**简单随机样本**.今后无特别说明,都是指简单随机样本,简称样本.

当采用有放回的重复抽样时,所得的样本就是简单随机样本.但有放回的重复抽样使用起来并不方便,如电子产品的使用寿命、混凝土结构强度试验等就不可能采用重复抽样.因此在实际问题中,当样本的容量相对于总体来说很小(如在 10 000 件中抽取 50 件)时,即使是不放回抽样得到的样本也可以近似地看作是一个简单随机样本.

5.1.2 样本的数字特征

定义 5.1 设$(X_1, X_2, \cdots, X_n)$是来自总体 X 的样本,则称

$$\overline{X}=\frac{1}{n}\sum_{i=1}^{n}X_i$$

为**样本均值**,称

$$S^2=\frac{1}{n-1}\sum_{i=1}^{n}(X_i-\overline{X})^2$$

为**样本方差**,称

$$S=\sqrt{\frac{1}{n-1}\sum_{i=1}^{n}(X_i-\overline{X})^2}$$

为**样本均方差**或**样本标准差**.

笔记

例1　总体 X 有4个取值:11，14，16，19.从中有放回地抽2个构成样本.(1)试求总体平均值 $E(X)$;(2)列出所有可能的样本;(3)试求所有样本均值 $\overline{X}$;(4)试求所有样本均值 $\overline{X}$ 的平均值.

解　(1) 总体平均值 $E(X)=\dfrac{11+14+16+19}{4}=15.$

(2) 显然所有可能的样本(X_1, X_2)共 $4^2=16$ 个.都是简单随机样本.列举如下:

(11, 11), (11, 14), (11, 16), (11, 19), (14, 11), (14, 14),
(14, 16), (14, 19), (16, 11), (16, 14), (16, 16), (16, 19),
(19, 11), (19, 14), (19, 16), (19, 19).

(3) 样本均值 $\overline{X}$ 同样有16个,分别为

11,　12.5,　13.5,　15,　12.5,　14,　15,　16.5,
13.5,　15,　16,　17.5,　15,　16.5,　17.5,　19.

(4) 所有样本均值 $\overline{X}$ 的平均值为

$$\frac{\sum \overline{X}}{16}=\frac{11+12.5+\cdots+19}{16}=\frac{240}{16}=15.$$

例2　为了考察某品种玉米的生长情况,播种一段时间后从试验田中随机抽取10株幼苗,测得苗高如下(单位:cm):9，12，11，10，13，8，12，11，10，9.求该组样本观察值的样本均值、样本方差和样本标准差.

解　样本均值
$$\overline{X}=\frac{1}{n}\sum_{i=1}^{n}X_i$$
$$=\frac{1}{10}\times(9+12+11+10+13+8+12+11+10+9)$$
$$=10.5.$$

样本方差
$$S^2=\frac{1}{n-1}\sum_{i=1}^{n}(X_i-\overline{X})^2$$
$$=\frac{1}{9}\times(1.5^2+1.5^2+0.5^2+0.5^2+2.5^2+2.5^2+1.5^2+0.5^2+0.5^2+1.5^2)$$
$$=\frac{22.5}{9}=2.5.$$

显然,用上述样本方差公式计算,有时比较复杂,但对样本方差公式进行恒等变形,可得样本方差简化公式

$$S^2=\frac{1}{n-1}\left(\sum_{i=1}^{n}X_i^2-n\overline{X}^2\right).$$

笔记

现在用样本方差简化公式重新计算例 2 的方差以及标准差.

$$\sum_{i=1}^{10} X_i^2 = 9^2 + 12^2 + 11^2 + 10^2 + 13^2 + 8^2 + 12^2 + 11^2 + 10^2 + 9^2 = 1\ 125.$$

所以,根据公式 $S^2 = \frac{1}{n-1}\left(\sum_{i=1}^{n} X_i^2 - n\overline{X}^2\right)$,得

$$S^2 = \frac{1}{10-1} \times \left(\sum_{i=1}^{10} X_i^2 - 10\overline{X}^2\right) = \frac{1}{9} \times (1\ 125 - 10 \times 10.5^2)$$

$$= \frac{1}{9} \times (1\ 125 - 1\ 102.5) = 2.5.$$

故所求样本标准差为:$S = \sqrt{2.5} \approx 1.58$.

5.1.3 分布密度的近似求法

设$(X_1, X_2, \cdots, X_n)$是来自连续型总体 X 的一个样本,为了由样本近似地求出总体 X 的分布密度,需要对样本数据进行整理工作,常常采用绘制频率直方图的方法.下面用一个例子来说明该方法.

例 3 从某商场过去一年中每天商品销售收入的统计资料中随机抽取 50 天的销售额,数字资料如下(单位:万元):

39.0	37.0	58.0	32.0	31.5	37.0	48.1	35.0	40.0	52.7
43.0	45.0	42.8	52.1	49.0	48.0	31.0	46.3	23.0	36.5
34.0	26.5	40.1	30.0	39.0	43.0	27.0	37.0	31.0	54.2
34.0	38.0	43.0	47.0	33.0	26.0	59.5	32.5	28.0	19.0
35.0	35.5	41.0	29.0	38.5	42.0	26.0	32.3	33.0	23.0

试求该商场日商品销售收入的近似概率分布密度.

解 由于数据较多,初看起来显得零乱,很难弄清楚销售额的变化情况,下面采用绘频率直方图的方法来整理数据.其步骤如下:

(1) 排序,找出数据中的最大值 L、最小值 S 和极差 $R = L - S$.这里 $R = 59.5 - 19 = 40.5$.

(2) 决定分组的组数.把数据分成若干组,组数 k 可由下表决定:

样本容量 n	50~100	100~250	250 以上
组数 k	6~10	7~12	10~20

本题中取 $k = 9$.

笔记

组数 k 的数值没有硬性规定.但经验表明,组数太小会掩盖数据的变动情况,组数太多,又呈现不出数据的规律性.因此,一般来说,需要试一、二次,才能找到较理想的 k 值.

(3) 计算组距 h,决定分点.组距 h 等于极差 R 除以组数 k,即

$$h=\frac{R}{k}.$$

一般 h 取整数.这里

$$\frac{R}{k}=\frac{40.5}{9}=4.5, 取\ h=5.$$

选一个比最小值 S 稍小的数 a,作为左边第一组的起点.为了使每个样本数据都不成为分组分界点,a 要比样本数据多取一位小数.这里,取 $a=15.25$.然后,由公式

$$t_i=a+hi(i=1,\ 2,\ \cdots,\ k)$$

就可计算出每个组的端点值,从而得到分组的情况(表 5-1 中第 2 列).

(4) 统计频数,计算频率和频率密度.用选举唱票的方法,对落在各个小组内的数据进行累计,然后数出样本值落在各个组内的频数(n_i),并计算出频率$\left(\frac{n_i}{n}\right)$和频率密度$\left(\frac{频率}{组距}=\frac{n_i}{hn}\right)$(表 5-1 中第 3、4、5 列).

表 5-1

组号	分组界限	频数(n_i)	频率$\left(\frac{n_i}{n}\right)$	频率密度$\left(\frac{频率}{组距}=\frac{n_i}{hn}\right)$
1	15.25～20.25	1	0.02	0.004
2	20.25～25.25	2	0.04	0.008
3	25.25～30.25	7	0.14	0.028
4	30.25～35.25	12	0.24	0.048
5	35.25～40.25	11	0.22	0.044
6	40.25～45.25	7	0.14	0.028
7	45.25～50.25	5	0.10	0.020
8	50.25～55.25	3	0.06	0.012
9	55.25～60.25	2	0.04	0.008
	总　计	50	1.00	0.200

(5) 绘频率直方图.取一直角坐标系,以分组界限值为横坐标,以频率密度为纵坐标绘出一系列矩形,每个矩形的面积恰好等于样本数据落在该

笔记

区间内的频率.因此,所有矩形面积之和等于频率的总和,即等于 1,并把这个图形叫作频率直方图(图 5-1).

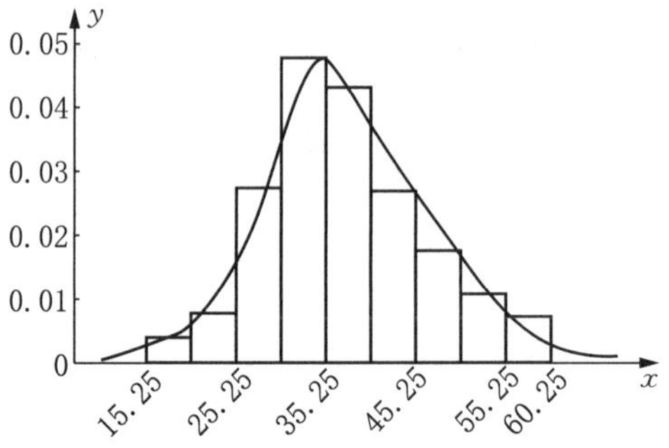

图 5-1

图 5-1 大致描述了总体 X 的概率分布情况.有了直方图,就可近似地绘出分布密度曲线:作一条曲线,让它大致经过每个竖着的长方形的上边,则这条曲线就是频率分布密度曲线,它可作为总体 X 的分布密度曲线的近似.容易看出,如果样本容量越大(即 n 越大),分组越细(即 k 越大),则频率分布密度曲线将趋于总体 X 的分布密度曲线.

可以看出,图 5-1 中的频率分布曲线近似于正态分布曲线.这就是说,本题所考察的总体是近似服从正态分布的.

习 题 5-1

1. 为了解中学生的身体发育情况,对某中学同年龄的 70 名女生的身高进行测量,结果如下(单位:cm):

167	154	159	166	169	159	156	166	162	158
159	156	166	160	164	160	157	156	157	161
160	156	166	160	164	160	157	156	157	161
158	158	153	158	164	158	163	158	153	157
162	162	159	154	165	166	157	151	146	151
158	160	165	158	163	163	162	161	154	165
162	162	159	157	159	149	164	168	159	153

试根据以上数据,作出身高的频率直方图.

2. 某工地送来一批烧结普通砖试样进行检测试验,10 块样砖的抗压强度值(MPa)为:13.8、22.1、19.6、22.4、13.8、19.2、18.4、18.7、12.1、21.2,试求 10 块样砖抗压强度的样本均值和样本方差.

3. 甲、乙两个农业试验区均种植玉米，若各分成 10 个小区，各小区面积相同，除甲区施磷肥外，其他试验条件都一样，得到玉米产量(单位：kg)如下：

甲区：62 57 65 60 63 58 57 60 60 58

乙区：56 50 56 57 58 57 60 55 57 55

求两个区的平均产量和样本方差.

4. 某总体 X 有五个指标值：12，13，15，16，19.从中不放回地抽取两个指标值构成样本.(1)试列出所有可能的样本；(2)算出每个样本的平均值；(3)求出全部样本的平均值的平均值.

习题 5-1
参考答案

5.2 统计量及其分布

5.2.1 统计量的概念

笔记

在数理统计中，并不是利用抽取的样本直接对总体进行估计、推断的，而是针对总体不同方面的估计推断，对样本进行相应的提炼和加工，即针对不同的问题构造出样本的各种不同函数.上面讨论的样本均值、样本方差和样本标准差都是样本$(X_1, X_2, \cdots, X_n)$的函数，为了充分利用样本所提供的信息来认识总体，有时还要用到样本的其他函数.

定义 5.2 设样本$(X_1, X_2, \cdots, X_n)$来自于总体 X，而 $g(X_1, X_2, \cdots, X_n)$是一个不含任何未知参数的函数，则称 $g(X_1, X_2, \cdots, X_n)$是一个**统计量**.

设 X_1、X_2、$\cdots$、X_n 是来自正态分布总体 $N(\mu, \sigma^2)$的一个样本，则 X_1-3X_2、$X_1^2+3X_2-X_3^2$ 都是统计量，而 $X_1+X_2-2\mu$、$\dfrac{X_2^2+X_3^2}{\sigma^2}$ 只有在 μ 和 σ 已知时，才是统计量.显然，前面介绍的 $\overline{X}$、S^2、S 都是统计量.

由于样本$(X_1, X_2, \cdots, X_n)$中的每一个分量 $X_i(i=1, 2, \cdots, n)$都是随机变量，因此统计量也是随机变量.下面介绍最常用的几个统计量及其分布.

5.2.2 三个常用统计量分布

1. 样本均值分布

定理 5.1 如果$(X_1, X_2, \cdots, X_n)$是来自正态分布总体 $X\sim N(\mu, \sigma^2)$的一个样本，则样本均值 $\overline{X}\sim N\left(\mu, \dfrac{\sigma^2}{n}\right)$或统计量 $\dfrac{\overline{X}-\mu}{\sigma/\sqrt{n}}\sim N(0, 1)$.

事实上，可以证明：$\overline{X}$ 是服从正态分布的随机变量.又因为 $E(X_i)=E(X)=\mu$，$D(X_i)=D(X)=\sigma^2(i=1, 2, 3, \cdots, n)$，所以

笔记

$$E(\overline{X})=E\left[\frac{1}{n}(X_1+X_2+\cdots+X_n)\right]$$
$$=\frac{1}{n}[E(X_1)+E(X_2)+\cdots+E(X_n)]$$
$$=\frac{1}{n}(\mu+\mu+\cdots+\mu)=\mu,$$
$$D(\overline{X})=D\left[\frac{1}{n}(X_1+X_2+\cdots+X_n)\right]$$
$$=\frac{1}{n^2}[D(X_1)+D(X_2)+\cdots+D(X_n)]$$
$$=\frac{1}{n^2}(\sigma^2+\sigma^2+\cdots+\sigma^2)=\frac{\sigma^2}{n}.$$

故 $\overline{X}\sim N\left(\mu,\frac{\sigma^2}{n}\right)$.然后对 $\overline{X}$ 进行标准化得$\dfrac{\overline{X}-\mu}{\sigma/\sqrt{n}}\sim N(0,1)$.

通常将服从标准正态分布的随机变量记为字母 U，即 $U=\dfrac{\overline{X}-\mu}{\sigma/\sqrt{n}}\sim N(0,1)$.

例 1 某电子元件的使用寿命 X 服从正态分布 $N(40,9)$，现从中随机抽取一个样本容量为 36 的样本，求样本平均使用寿命 $\overline{X}$ 落在 39.5 到 41 之间的概率.

解 因为 $\mu=40$，$\sigma^2=9=3^2$，$n=36$，所以 $\overline{X}\sim N\left(40,\frac{9}{36}\right)=N(40,0.5^2)$，于是，得

$$P\{39.5<\overline{X}<41\}=\Phi\left(\frac{41-40}{0.5}\right)-\Phi\left(\frac{39.5-40}{0.5}\right)$$
$$=\Phi(2)-\Phi(-1)=\Phi(2)-[1-\Phi(1)]$$
$$=0.997\,2-1+0.841\,3=0.838\,5.$$

以上对标准正态分布表的查法，都是已知区间查概率，或已知 x，去查 $\Phi(x)$.但在实际应用中，常常需要已知概率查区间的反向查表.

例 2 已知 $U\sim N(0,1)$，求 λ 的值，使 $P\{U>\lambda\}=0.01$.

解 因为 $U\sim N(0,1)$，所以

$$P\{U>\lambda\}=1-P\{U\leqslant\lambda\}=1-\Phi(\lambda)=0.01.$$

于是，有

$$\Phi(\lambda)=1-0.01=0.99.$$

笔记

查附表 2，得 $\lambda \approx 2.33$.

例 3　已知 $U \sim N(0, 1)$，求 λ 的值，使 $P\{|U| > \lambda\} = 0.05$.

解　因为 $P\{|U| > \lambda\} = 1 - P\{|U| \leqslant \lambda\} = 1 - [2\Phi(\lambda) - 1] = 0.05$.

所以，$2\Phi(\lambda) = 1.95 \Rightarrow \Phi(\lambda) = 0.975$.

查表，得 $\lambda = 1.96$.

一般地，若 $U \sim N(0, 1)$，则称满足 $P\{U > \lambda\} = \alpha$ 的数 λ 为标准正态分布的 α 上侧临界值，记为 $\lambda = U_\alpha$. 又称满足 $P\{|U| > \lambda\} = \alpha$ 的数 λ 为标准正态分布的 α 双侧临界值，记为 $\lambda = U_{\frac{\alpha}{2}}$，如图 5-2 所示.

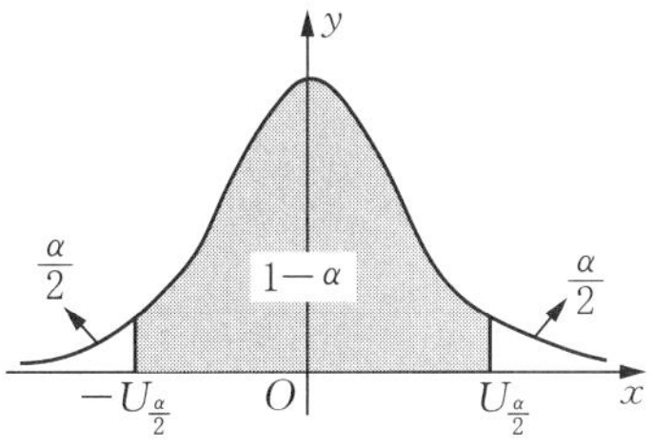

图 5-2

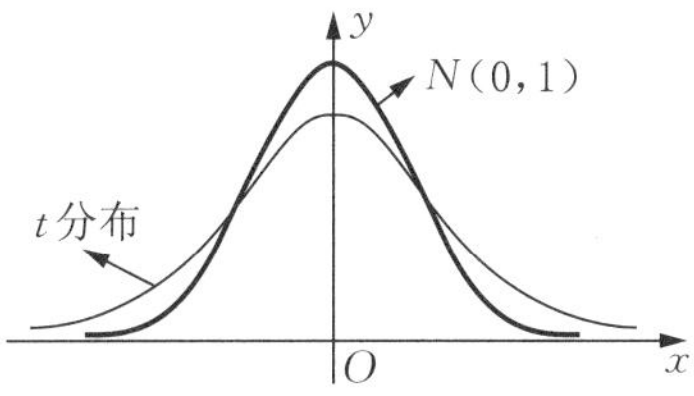

图 5-3

2. t 分布

若 $(X_1, X_2, \cdots, X_n)$ 是来自正态分布总体 $X \sim N(\mu, \sigma^2)$ 的一个样本，在 $U = \dfrac{\overline{X} - \mu}{\sigma/\sqrt{n}}$ 中，当总体方差 σ^2 未知时，可用样本方差 S^2 代替，从而得到统计量 $t = \dfrac{\overline{X} - \mu}{S/\sqrt{n}}$. 该统计量服从自由度 df 为 $n-1$ 的 ***t* 分布**，记作

$$t = \frac{\overline{X} - \mu}{S/\sqrt{n}} \sim t(n-1).$$

t 分布的密度曲线如图 5-3 所示，也是关于 y 轴对称，比标准正态分布的密度曲线平坦一些，在中部处于其下，而在尾部处于其上. 随着自由度的增加，t 分布逐渐逼近标准正态分布. t 分布临界值表见附表 4.

例 4　若 $P\{t < \lambda\} = 0.05$，试求自由度 df 为 5、10、20 时的 λ 值.

解　根据 t 分布的对称性知 $P\{t > -\lambda\} = 0.05 \Rightarrow P\{|t| > -\lambda\} = 0.10$，所以 $\alpha = 0.10$.

(1) 当 $df = 5$ 时，查附表 4 得 $\lambda = -2.015\,0$；

(2) 当 $df = 10$ 时，查附表 4 得 $\lambda = -1.812\,5$；

(3) 当 $df = 20$ 时，查附表 4 得 $\lambda = -1.724\,7$.

一般地，对自由度为 n 的 t 分布，称满足 $P\{t > \lambda\} = \alpha$ 的数 λ 为 t 分布

笔记

的 α 上侧临界值，记为 $\lambda=t_\alpha(n)$. 又称满足 $P\{|t|>\lambda\}=\alpha$ 的数 λ 为 t 分布的 α 双侧临界值，记为 $\lambda=t_{\frac{\alpha}{2}}(n)$(图 5-4).

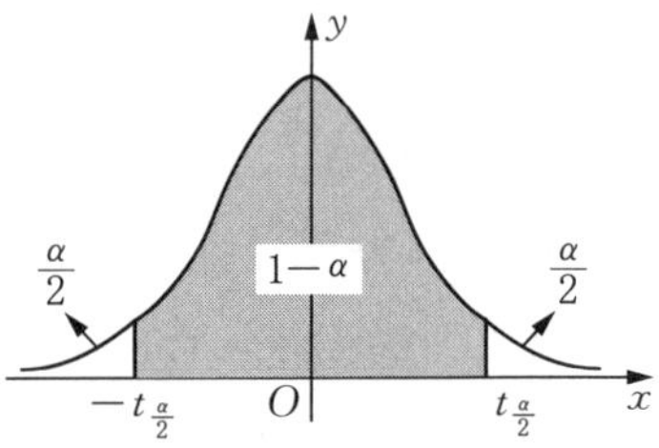

图 5-4

例 5 已知自由度为 15 的 t 分布，试求 $\alpha=0.025$ 的上侧临界值 $t_{0.025}$ 与双侧临界值 $t_{0.0125}$.

解 由定义上侧临界值 $t_{0.025}$ 满足 $P\{t>t_{0.025}\}=0.025\Rightarrow P\{|t|>t_{0.025}\}=0.05$，而 $df=15$，查表得 $t_{0.025}=2.1314$.

同理双侧临界值 $t_{0.0125}$ 满足 $P\{|t|>t_{0.0125}\}=0.025$，而 $df=15$，查表得 $t_{0.0125}=2.4899$.

3. χ^2 分布

设$(X_1, X_2, \cdots, X_n)$是来自正态分布总体 $X\sim N(\mu, \sigma^2)$的一个样本，则统计量

$$\chi^2=\frac{(n-1)S^2}{\sigma^2}$$

服从自由度为 $n-1$ 的 $\boldsymbol{\chi}^2$(读作“卡方”)**分布**，记作

$$\chi^2=\frac{(n-1)S^2}{\sigma^2}\sim\chi^2(n-1).$$

其中样本方差为 $$S^2=\frac{1}{n-1}\sum_{i=1}^{n}(X_i-\overline{X})^2.$$

与标准正态分布和 t 分布不同，χ^2 分布是一种非对称分布.χ^2 分布的密度曲线如图 5-5 所示.χ^2 的临界值可由附表 3 查得.

一般地，对自由度为 n 的 χ^2 分布，称满足 $P\{\chi^2>\lambda\}=\alpha$ 的数 λ 为 χ^2 分布的 α 上侧临界值，记为 $\lambda=\chi^2_\alpha(n)$.

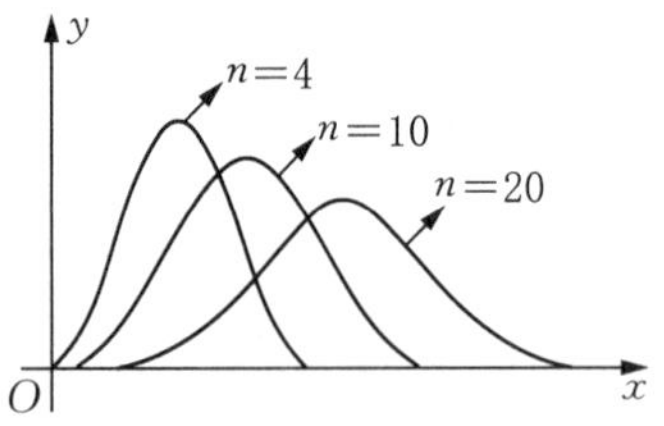

图 5-5

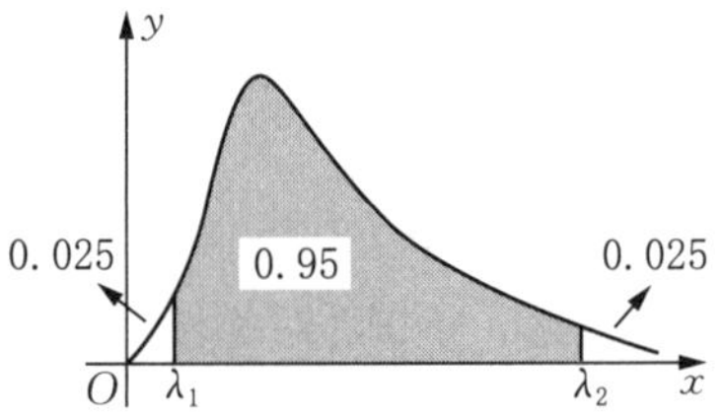

图 5-6

例 6 已知自由度为 12 的 χ^2 分布，且满足 $P\{\lambda_1<\chi^2<\lambda_2\}=0.95$，求 λ_1、λ_2 的值.

解 如图 5-6 所示，满足已知条件的 λ_1、λ_2 有无穷多组，通常采用对称

笔记

性处理，使随机事件 $\chi^2 \leqslant \lambda_1$ 和 $\chi^2 \geqslant \lambda_2$ 概率都等于 $0.025\left(=\dfrac{1-0.95}{2}\right)$，即

$$P\{\chi^2 \leqslant \lambda_1\}=P\{\chi^2 \geqslant \lambda_2\}=0.025.$$

于是，有　　$P\{\chi^2 > \lambda_1\}=0.975$，$P\{\chi^2 \geqslant \lambda_2\}=0.025$.

根据自由度 $df=12$，查表得 $\lambda_1=4.403\,8$，$\lambda_2=23.336\,7$.

一般地，对自由度为 n 的 χ^2 分布，若满足 $P\{\lambda_1<\chi^2<\lambda_2\}=1-\alpha$，则采用对称性处理，使 $P\{\chi^2>\lambda_1\}=1-\dfrac{\alpha}{2}$，$P\{\chi^2>\lambda_2\}=\dfrac{\alpha}{2}$. 所以 λ_1 是 χ^2 分布的 $1-\dfrac{\alpha}{2}$ 上侧临界值 $\chi^2_{1-\frac{\alpha}{2}}(n)$，$\lambda_2$ 是 χ^2 分布的 $\dfrac{\alpha}{2}$ 上侧临界值 $\chi^2_{\frac{\alpha}{2}}(n)$. 即

$$P\{\chi^2_{1-\frac{\alpha}{2}}(n)<\chi^2<\chi^2_{\frac{\alpha}{2}}(n)\}=1-\alpha.$$

习　题　5-2

1. 在总体 $X\sim N(52,\ 6.3^2)$ 中，随机地抽取一个容量为 36 的样本，求样本平均值 $\overline{X}$ 落在 50.8 至 53.8 之间的概率.

2. 在总体 $X\sim N(100,\ 8^2)$ 中随机抽取一个容量为 16 的样本，求样本平均值 $\overline{X}$ 与总体均值之差的绝对值小于 4 的概率.

3. 查表求下列各分布的临界值：

(1) $P\{U<U_\alpha\}=0.01$，$P\{U>U_\alpha\}=0.05$，$P\{|U|<U_{\frac{\alpha}{2}}\}=0.90$.

(2) $P\{\chi^2>\chi^2_\alpha(10)\}=0.025$，$P\{\chi^2<\chi^2_\alpha(20)\}=0.05$，$P\{\chi^2_{1-\frac{\alpha}{2}}(15)<\chi^2<\chi^2_{\frac{\alpha}{2}}(15)\}=0.99$.

(3) $P\{t>t_\alpha(10)\}=0.125$，$P\{t<t_\alpha(14)\}=0.005$，$P\{|t|<t_\alpha(8)\}=0.95$.

4. 设 X_1、X_2、…、X_n 是来自正态分布总体 $X\sim N(10,\ 4)$ 的样本，且样本均值 $\overline{X}$ 满足 $P\{9.02<\overline{X}<10.98\}=0.95$，试求样本容量 n 为多少？

习题 5-2
参考答案

5.3　参数估计与检验

5.3.1　参数的点估计

实际工作中，对于未知总体 X 来讲，可能是总体分布未知，也可能是总体的一个或几个参数未知. 例如：正常情况下，成年人的身高分布一般为

笔记

正态分布 $N(\mu, \sigma^2)$,而成年人的平均身高 μ 和成年人身高方差 σ^2 却是未知的.为了确定 μ 和 σ^2,需要进行随机抽样,然后用样本 $(X_1, X_2, \cdots, X_n)$ 提供的信息来对总体 μ 和 σ^2 作出估计.由于样本来自总体,因此样本均值和样本方差都必然在一定程度上反映总体均值 μ 和总体方差 σ^2 的特性.一个很常见的做法,就是用样本均值 $\overline{X}$ 作为总体均值 μ 的估计,用样本方差 S^2 作为总体方差 σ^2 的估计.这就是参数的点估计问题.

定义 5.3 设 θ 是总体 X 的需要估计的参数(称为待估参数),$(X_1, X_2, \cdots, X_n)$ 为来自总体 X 的样本.如果构造一个统计量 $g(X_1, X_2, \cdots, X_n)$ 作为参数 θ 的估计,则称这个统计量为参数 θ 的一个点估计量,并记作 $\hat{\theta}$,即

$$\hat{\theta} = g(X_1, X_2, \cdots, X_n).$$

如果 $(x_1, x_2, \cdots, x_n)$ 是样本的一组观测值,则 $\hat{\theta} = g(x_1, x_2, \cdots, x_n)$ 就是 θ 的一个点**估计值**.

总体均值 $E(X)$、总体方差 $D(X)$ 和总体标准差 $\sqrt{D(X)}$ 的点估计量分别记作:

$$\hat{E}(X) = \overline{X} = \frac{1}{n}\sum_{i=1}^{n} X_i,$$

$$\hat{D}(X) = S^2 = \frac{1}{n-1}\sum_{i=1}^{n}(X_i - \overline{X})^2,$$

$$\sqrt{\hat{\theta}(X)} = S = \sqrt{\frac{1}{n-1}\sum_{i=1}^{n}(X_i - \overline{X})^2}.$$

例 1 从某袋装食盐自动生产线生产的食盐中随机抽取 8 袋,称得重量(单位:g)如下:251, 253, 249, 250, 248, 252, 254, 247.试估计自动生产线生产的袋装食盐的均值、方差和标准差.

解 由均值 $E(X)$、方差 $D(X)$ 和标准差 $\sqrt{D(X)}$ 的点估计公式,得

$$\begin{aligned}\hat{E}(X) = \overline{X} &= \frac{1}{8} \times (251 + 253 + 249 + 250 + 248 + 252 + 254 + 247) \\ &= 250.5,\end{aligned}$$

$$\begin{aligned}\hat{D}(X) = S^2 &= \frac{1}{n-1}\sum_{i=1}^{n}(X_i - \overline{X})^2 \\ &= \frac{1}{8-1} \times (0.5^2 + 2.5^2 + 1.5^2 + 0.5^2 + 2.5^2 + 1.5^2 + 3.5^2 + 3.5^2) \\ &= 6,\end{aligned}$$

$$\sqrt{\hat{D}(X)} = S = \sqrt{6} \approx 2.45.$$

笔记

即自动生产线生产的袋装食盐的均值估计值为 250.5 g/袋，方差估计值为 6(g/袋)^2，标准差估计值为 2.45 g/袋.

5.3.2　估计量的评价标准

由于样本$(X_1, X_2, \cdots, X_n)$是随机变量，从而总体未知参数的估计量也是随机变量，但总体未知参数却是不变的常数，所以用随机变量来估计非随机变量时，样本不同，观察值就不同，同一个未知参数会得到不同的估计值.如何判断一个估计量的好坏，就需要讨论估计量的评价问题.一次抽样下，估计量的取值不见得恰好等于被估计的参数值，但总是希望一个好的估计量在综合所有可能样本的情况下，“平均”来说应该等于被估计的参数，而且估计值与被估计参数间的偏差尽可能小，这就是点估计量评价中的“无偏性”与“有效性”.

定义 5.4　设 $\hat{\theta}$ 是未知参数 θ 的估计量，若 $E(\hat{\theta})=\theta$，则称 $\hat{\theta}$ 为 θ 的无偏估计量.

可以证明，样本均值 $\overline{X}$ 是总体均值 $E(X)$的无偏估计量，样本方差 S^2 是总体方差 $D(X)$的无偏估计量.即

$$E(\overline{X}) = E(X),\ E(S^2) = D(X).$$

证　设$(X_1, X_2, \cdots, X_n)$是来自总体 X 的简单随机样本，且总体的均值 $E(X)=\mu$ 和方差 $D(X)=\sigma^2$ 都存在，则

$$E(X_i) = E(X) = \mu,\ D(X_i) = D(X) = \sigma^2 \quad (i=1, 2, \cdots, n).$$

$$E(X_i^2) = D(X_i) + [E(X_i)]^2 = \sigma^2 + \mu^2 \quad (i=1, 2, \cdots, n).$$

又由上一节定理证明可得 $E(\overline{X})=\mu,\ D(\overline{X})=\dfrac{\sigma^2}{n}$.

所以，$E(\overline{X}^2) = D(\overline{X}) + [E(\overline{X})]^2 = \dfrac{\sigma^2}{n} + \mu^2 \quad (i=1, 2, \cdots, n)$.

故

$$\begin{aligned} E(S^2) &= E\left[\frac{1}{n-1}\left(\sum_{i=1}^{n} X_i^2 - n \cdot \overline{X}^2\right)\right] \\ &= \frac{1}{n-1}\left[E\left(\sum_{i=1}^{n} X_i^2\right) - E(n \cdot \overline{X}^2)\right] \\ &= \frac{1}{n-1}\left[\sum_{i=1}^{n} E(X_i^2) - n \cdot E(\overline{X}^2)\right] \\ &= \frac{1}{n-1}\left[\sum_{i=1}^{n} (\sigma^2 + \mu^2) - n \cdot \left(\frac{\sigma^2}{n} + \mu^2\right)\right] \end{aligned}$$

笔记

$$=\frac{1}{n-1}[n(\sigma^2+\mu^2)-\sigma^2-n\mu^2]$$

$$=\frac{1}{n-1}\times(n-1)\sigma^2=\sigma^2.$$

所以,S^2 是 $D(X)$的无偏估计.

注意 统计量 $S^{*2}=\frac{1}{n}\sum_{i=1}^{n}(X_i-\overline{X})^2$ 不是总体方差 σ^2 的无偏估计.

事实上,根据期望性质,有

$$E(S^{*2})=E\left[\frac{1}{n}\sum_{i=1}^{n}(X_i-\overline{X})^2\right]=E\left[\frac{n-1}{n}\cdot\frac{1}{n-1}\sum_{i=1}^{n}(X_i-\overline{X})^2\right]$$

$$=E\left(\frac{n-1}{n}S^2\right)=\frac{n-1}{n}E(S^2)=\frac{n-1}{n}\sigma^2\neq\sigma^2.$$

因此,按照给出的无偏性评价标准来说,S^2 作为 σ^2 的点估计比 S^{*2} 更适合.这也就是通常采用 S^2 作为 σ^2 的点估计量的原因.但是

$$\lim_{n\to\infty}E(S^{*2})=\lim_{n\to\infty}\frac{n-1}{n}\sigma^2=\sigma^2,$$

所以,称 S^{*2} 为 σ^2 的渐近无偏估计.当样本容量 n 充分大时,可用渐近无偏估计代替无偏估计,误差不会很大.

对总体某一参数的无偏估计量往往不只一个,例如,设$(X_1, X_2, \cdots, X_n)$是来自总体 X 的样本,上面已证样本均值 $\overline{X}$ 就是总体均值 μ 的无偏估计量,容易验证只要 $\sum_{i=1}^{n}a_i=1$,统计量 $\sum_{i=1}^{n}a_iX_i$ 也都是总体均值 μ 的无偏估计量.那么:这些估计量中哪一个更好呢?一个好的无偏估计量与被估计的参数之间的偏差越小越好,也就是无偏估计量的方差越小越有效.这就是所谓的"有效性".

定义 5.5 设 $\hat{\theta}_1$ 和 $\hat{\theta}_2$ 都是未知参数 θ 的无偏估计,若 $D(\hat{\theta}_1)<D(\hat{\theta}_2)$,则称 $\hat{\theta}_1$ 是较 $\hat{\theta}_2$ 更有效的估计.如果在 θ 的一切无偏估计量中,$\hat{\theta}$ 的方差达到最小,则 $\hat{\theta}$ 称为 θ 的最优无偏估计量.

例 2 设(X_1, X_2, X_3)是来自总体 $X\sim N(\mu, \sigma^2)$的样本,证明下列三个统计量:

$$\hat{\theta}_1=\frac{2}{5}X_1+\frac{1}{10}X_2+\frac{1}{2}X_3,\quad \hat{\theta}_2=\frac{1}{3}X_1+\frac{1}{3}X_2+\frac{1}{3}X_3,$$

$$\hat{\theta}_3=\frac{1}{3}X_1+\frac{1}{4}X_2+\frac{5}{12}X_3,$$

笔记

都是总体均值 μ 的无偏估计量，并指出哪一个最有效.

证明 因为 $E(X_i)=E(X)=\mu$，$D(X_i)=D(X)=\sigma^2 \quad (i=1,2,3)$.

所以 $E(\hat{\theta}_1)=E\left(\frac{2}{5}X_1+\frac{1}{10}X_2+\frac{1}{2}X_3\right)=\left(\frac{2}{5}+\frac{1}{10}+\frac{1}{2}\right)\mu=\mu$.

同理可证 $E(\hat{\theta}_2)=E(\overline{X})=\mu$，$E(\hat{\theta}_3)=\mu$.

故 $\hat{\theta}_1$、$\hat{\theta}_2$、$\hat{\theta}_3$ 都是总体均值 μ 的无偏估计.

又
$$D(\hat{\theta}_1)=D\left(\frac{2}{5}X_1+\frac{1}{10}X_2+\frac{1}{2}X_3\right)=\left(\frac{4}{25}+\frac{1}{100}+\frac{1}{4}\right)\sigma^2=\frac{21}{50}\sigma^2=0.42\sigma^2.$$

$$D(\hat{\theta}_2)=D(\overline{X})=D\left(\frac{1}{3}X_1+\frac{1}{3}X_2+\frac{1}{3}X_3\right)=\left(\frac{1}{9}+\frac{1}{9}+\frac{1}{9}\right)\sigma^2=\frac{1}{3}\sigma^2\approx 0.33\sigma^2.$$

$$D(\hat{\theta}_3)=D\left(\frac{1}{3}X_1+\frac{1}{4}X_2+\frac{5}{12}X_3\right)=\left(\frac{1}{9}+\frac{1}{16}+\frac{25}{144}\right)\sigma^2=\frac{25}{72}\sigma^2\approx 0.35\sigma^2.$$

经比较有 $D(\hat{\theta}_2)=D(\overline{X})<D(\hat{\theta}_3)<D(\hat{\theta}_1)$. 所以，统计量 $\hat{\theta}_2$(即 $\overline{X}$)最有效.

对于一般总体 X，不一定存在参数的最优无偏估计.但对正态分布总体 $X\sim N(\mu,\sigma^2)$，可以证明：样本均值 $\overline{X}$ 和样本方差 S^2 分别是总体均值 μ 和方差 σ^2 的最优无偏估计.

5.3.3 参数的区间估计

前面讨论了参数的点估计问题，只要给定样本观测值就能算出参数的估计值.但用点估计的方法得到的估计值不一定是参数的真实值，因为点估计量本身就是随机变量，即使点估计值与参数真实值相等，也无法知道(因为总体参数本身是未知的).也就是说，点估计值只是待估参数的近似值，并没有告诉近似值的精确程度和可靠程度.所以在实际应用中，更好的估计方法是给出一个包含未知参数 θ 的范围和一定的可靠程度，这个范围通常用区间形式表示，而可靠程度则用概率体现.这就是参数的区间估计问题.

定义 5.6 设$(X_1, X_2, \cdots, X_n)$是来自总体 X 的样本，θ 是总体的未知参数，对于事先给定的 $\alpha(0<\alpha<1)$，若有确定的统计量 $\hat{\theta}_1=g_1(X_1, X_2, \cdots, X_n)$ 和 $\hat{\theta}_2=g_2(X_1, X_2, \cdots, X_n)(\hat{\theta}_1<\hat{\theta}_2)$，使

笔记

$$P(\hat{\theta}_1 < \theta < \hat{\theta}_2) = 1-\alpha,$$

则称随机区间$(\hat{\theta}_1, \hat{\theta}_2)$为$\theta$的**置信区间**,$1-\alpha$称为置信区间的**置信概率**或**置信度**.而α反映区间估计的不可靠程度,通常取0.1、0.05、0.01等.

置信区间是以统计量为端点的随机区间,不同的样本得到的置信区间$(\hat{\theta}_1, \hat{\theta}_2)$也不同,在置信度$1-\alpha=0.95$的情形下,等式$P(\hat{\theta}_1<\theta<\hat{\theta}_2)=0.95$的直观意义是:在重复抽样100次下,产生100个随机样本,得到100个随机区间,在这100次区间估计中,大约有95个区间含有θ的真实值;或者进行100次区间估计,大约只有5次会失败.

下面重点讨论总体均值和方差的区间估计.由于正态分布总体是最常见的总体,且当样本容量比较大(一般不小于50)时,其余非正态分布总体也可用正态分布总体来近似处理.因此,本书只讨论正态分布总体的参数区间估计问题.

1. 正态分布总体$X\sim N(\mu, \sigma^2)$,方差σ^2已知时,均值μ的区间估计

设总体$X\sim N(\mu, \sigma^2)$,且$(X_1, X_2, \cdots, X_n)$是来自总体X的样本,由前面的讨论知,样本均值$\overline{X}$是总体均值μ的无偏估计,因此可利用$\overline{X}$来构造μ的置信区间.由上一节的定理知样本均值$\overline{X}\sim N\left(\mu, \dfrac{\sigma^2}{n}\right)$,或统计量

$$U=\frac{\overline{X}-\mu}{\sigma/\sqrt{n}}\sim N(0, 1).$$

对于给定的置信度$1-\alpha$,要求满足

$$P\{|U|<\lambda\}=1-\alpha \Leftrightarrow P\{|U|\geqslant\lambda\}=\alpha.$$

显然λ就是标准正态分布的α双侧临界值$U_{\frac{\alpha}{2}}$,即成立

$$P\{|U|<U_{\frac{\alpha}{2}}\}=P\left\{\left|\frac{\overline{X}-\mu}{\sigma/\sqrt{n}}\right|<U_{\frac{\alpha}{2}}\right\}=1-\alpha,$$

可推出

$$P\left\{\overline{X}-U_{\frac{\alpha}{2}}\frac{\sigma}{\sqrt{n}}<\mu<\overline{X}+U_{\frac{\alpha}{2}}\frac{\sigma}{\sqrt{n}}\right\}=1-\alpha.$$

上式表明,总体均值μ的置信度为$1-\alpha$的置信区间为:

$$\left(\overline{X}-U_{\frac{\alpha}{2}}\frac{\sigma}{\sqrt{n}}, \overline{X}+U_{\frac{\alpha}{2}}\frac{\sigma}{\sqrt{n}}\right).$$

可以简记为$\overline{X}\pm U_{\frac{\alpha}{2}}\dfrac{\sigma}{\sqrt{n}}$,并称之为 ***U* 法区间估计**.

笔记

实际应用中，置信度 $1-\alpha$ 取 0.90、0.95、0.99 时，对应的置信区间见表 5-2.

表 5-2

置信度 $1-\alpha$	临界值 $U_{\frac{\alpha}{2}}$	置信区间
0.90	1.65	$\left(\overline{X}-1.65\frac{\sigma}{\sqrt{n}},\ \overline{X}+1.65\frac{\sigma}{\sqrt{n}}\right)$
0.95	1.96	$\left(\overline{X}-1.96\frac{\sigma}{\sqrt{n}},\ \overline{X}+1.96\frac{\sigma}{\sqrt{n}}\right)$
0.99	2.58	$\left(\overline{X}-2.58\frac{\sigma}{\sqrt{n}},\ \overline{X}+2.58\frac{\sigma}{\sqrt{n}}\right)$

例 3 某工厂生产的一批球形零件，其直径 X 服从正态分布 $N(\mu, 0.05)$，今从中抽取 8 个，测得其直径(单位：mm)分别为：

$$14.7,\ 15.1,\ 14.8,\ 14.9,\ 15.2,\ 14.2,\ 14.6,\ 15.1$$

试在 95% 的置信度下估计这批球形零件的平均直径 μ.

解 已知 $n=8$，$\sigma^2=0.05$，$1-\alpha=0.95$，所以 $U_{0.025}=1.96$，且由样本数据可得样本平均直径

$$\begin{aligned}\overline{X}&=\frac{1}{8}\times(14.7+15.1+14.8+14.9+15.2+14.2+14.6+15.1)\\&=14.825\end{aligned}$$

则所求平均直径 μ 的置信区间为

$$\overline{X}\pm U_{0.025}\frac{\sigma}{\sqrt{n}}=14.825\pm1.96\times\frac{\sqrt{0.05}}{\sqrt{8}}=14.825\pm0.155$$

因此，有 95% 的置信度估计这批球形零件的平均直径在 14.67 mm～14.98 mm 之间.

2. 正态分布总体 $X\sim N(\mu, \sigma^2)$，方差 σ^2 未知时，均值 μ 的区间估计

若正态分布总体的方差 σ^2 未知时，利用 **U 法区间估计**得到的置信区间也是不能确定的.此时可考虑用样本方差 S^2 去代替总体方差 σ^2.得到的统计量为

$$t=\frac{\overline{X}-\mu}{S/\sqrt{n}}\sim t(n-1),$$

该统计量服从自由度为 $n-1$ 的 t 分布.

对于给定的置信度 $1-\alpha$，要求满足

$$P\{|t|<\lambda\}=1-\alpha\Leftrightarrow P\{|t|\geqslant\lambda\}=\alpha.$$

笔记

显然 λ 就是 t 分布的 α 双侧临界值 $t_{\frac{\alpha}{2}}(n-1)$，即成立

$$P\{|t|<t_{\frac{\alpha}{2}}(n-1)\}=P\left\{\left|\frac{\overline{X}-\mu}{S/\sqrt{n}}\right|<t_{\frac{\alpha}{2}}(n-1)\right\}=1-\alpha,$$

可推理出

$$P\left\{\overline{X}-t_{\frac{\alpha}{2}}(n-1)\frac{S}{\sqrt{n}}<\mu<\overline{X}+t_{\frac{\alpha}{2}}(n-1)\frac{S}{\sqrt{n}}\right\}=1-\alpha.$$

上式表明，总体均值 μ 的置信度为 $1-\alpha$ 的置信区间为：

$$\left(\overline{X}-t_{\frac{\alpha}{2}}(n-1)\frac{S}{\sqrt{n}},\ \overline{X}+t_{\frac{\alpha}{2}}(n-1)\frac{S}{\sqrt{n}}\right).$$

可以简记为 $\overline{X}\pm t_{\frac{\alpha}{2}}(n-1)\frac{S}{\sqrt{n}}$，并称之为 **$t$ 法区间估计**.

例 4 某大学为了掌握在校大学生的每月生活费开支情况，随机抽选 25 名在校大学生，了解到他们的每月生活费平均支出为 900 元，标准差为 250 元.假设在校大学生每月生活费支出服从正态分布，试以 90%的置信度确定该校在校大学生每月生活费平均支出 μ 的置信区间.

解 因为每月生活费支出 $X\sim N(\mu,\sigma^2)$，而总体方差 σ^2 未知，且 $n=25$ 为小样本，$\overline{X}=900$，$S=250$. 故用 t 法区间估计.由置信度 $1-\alpha=0.90$，自由度 $df=25-1=24$，查 t 分布表，得 $t_{0.05}(24)\approx 1.71$.

于是，所求 μ 的置信区间为

$$\overline{X}\pm t_{\frac{\alpha}{2}}(n-1)\frac{S}{\sqrt{n}}\approx 900\pm 1.71\times\frac{250}{\sqrt{25}}=900\pm 85.5.$$

故有 90%的置信度估计该校大学生每月生活费平均支出在 814.5 元到 985.5 元之间.

3. 正态分布总体 $X\sim N(\mu,\sigma^2)$，均值 μ 未知时，方差 σ^2 的区间估计

在实际问题中，不但要对总体均值进行估计，有时还要对总体的方差进行估计，如在企业生产中关于产品质量指标的稳定性或生产仪器设备的精度等问题，这就需要对所研究总体的方差进行区间估计.

设 $(X_1, X_2, \cdots, X_n)$ 是来自总体 $X\sim N(\mu,\sigma^2)$ 的样本，μ、σ^2 均未知.由于样本方差 S^2 是总体方差 σ^2 的无偏估计，因此可以利用 S^2 来求得 σ^2 的置信区间.由上一节可知

$$\chi^2=\frac{(n-1)S^2}{\sigma^2}\sim\chi^2(n-1),$$

笔记

服从自由度为 $n-1$ 的 χ^2 分布.

对于给定的置信度 $1-\alpha$,要求满足

$$P\{\lambda_1 < \chi^2 < \lambda_2\} = 1-\alpha \Leftrightarrow$$

$$P\{\chi^2 > \lambda_1\} = 1-\frac{\alpha}{2} \text{ 与 } P\{\chi^2 \geqslant \lambda_2\} = \frac{\alpha}{2}.$$

显然,λ_1 与 λ_2 就是 χ^2 分布的 $1-\frac{\alpha}{2}$ 与 $\frac{\alpha}{2}$ 上侧临界值 $\chi^2_{1-\frac{\alpha}{2}}(n-1)$ 与 $\chi^2_{\frac{\alpha}{2}}(n-1)$,即下式成立

$$P\{\chi^2_{1-\frac{\alpha}{2}}(n-1) < \chi^2 < \chi^2_{\frac{\alpha}{2}}(n-1)\}$$
$$= P\left\{\chi^2_{1-\frac{\alpha}{2}}(n-1) < \frac{(n-1)S^2}{\sigma^2} < \chi^2_{\frac{\alpha}{2}}(n-1)\right\} = 1-\alpha,$$

可推理出

$$P\left\{\frac{(n-1)S^2}{\chi^2_{\frac{\alpha}{2}}(n-1)} < \sigma^2 < \frac{(n-1)S^2}{\chi^2_{1-\frac{\alpha}{2}}(n-1)}\right\} = 1-\alpha.$$

上式表明,总体方差 σ^2 的置信度为 $1-\alpha$ 的置信区间为 $\left(\frac{(n-1)S^2}{\chi^2_{\frac{\alpha}{2}}(n-1)}, \frac{(n-1)S^2}{\chi^2_{1-\frac{\alpha}{2}}(n-1)}\right)$,并称之为 χ^2 **法区间估计**.

对上述区间的左右端点取**算术平方根**,就得到总体标准差 σ 的置信区间

$$\left(\sqrt{\frac{(n-1)S^2}{\chi^2_{\frac{\alpha}{2}}(n-1)}}, \sqrt{\frac{(n-1)S^2}{\chi^2_{1-\frac{\alpha}{2}}(n-1)}}\right).$$

例 5　设某种装修用清漆的 9 个样品,其干燥时间(单位:h)分别为

$$6.8,\ 5.7,\ 5.3,\ 6.5,\ 7.0,\ 6.0,\ 5.6,\ 6.1,\ 5.0,$$

假设干燥时间 X 服从正态分布 $N(\mu, \sigma^2)$,试以 99%的置信度确定这种清漆平均干燥时间 μ 的置信区间以及总体方差 σ^2 的置信区间.

解　先由样本数据计算出样本均值 $\overline{X}$ 和样本方差 S^2.

$$\overline{X} = \frac{1}{9} \times (6.8+5.7+5.3+6.5+7.0+6.0+5.6+6.1+5.0)$$
$$= 6,$$

$$S^2 = \frac{1}{n-1}\sum_{i=1}^{n}(X_i - \overline{X})^2$$
$$= \frac{1}{9-1} \times (0.8^2 + 0.3^2 + 0.7^2 + 0.5^2 + 1^2 + 0^2 + 0.4^2 + 0.1^2 + 1^2)$$
$$= 0.455.$$

笔记

对 μ 采用 t 法区间估计：因为 $1-\alpha=0.99$，$df=9-1=8$，查 t 分布表，得 $t_{0.005}(8)=3.355\,4$.于是，所求 μ 的置信区间为

$$\overline{X}\pm t_{\frac{\alpha}{2}}(n-1)\frac{S}{\sqrt{n}}=6\pm 3.355\,4\times\frac{\sqrt{0.455}}{\sqrt{9}}\approx 6\pm 0.75.$$

对 σ^2 采用 χ^2 法区间估计：因为 $1-\alpha=0.99$，$df=9-1=8$，查 χ^2 分布表，得

$$\chi^2_{0.005}(8)=21.955,\ \chi^2_{0.995}(8)=1.344\,4.$$

于是，所求 σ^2 的置信区间为

$$\left(\frac{(n-1)S^2}{\chi^2_{\frac{\alpha}{2}}(n-1)},\ \frac{(n-1)S^2}{\chi^2_{1-\frac{\alpha}{2}}(n-1)}\right)=\left(\frac{8\times 0.455}{21.955},\ \frac{8\times 0.455}{1.344\,4}\right)$$
$$\approx(0.165\,8,\ 2.707\,5).$$

顺便可得标准差 σ 的置信区间为

$$\left(\sqrt{\frac{(n-1)S^2}{\chi^2_{\frac{\alpha}{2}}(n-1)}},\ \sqrt{\frac{(n-1)S^2}{\chi^2_{1-\frac{\alpha}{2}}(n-1)}}\right)\approx(\sqrt{0.165\,8},\ \sqrt{2.707\,5})$$
$$\approx(0.407\,2,\ 1.645\,4).$$

故有 99%的置信度估计这种清漆平均干燥时间在 5.25 h 到 6.75 h 之间.以同等的置信度估计这种清漆干燥时间的方差在 0.165 8 h^2 到 2.707 5 h^2 之间.

5.3.4 参数的假设检验

1. 假设检验原理

由于某种需要，对未知的或不完全知道的总体作出一些假设，用以说明总体的某种性质，这种假设称为**统计假设**.针对这种假设，利用一个实际观测的样本，按照一定的程序，检验这个假设的合理性，从而决定接受或否定假设，这种检验称为**假设检验**.和前面的区间估计一样，假设检验也是数理统计中的重要内容之一.

例 6 某机械加工企业用一台车床加工零件，车床正常工作时，加工零件的长度 X(单位：mm)服从正态分布 $N(100,\ 2^2)$，某天开工后，为了检验车床是否正常工作，随机抽取 8 只零件，测得零件长度数据如下：

$$102,\ 105,\ 98,\ 103,\ 104,\ 99,\ 101,\ 104.$$

试问该车床今天工作是否正常(假设方差不会发生变化)?

笔记

分析　在这个例子中，只知道今天车床生产的零件长度是正态分布，方差为 $\sigma^2=2^2$，而对生产的所有零件的平均长度却不知道.虽然可以由样本数据算出所抽 8 只零件的平均长度为 $\bar{x}=\frac{1}{8}\sum_{i=1}^{8}x_i=102(\text{mm})$，但与正常工作时的平均长度 100 mm 有差异.现在就是要根据样本均值 $\bar{x}=102$ 去判断今天车床生产的零件平均长度是否仍是 100 mm.其解决思路是：先假设今天车床工作正常，即认为今天车床生产零件的平均长度 $\mu=100(\text{mm})$.然后按照一定的程序，检验这个假设的合理性，并判断这个假设是否正确.

一般地，将作为检验对象的假设称为**原假设**，通常用 H_0 表示.即例 6 的原假设为 $H_0:\mu=100$.

下面针对例 6 来说明假设检验的原理与过程.

解　从定性的角度去分析，如果车床工作正常，即今天零件平均长度仍是 $\mu=100(\text{mm})$，那么样本均值 $\bar{x}$ 与 100 应该相差不大；反过来，若 $\bar{x}$ 与 100 相差很大，自然认为今天车床生产零件的平均长度 $\mu\neq 100$，即车床工作不正常，故可由 $|\bar{x}-\mu|$ 的大小来判断 H_0 的正确性.

于是可先假设 $H_0:\mu=100$ 为真，此时 $U=\dfrac{\bar{X}-\mu}{\sigma/\sqrt{n}}\sim N(0,1)$，因而衡量 $|x-\mu|$ 的大小归结为衡量 $\left|\dfrac{\bar{X}-\mu}{\sigma/\sqrt{n}}\right|$ 的大小，适当选定一个正数 k，当样本均值 $\bar{x}$ 满足 $\left|\dfrac{\bar{X}-\mu}{\sigma/\sqrt{n}}\right|\geqslant k$ 时，就认为 $\bar{x}$ 与 μ 差异太大，拒绝 H_0；反之，若 $\left|\dfrac{\bar{X}-\mu}{\sigma/\sqrt{n}}\right|<k$，就认为 $\bar{x}$ 与 μ 差异不大，接受 H_0.

其中的 k 应该多大呢？这要由事先给定的一个小概率（即**检验水平**）α $(0<\alpha<1)$来确定.因为在 $H_0:\mu=100$ 为真时，事件 $\left|\dfrac{\bar{X}-\mu}{\sigma/\sqrt{n}}\right|\geqslant k$ 发生的概率不大，可令允许其发生的概率为 α，于是下式成立：

$$P\left\{\left|\frac{\bar{X}-\mu}{\sigma/\sqrt{n}}\right|\geqslant k\right\}=P\{|U|\geqslant k\}=\alpha.$$

假设取 $\alpha=0.05$，则查标准正态分布表 $N(0,1)$，得双侧临界值 $k=U_{\frac{0.05}{2}}=1.96$，所以事件 $B:\left|\dfrac{\bar{X}-\mu}{\sigma/\sqrt{n}}\right|\geqslant 1.96$ 为小概率事件，也就是假设检验的判断标准.

本例中 $\bar{x}=102$，$n=8$，$\sigma=2$，即

笔记

$$\left|\frac{\bar{X}-\mu}{\sigma/\sqrt{n}}\right|=\left|\frac{102-100}{2/\sqrt{8}}\right|=2\sqrt{2}\geqslant 1.96.$$

表明小概率事件在一次抽样中居然发生了，于是拒绝 H_0，认为车床今天工作不正常.

假设检验的**基本原理**是小概率事件 B 的实际不可能原理.人们根据长期的经验坚持这样一个信念：概率很小的事件 B 在一次实际抽样中是不可能发生的.如果小概率事件 B 在一次抽样中居然发生了，人们宁愿认为此事件的前提条件是错误的，从而否定假设.

至于事件 B 的概率小到什么程度才能算是“小概率”，一般要根据实际问题的不同要求而定.小概率事件的概率用 α 表示，一般可取 0.1、0.05、0.01 等值.通常称 α 为**显著性水平**或**检验水平**.

当然，小概率事件并非绝对不会发生.因此，在进行假设检验时，是冒着犯错误的风险的：当 H_0 真实时，如果拒绝了它，则这种错误称为**第一类错误**(也称**弃真错误**)；当 H_0 虚假时，如果接受了它，则这种错误称为**第二类错误**(也称**纳伪错误**).为了做出正确的决策，就要少犯错误，也就是要求这两类错误的概率值都较小才好.在实际中，通常总是先固定第一类错误的概率值，然后适当地选取样本容量去降低犯第二类错误的概率.

下面介绍几种常见的假设检验方法.

2. 正态分布总体 $X\sim N(\mu,\sigma^2)$，方差 σ^2 已知时，对均值 μ 的检验

在上面例 6 中，已经讨论了正态分布总体 $X\sim N(\mu,\sigma^2)$，方差 σ^2 已知时，关于均值 μ 的检验问题.在该例中利用了统计量 $U=\dfrac{\bar{X}-\mu}{\sigma/\sqrt{n}}\sim N(0,1)$，所以称这种检验法为 ***U* 检验法**.并称 $U=\dfrac{\bar{X}-\mu}{\sigma/\sqrt{n}}$ 为**检验统计量**.其检验步骤如下：

(1) 原假设 $H_0:\mu=\mu_0$.

(2) 检验统计量 $U=\dfrac{\bar{X}-\mu}{\sigma/\sqrt{n}}\sim N(0,1)$.

(3) 对给定的检验水平 α，由 $P\{|U|\geqslant k\}=\alpha$ 查 $N(0,1)$，确定临界值 $k=U_{\frac{\alpha}{2}}$，形成小概率事件 B：$|U|=\left|\dfrac{\bar{X}-\mu}{\sigma/\sqrt{n}}\right|\geqslant U_{\frac{\alpha}{2}}$.

(4) 由已知的样本资料，计算 U 值.

若 $|U|\geqslant U_{\frac{\alpha}{2}}$，则小概率事件 B 发生，拒绝 $H_0:\mu=\mu_0$；

若 $|U|<U_{\frac{\alpha}{2}}$，则小概率事件 B 没有发生，接受 $H_0:\mu=\mu_0$.

笔记

例 7 根据长期经验和资料分析,某砖厂生产的建筑用砖的抗断强度 X 服从正态分布,方差 $\sigma^2=1.21$.今从该厂生产的一批建筑用砖中,随机抽取 16 块,测得抗断强度的平均值为 3.500 MPa,试问在 0.05 检验水平下可否认为这批建筑用砖的平均抗断强度为 3.250 MPa?

解 抗断强度 $X\sim N(\mu,1.21)$,$\sigma=\sqrt{1.21}=1.1$,对均值 μ 的检验,应该用 U 检验法.而 $n=16$,样本均值 $\bar{x}=3.500$.

(1) 原假设 $H_0:\mu=3.250$.

(2) 检验统计量 $U=\dfrac{\overline{X}-\mu}{\sigma/\sqrt{n}}=\dfrac{\overline{X}-3.250}{1.1/\sqrt{16}}\sim N(0,1)$.

(3) 由 $\alpha=0.05$,查 $N(0,1)$,得临界值 $U_{\frac{\alpha}{2}}=1.96$,形成小概率事件 B:$|U|\geqslant 1.96$.

(4) 而 $\bar{x}=3.500$,所以 $|U|=\left|\dfrac{\overline{X}-\mu}{\sigma/\sqrt{n}}\right|=\left|\dfrac{3.500-3.250}{1.1/\sqrt{16}}\right|\approx 0.909<1.96$.

表明小概率事件 B 没有发生,接受 $H_0:\mu=3.250$.在 0.05 检验水平下认为这批建筑用砖的平均抗断强度为 3.250 MPa.

3. 正态分布总体 $X\sim N(\mu,\sigma^2)$,方差 σ^2 未知时,对均值 μ 的检验

在方差 σ^2 已知的条件下,可以用 U 检验法来检验正态分布总体的均值,但是,在许多实际问题中,方差 σ^2 往往未知,那么,如何检验正态分布总体的均值呢?此时可用样本方差 S^2 去代替总体方差 σ^2,此时的检验统计量为

$$t=\frac{\overline{X}-\mu}{S/\sqrt{n}}\sim t(n-1).$$

所以此时的检验法为 **t 检验法**.其检验步骤如下:

(1) 原假设 $H_0:\mu=\mu_0$.

(2) 检验统计量 $t=\dfrac{\overline{X}-\mu}{S/\sqrt{n}}\sim t(n-1)$($t$ 分布也是对称分布).

(3) 对给定的检验水平 α 和自由度 $df=n-1$,由 $P\{|t|\geqslant k\}=\alpha$ 查 t 分布表,确定临界值 $k=t_{\frac{\alpha}{2}}(n-1)$,形成小概率事件 B:$|t|=\left|\dfrac{\overline{X}-\mu}{S/\sqrt{n}}\right|\geqslant t_{\frac{\alpha}{2}}(n-1)$.

(4) 由已知的样本资料,计算 t 值.

若 $|t|\geqslant t_{\frac{\alpha}{2}}(n-1)$,则小概率事件 B 发生,拒绝 $H_0:\mu=\mu_0$;

若 $|t|<t_{\frac{\alpha}{2}}(n-1)$,则小概率事件 B 没有发生,接受 $H_0:\mu=\mu_0$.

笔记

例 8 某厂用包装机包装奶糖,包装机工作正常时,奶糖重量 X(单位:g)服从正态分布 $X\sim N(500,\sigma^2)$.某天开工后,为了检验包装机是否正常工作,随机抽取 9 袋奶糖,称得重量数据(单位:g)如下:

$$514,498,524,513,499,508,512,516,515.$$

试在 0.01 检验水平下判断包装机该天工作是否正常?

解 奶糖重量 $X\sim N(\mu,\sigma^2)$,σ 未知,对均值 μ 的检验,应该用 t **检验法**.而 $n=9$,自由度 $df=9-1=8$.由已知样本资料计算:

样本均值

$$\bar{x}=\frac{1}{9}\times(514+498+524+513+499+508+512+516+515)=511.$$

样本标准差

$$S=\sqrt{\frac{1}{n-1}\sum_{i=1}^{n}(x_i-\bar{x})^2}$$

$$=\sqrt{\frac{1}{9-1}\times(3^2+13^2+13^2+2^2+12^2+3^2+1^2+5^2+4^2)}$$

$$=\sqrt{\frac{546}{8}}\approx 8.26.$$

(1) 原假设 $H_0:\mu=500$.(即假设包装机今天工作正常)

(2) 检验统计量 $t=\dfrac{\overline{X}-\mu}{S/\sqrt{n}}\approx\dfrac{\overline{X}-500}{8.26/\sqrt{9}}\sim t(8)$.

(3) 由 $\alpha=0.01$ 和 $df=8$,查 t 分布表,得临界值 $t_{0.005}(8)=3.355\,4$,形成小概率事件 $B:|t|\geqslant 3.355\,4$.

(4) 而 $\bar{x}=511$,所以 $|t|=\left|\dfrac{\overline{X}-\mu}{S/\sqrt{n}}\right|=\left|\dfrac{511-500}{8.26/\sqrt{9}}\right|\approx 3.995\geqslant 3.355\,4$.

表明小概率事件 B 发生了,拒绝 $H_0:\mu=500$;在 0.01 检验水平下认为包装机该天工作不正常.

4. 正态分布总体 $X\sim N(\mu,\sigma^2)$,均值 μ 未知时,对方差 σ^2 的检验

上面介绍的 U 检验法和 t 检验法,解决了单个正态分布总体的均值检验问题.但在许多实际问题中,往往需要对正态分布总体的方差进行检验,即设 $X\sim N(\mu,\sigma^2)$,均值 μ 未知,检验原假设 $H_0:\sigma^2=\sigma_0^2$.显然离不开样本方差 S^2,此时的检验统计量为

$$\chi^2=\frac{(n-1)S^2}{\sigma^2}\sim\chi^2(n-1).$$

这种检验法称为 **χ^2 检验法**.其检验步骤如下：

笔记

(1) 原假设 $H_0: \sigma^2=\sigma_0^2$.

(2) 检验统计量 $\chi^2=\dfrac{(n-1)S^2}{\sigma^2}\sim\chi^2(n-1)$($\chi^2$ 分布不是对称分布).

(3) 对给定的检验水平 α 和自由度 $df=n-1$，由 $P\{\chi^2\leqslant\lambda_1\}=\dfrac{\alpha}{2}$ 和 $P\{\chi^2\geqslant\lambda_2\}=\dfrac{\alpha}{2}$(查 χ^2 分布表)，确定临界值 $\lambda_1=\chi^2_{1-\frac{\alpha}{2}}(n-1)$ 和 $\lambda_2=\chi^2_{\frac{\alpha}{2}}(n-1)$，形成小概率事件 $B: \chi^2\leqslant\chi^2_{1-\frac{\alpha}{2}}(n-1)$ 或 $\chi^2\geqslant\chi^2_{\frac{\alpha}{2}}(n-1)$.

(4) 由已知的样本资料，计算 χ^2 值.

若 $\chi^2\leqslant\chi^2_{1-\frac{\alpha}{2}}(n-1)$ 或 $\chi^2\geqslant\chi^2_{\frac{\alpha}{2}}(n-1)$，则小概率事件 B 发生，拒绝 $H_0: \sigma^2=\sigma_0^2$；

若 $\chi^2_{1-\frac{\alpha}{2}}(n-1)<\chi^2<\chi^2_{\frac{\alpha}{2}}(n-1)$，则小概率事件 B 没有发生，接受 $H_0: \sigma^2=\sigma_0^2$.

例 9 某厂生产的一种电池，长期以来，其寿命 X 服从正态分布 $N(\mu, 5\,000)$，现有一批这样的电池，不知其寿命的波动是否有所改变，于是从中随机抽取 26 只电池，测得寿命的样本方差为 9 200，试问在 0.05 检验水平下可否断定这批电池寿命的波动有显著变化？

解 电池寿命 $X\sim N(\mu, \sigma^2)$，μ 未知，对方差 σ^2 的检验，应该用 χ^2 检验法.而 $n=26$，自由度 $df=26-1=25$，以及 $S^2=9\,200$.

(1) 原假设 $H_0: \sigma^2=5\,000$，即假设这批电池的寿命方差没有显著变化.

(2) 检验统计量 $\chi^2=\dfrac{(n-1)S^2}{\sigma^2}=\dfrac{25S^2}{5\,000}\sim\chi^2(25)$.

(3) 由 $\alpha=0.05$ 及 $df=26-1=25$，查 χ^2 分布表得临界值 $\chi^2_{0.975}(25)\approx13.1$ 和 $\chi^2_{0.025}(25)\approx40.6$，形成小概率事件 $B: \chi^2\leqslant13.1$ 或 $\chi^2\geqslant40.6$.

(4) 因为样本方差 $S^2=9\,200$，所以 $\chi^2=\dfrac{25S^2}{5\,000}=\dfrac{25\times9\,200}{5\,000}=46>40.6$.

表明小概率事件 B 发生了，拒绝 $H_0: \sigma^2=5\,000$.故在 0.05 检验水平下认为这批电池寿命的波动有显著的变化.

习 题 5-3

1. 已知抽取某型号火箭 8 枚进行射程试验，测得数据(单位：km)如下：54，52，49，57，43，47，50，51.试估计该型号火箭射程的均值、方差和标准差.

2. 设(X_1, X_2, X_3, X_4)是来自总体$X \sim N(\mu, \sigma^2)$的样本,试证明下面两个统计量都是总体均值μ的无偏估计,并比较哪个更有效.

$$\tilde{\mu}_1 = \frac{1}{6}X_1 + \frac{1}{8}X_2 + \frac{3}{8}X_3 + \frac{1}{3}X_4;\ \tilde{\mu}_1 = \frac{1}{5}X_1 + \frac{1}{2}X_2 + \frac{1}{10}X_3 + \frac{1}{5}X_4.$$

3. 某市进行一项职工家计调查,在全市居民家庭中抽取了一容量为400户的样本,算得样本月平均生活费为152.4元,假设居民家庭月生活费服从正态分布$N(\mu, \sigma^2)$,其中总体标准差$\sigma = 26.3$元,试求全市居民家庭的月平均生活费的置信区间$(1-\alpha = 0.95)$.

4. 某商店购进A商品5 000包,其每包重量X服从正态分布,而且总体标准差为15 g,从中随机抽测100包,得样本平均每包重500 g.试以95%的置信度估计购进的5 000包A商品的平均每包重量的置信区间.

5. 有一批出口灯泡,从中随机抽取100个进行检验,测得平均寿命为1 000 h,标准差为200 h,求这批灯泡平均寿命的置信区间$(1-\alpha = 0.95)$.

6. 从某灯泡厂生产的某批灯泡中随机抽取5只进行寿命测试,测得数据(单位:h)如下:

$$1\,050,\ 1\,100,\ 1\,120,\ 1\,250,\ 1\,280.$$

假设灯泡寿命服从正态分布$N(\mu, \sigma^2)$,试在95%的置信度下估计该批灯泡的平均寿命μ的置信区间.

7. 某种建筑用钢材的强度X服从正态分布$N(\mu, \sigma^2)$,从中随机抽取31根,测得其强度的平均值为180 MPa,标准差为12 MPa.试在0.90置信度下估计这种钢材强度的方差和标准差的置信区间.

8. 设来自正态分布总体的一个样本为:60, 61, 47, 56, 61, 63, 65, 69, 54, 59.求X的均值和方差的置信区间(置信度为0.90).

9. 某产品设计标准每瓶净重为250 g,标准差为5 g.随机抽取100瓶进行检验,测得样本每瓶平均净重是251 g.在检验水平$\alpha = 0.05$下,判断产品每瓶净重是否符合设计标准.

10. 已知某炼铁厂铁水含碳量服从正态分布$N(4.48, 0.11^2)$,为了检验铁水平均含碳量,共测定了8炉铁水,其含碳量分别为:4.47, 4.49, 4.50, 4.47, 4.45, 4.42, 4.52, 4.44.如果方差没有什么变化,试检验铁水含碳量与原来有无显著差异$(\alpha = 0.05)$.

11. 已知灯泡寿命服从正态分布,从一批灯泡中随机抽取20个,算得样本平均寿命$\overline{X} = 1\,900$ h,标准差$S = 490$ h.试在检验水平$\alpha = 0.01$下,判断该批灯泡的平均使用寿命是否为 2 000 h.

12. 从一批矿砂中随机抽取 5 个样品，测得其镍含量(%)数据如下：3.25，3.27，3.24，3.26，3.24.且矿砂镍含量服从正态分布，试问在 0.01 检验水平下可否认为这批矿砂的镍含量均值为 3.25%？

13. 某企业正常生产条件下，产品某一质量指标 X 服从正态分布，其方差为 16.某日开工后，从生产的产品中随机抽取 21 件进行检测，测得该指标的样本方差为 12.试在 0.05 检验水平下判断该天生产产品的质量指标方差是否仍是 16.

14. 企业制定一种元件的质量标准是平均寿命为 1 200 h，标准差为 50 h.今在这种元件中随机抽取 9 只，测得样本平均寿命为 1 178 h，样本标准差为 54 h.已知元件寿命服从正态分布，试在检验水平 $\alpha=0.05$ 下确定这种元件是否符合要求.

习题 5-3
参考答案

5.4 一元线性回归

5.4.1 回归分析的概念

笔记

变量之间的关系大致可分为两类，一类称为**确定性关系**，也称**函数关系**.如圆的面积 A 和半径 r 之间的关系，可用公式表示为 $A=\pi r^2$，当 r 确定时，A 也随之确定；自由落体运动中，下落的位移 S 与下落的时间 t 之间的关系，可表示为 $S=\frac{1}{2}gt^2$(g 是重力加速度常数).另一类称为**非确定性关系**，又称为**相关关系**.例如人的身高与体重之间的关系，一般身高越高体重相应也越重，但身高与体重之间又没有很确定的关系.具有相关关系的变量在实际生活中非常多.例如，消费者对某种商品(比如西红柿)的月需求量与该种商品的价格之间的关系，农作物的产量与施肥量、气候、农药之间的关系，家庭收入水平与食品支出比重的关系等都具有相关关系.

在确定变量之间具有相关关系的情况下，由一个或一组非随机变量(即自变量)来估计或预测某一个随机变量(即因变量)的观察值时，所建立的数学模型以及所进行的统计分析，称为**回归分析**.如果这个模型是线性(几何体现为直线形态)的就称为**线性回归分析**.反之，则为**非线性回归分析**(即曲线形态).回归分析是处理变量间相关关系的有力工具，它不仅告诉人们怎样建立变量间的数学表达式，即经验公式，而且还利用概率统计知识进行分析讨论，判断出所建立的经验公式的有效性，从而可以进行预测或估计.因此，回归分析是现代化管理的一个重要工具，在生产实际中应

笔记

用广泛.

根据变量的多少,回归分析可分为一元回归分析和多元回归分析.其中一元回归分析是研究两个变量之间的相关关系,多元回归分析是研究两个以上变量之间的相关关系.本节只介绍具有直线形态的两变量间的回归分析,即**一元线性回归分析**.

5.4.2 一元线性回归方程的建立

设 X 与 Y 为具有相关关系的两个变量,X 是可控制的自变量,Y 是随机变化的因变量.在实际问题中,首先对该组变量 X 与 Y 进行 n 次试验或观测,得到 n 组值(x_i, y_i), $i=1, 2, \cdots, n$.然后将此 n 组值(x_i, y_i)在直角坐标系平面中描绘出来,若该 n 个点大致围绕在一条直线周围,就可以认为 X 与 Y 呈线性相关关系,这样的图形称为**相关散点图**.如图 5-7 所示.从图中可以看到,n 个散点没有准确落在直线上,而是在一条直线上下波动.接下来就是求出这条直线的方程 $Y=a+bX$,也就是 X 与 Y 之间的数学模型,称之为**一元线性回归方程**.

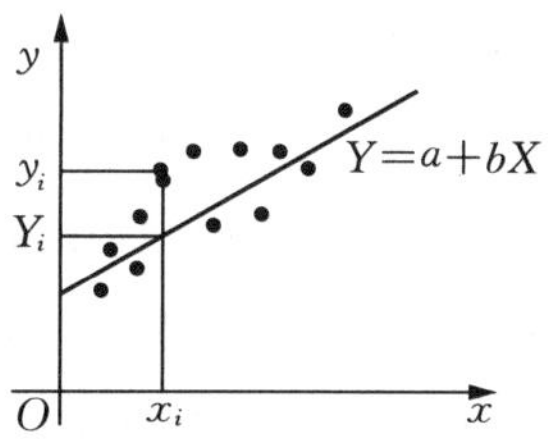

图 5-7

显然直线方程 $Y=a+bX$ 中的 a 与 b 是未知的,怎么确定呢? 由于 x_i 对应的 y_i 和直线上对应的纵坐标 Y_i 之间的偏差(y_i-Y_i)有正有负,正负会相互抵消,有 $\sum\limits_{i=1}^{n}(y_i-Y_i)=0$. 所以要衡量散点$(x_i, y_i)$与直线 $Y=a+bX$ 的偏差大小,用 $\sum\limits_{i=1}^{n}(y_i-Y_i)=0$ 是不行的,实际应用中采用偏差平方和 $\sum\limits_{i=1}^{n}(y_i-Y_i)^2=\sum\limits_{i=1}^{n}(y_i-a-bx_i)^2$,它是关于 a、b 的二元函数,记作 $Q(a, b)=\sum\limits_{i=1}^{n}(y_i-a-bx_i)^2$,当 a、b 的取值使 $Q(a, b)$达到最小值时,表明回归直线 $Y=a+bX$ 是反映 X 与 Y 线性关系的最佳直线.这种方法称为**最小平方法**(也叫**最小二乘法**).利用二元函数求极值的方法:

对 $Q(a, b)$关于 a、b 求偏导数,得

$$\begin{cases} \dfrac{\partial Q}{\partial a}=-2\sum\limits_{i=1}^{n}(y_i-a-bx_i)=0, \\ \dfrac{\partial Q}{\partial b}=-2\sum\limits_{i=1}^{n}(y_i-a-bx_i)x_i=0. \end{cases}$$

整理得

笔记

$$\begin{cases} na + b\sum_{i=1}^{n} x_i = \sum_{i=1}^{n} y_i, \\ a\sum_{i=1}^{n} x_i + b\sum_{i=1}^{n} x_i^2 = \sum_{i=1}^{n} x_i y_i. \end{cases}$$

解方程组，得

$$\begin{cases} b = \dfrac{\sum_{i=1}^{n} x_i y_i - n\bar{y}\bar{x}}{\sum_{i=1}^{n} x_i^2 - n\bar{x}^2}, \\ a = \bar{y} - b\bar{x}. \end{cases}$$

可以证明，$Q(a, b)$确实在所求得的(a, b)处取得最小值.故关于 X 与 Y 的一元线性回归方程为

$$Y = a + bX.$$

其中 a 称为**回归截距**，b 称为**回归系数**.

例 1　某工厂的机床使用年数与年维修费用的有关资料如下：

使用年数	2	2	3	4	4	5	5	6	6	6	8	9
年维修费(百元)	4.0	5.4	5.2	6.4	7.4	6.0	8.0	7.0	7.6	9.0	8.4	10.8

试建立机床使用年数 X 与年维修费 Y 的直线回归方程.

解　(1) 作散点图.把表中 12 对数据所表示的 12 个点在直角坐标系平面上描绘出来，即得散点图(图 5-8).从图上可以看到，散点的分布大致围绕在一条直线周围，因此 X 和 Y 的回归方程可考虑为一元线性回归方程 $Y = a + bX$.

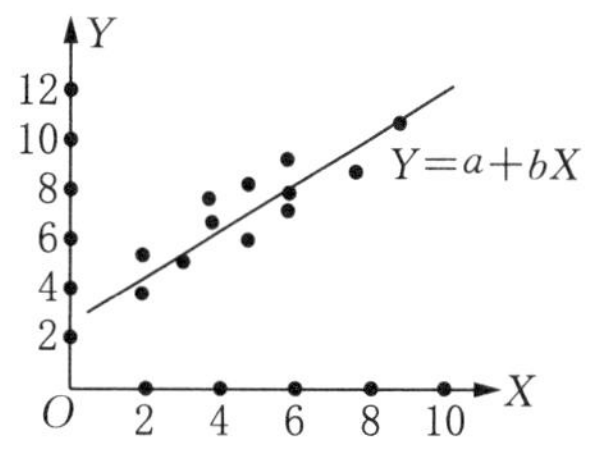

图 5-8

(2) 用最小二乘法求参数 a 和 b，根据公式需要计算 $\bar{x}$、$\bar{y}$、$\sum_{i=1}^{n} x_i^2$、$\sum_{i=1}^{n} x_i y_i$. 为了方便，常将它们列成下表的形式.

序号	1	2	3	4	5	6	7	8	9	10	11	12	$\sum$
x_i	2	2	3	4	4	5	5	6	6	6	8	9	60
y_i	4.0	5.4	5.2	6.4	7.4	6.0	8.0	7.0	7.6	9.0	8.4	10.8	85.2
$x_i y_i$	8	10.8	15.6	25.6	29.6	30	40	42	45.6	54	67.2	97.2	465.6
x_i^2	4	4	9	16	16	25	25	36	36	36	64	81	352

笔记

由表中数据知：$n=12$，$\sum_{i=1}^{12}x_iy_i=465.6$，$\sum_{i=1}^{12}x_i^2=352$，$\sum_{i=1}^{12}x_i=60$，$\sum_{i=1}^{12}y_i=85.2$.

所以
$$\bar{x}=\frac{1}{12}\sum_{i=1}^{12}x_i=\frac{1}{12}\times 60=5,$$
$$\bar{y}=\frac{1}{12}\sum_{i=1}^{12}y_i=\frac{1}{12}\times 85.2=7.1.$$

故
$$b=\frac{\sum_{i=1}^{n}x_iy_i-n\bar{x}\cdot\bar{y}}{\sum_{i=1}^{n}x_i^2-n\bar{x}^2}=\frac{465.6-12\times 5\times 7.1}{352-12\times 5^2}\approx 0.76,$$
$$a=\bar{y}-b\bar{x}=7.1-0.76\times 5=3.3.$$

其中回归系数 $b=0.76$ 表示机床使用年数每增加 1 年，机床的年维修费平均增加 76 元.

(3) 写出回归方程：　$Y=3.3+0.76X$.

如果用多功能电子计算器计算，在统计功能下可直接得到 $\sum_{i=1}^{n}y_i$、$\sum_{i=1}^{n}x_i$、$\sum_{i=1}^{n}x_i^2$，以及 $\bar{x}$、$\bar{y}$.但 $\sum_{i=1}^{n}x_iy_i$ 只能另行计算.

例 2 为了研究家庭收入和食品支出的相关关系，随机抽取了 12 个家庭的样本，得到数据如下：

单位：百元

月收入 X	20	30	33	40	15	14	26	38	35	42	22	31
月支出 Y	7	9	9	11	5	4	8	10	9	10	8	9

假定月收入 X 与月支出 Y 具有线性模型，试求 X 与 Y 一元线性回归方程.

解 显然 $n=12$，借助多功能电子计算器，可算得
$$\sum_{i=1}^{12}x_i=346,\ \sum_{i=1}^{12}y_i=99,\ \sum_{i=1}^{12}x_i^2=10\,964,\ \sum_{i=1}^{12}y_i^2=863\text{(后面要用)}.$$

所以
$$\bar{x}=\frac{1}{12}\sum_{i=1}^{12}x_i=\frac{1}{12}\times 346\approx 28.83,$$
$$\bar{y}=\frac{1}{12}\sum_{i=1}^{12}y_i=\frac{1}{12}\times 99=8.25,$$
$$\sum_{i=1}^{12}x_iy_i=20\times 7+30\times 9+\cdots+31\times 9=3\,056.$$

笔记

于是，得$b=\dfrac{\sum_{i=1}^{n}x_iy_i-n\bar{x}\bar{y}}{\sum_{i=1}^{n}x_i^2-n\bar{x}^2}=\dfrac{3\ 056-12\times 28.83\times 8.25}{10\ 964-12\times 28.83^2}\approx 0.204.$

$$a=\bar{y}-b\bar{x}=8.25-0.204\times 28.83\approx 2.369.$$

故所求回归方程为

$$Y=2.369+0.204X.$$

回归方程说明，当收入为零时，每月也必须有 236.9 元的食品支出，而月收入每增加 100 元，则每月支出平均可望增加 20.4 元.

5.4.3 相关性检验

在前面的讨论中，总是预先假定变量间存在线性关系，这种假定是否有根据，还不知道.当变量之间不存在线性关系时，用测得的数据给它配上回归直线，这条直线的意义不大.如学生的体重与学习成绩显然没有任何关系，但仍然可以进行资料的收集，按照最小二乘法求出学生体重与成绩的回归方程，显然此回归方程没有任何意义.因此，必须通过样本对变量间的线性相关程度进行描述和检验.即进行相关分析，计算相关系数并检验.

英国统计学家卡尔·皮尔逊为了正确地测定两个变量间变动关系的密切程度，用积差法定义了一个统计量，就是通常所说的皮尔逊相关系数.**相关系数**是在两变量之间存在线性相关条件下，用来说明两变量之间相关关系和相关密切程度的统计分析指标，一般记为 r，其基本计算公式为

$$r=\frac{\sum_{i=1}^{n}(x_i-\bar{x})(y_i-\bar{y})}{\sqrt{\sum_{i=1}^{n}(x_i-\bar{x})^2}\sqrt{\sum_{i=1}^{n}(y_i-\bar{y})^2}}$$

对上式进行变形，可得计算公式

$$r=\frac{n\cdot\sum_{i=1}^{n}x_iy_i-\sum_{i=1}^{n}x_i\cdot\sum_{i=1}^{n}y_i}{\sqrt{n\cdot\sum_{i=1}^{n}x_i^2-(\sum_{i=1}^{n}x_i)^2}\cdot\sqrt{n\cdot\sum_{i=1}^{n}y_i^2-(\sum_{i=1}^{n}y_i)^2}}$$

对相关系数 r 的几点说明：

(1) 相关系数 r 的取值范围：$|r|\leqslant 1$.其绝对值越接近于 1，表示 X 与 Y 之间直线相关密切程度越高，绝对值越接近于 0，表示 X 与 Y 之间直线相关密切程度越低.

笔记

(2) 当$|r|=1$时，表示所有散点都在回归直线上，此时称 X 与 Y **完全线性相关**.当 $r=1$ 时，称为**完全正相关**[图 5-9(1)]；当 $r=-1$ 时，称为**完全负相关**[图 5-9(2)]；当 $r=0$ 时，称 X 与 Y **完全不相关**[图 5-9(3)].

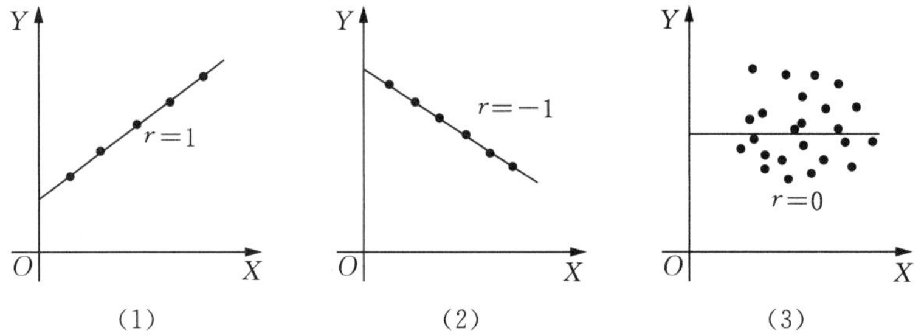

图 5-9

(3) 当$0<r<1$时，即回归直线的斜率 b 为正，因变量 Y 随自变量 X 增加而增加，为同向变化.此时称 X 与 Y 直线**正相关**[图 5-10(1)].

(4) 当$-1<r<0$时，即回归直线的斜率 b 为负，因变量 Y 随自变量 X 增加而减少，为反向变化.此时称 X 与 Y 直线**负相关**[图 5-10(2)].

提问：

为什么相关系数 r 的正负能体现回归系数 b 的正负呢？

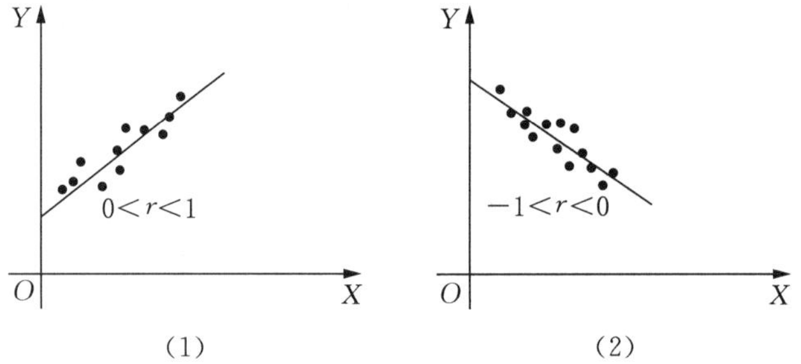

图 5-10

例 3 试求例 2 中家庭月收入 X 与家庭月支出 Y 的相关系数 r.

解 由例 2 的计算结果，有

$$r=\frac{n\cdot\sum_{i=1}^{n}x_iy_i-\sum_{i=1}^{n}x_i\cdot\sum_{i=1}^{n}y_i}{\sqrt{n\cdot\sum_{i=1}^{n}x_i^2-(\sum_{i=1}^{n}x_i)^2}\cdot\sqrt{n\cdot\sum_{i=1}^{n}y_i^2-(\sum_{i=1}^{n}y_i)^2}}$$

$$=\frac{12\times 3\,056-346\times 99}{\sqrt{12\times 10\,964-346^2}\cdot\sqrt{12\times 863-99^2}}$$

$$=\frac{2\,418}{\sqrt{11\,852}\times\sqrt{555}}\approx 0.94.$$

笔记

上例中，r 值接近于 1，但还不能据此认为 X 与 Y 有很强的正相关性，因为 r 的大小还与样本容量 n 的大小有关.例如，对于两点的回归直线来说，一定会通过这两点，这样就有 $|r|=1$，但这时并不能说明 X 与 Y 线性相关显著.因此，需要搞清楚是，当样本容量 n 确定时，$|r|$ 至少应该取多大的值，才能保证 X 与 Y 线性相关是显著的.这就是说，需要找到一个判断 X 与 Y 相关显著性的相关系数的临界值.附表 5 中给出了相关系数的临界值，表中 r 的自由度 $df=n-2$，这是因为 r 中有两个约束条件，所以扣除了两个自由度.于是，用统计量 r 可进行相关性检验.这种检验法称为 **r 检验法**.由检验水平 α 及自由度 $df=n-2$，在附表 5 中查出临界值 λ，如果 $|r|>\lambda$，则 X 与 Y 之间线性相关显著；如果 $|r|<\lambda$，则 X 与 Y 之间线性相关不显著.

例 4　试检验例 2 中，家庭月收入 X 与家庭月支出 Y 线性相关是否显著($\alpha=0.05$).

解　由例 3 可知，$r=0.94$，又由 $\alpha=0.05$，自由度 $df=12-2=10$，查 r 检验临界表得 $\lambda=0.5760$.因为 $|r|=0.94>\lambda=0.5760$，所以在 0.05 检验水平下认为 X 与 Y 具有显著直线正相关关系.此时才能表明例 2 中解出的一元线性回归方程是有意义的，可以用它来进行预测和指导工作.

综上可知：线性相关检验(通常称为相关分析)是回归分析的前提和条件，回归分析是相关分析的继续和发展.

例 5　某小卖部店家为了研究气温对热饮销售量的影响，经过统计，得到当天气温与卖出热饮杯数的资料如下：

气温/℃	−5	0	4	7	12	15	19	23	27	31	36
热饮杯数	156	150	132	128	130	116	104	89	93	76	54

试求热饮杯数 Y 与气温 X 之间的线性回归方程，作线性相关检验($\alpha=0.05$)，并求当气温 $X=10$ ℃时的热饮杯数 Y 的预测值.

解　① 显然 $n=11$，借助多功能计算器得

$$\sum_{i=1}^{11}x_i=169,\ \sum_{i=1}^{11}y_i=1\,228,\ \sum_{i=1}^{11}x_i^2=4\,335,\ \sum_{i=1}^{11}y_i^2=147\,078.$$

所以 $\bar{x}=\frac{1}{11}\sum_{i=1}^{11}x_i=\frac{1}{11}\times169\approx15.36$，$\bar{y}=\frac{1}{11}\sum_{i=1}^{11}y_i=\frac{1}{11}\times1\,228\approx111.64$.

$$\sum_{i=1}^{11}x_iy_i=-5\times156+0\times150+4\times132+\cdots+36\times54=14\,778.$$

笔记

$$\text{于是,得 } b=\frac{\sum_{i=1}^{n}x_iy_i-n\bar{x}\bar{y}}{\sum_{i=1}^{n}x_i^2-n\bar{x}^2}=\frac{14\,778-11\times 15.36\times 111.64}{4\,335-11\times 15.36^2}$$

$$\approx\frac{-4\,085}{1\,740}\approx -2.35.$$

$$a=\bar{y}-b\bar{x}=111.64-(-2.35)\times 15.36=147.7.$$

所以,所求回归方程为

$$Y=147.7-2.35X.$$

② 线性相关检验.根据相关系数的计算公式,得

$$r=\frac{11\times 14\,778-169\times 1\,228}{\sqrt{11\times 4\,335-169^2}\times\sqrt{11\times 147\,078-1\,228^2}}$$

$$=\frac{-44\,974}{\sqrt{19\,124}\times\sqrt{109\,874}}=-0.981.$$

由自由度 $df=n-2=11-2=9$, $\alpha=0.05$, 查 r 检验临界值表,得 $\lambda=0.602$. 因为

$$|r|=0.981>0.602.$$

所以,在 $\alpha=0.05$ 检验水平下,认为 X 与 Y 线性相关显著,因此,求得的回归模型是有效的.

③ 将 $X=10$ 代入回归方程中,得

$$Y=147.7-2.35X=147.7-2.35\times 10=124.2.$$

这就是说,当气温为 10 ℃时,该小卖部热饮销售量大约是 124 杯.并且当气温每增加 1 ℃时,小卖部热饮销售量平均减少 2.35 杯.

习　题　5-4

1. 以家庭为单位,某种商品年需求量与该商品价格之间的一组调查数据如下表:

价格 X/元	1	2	2	2.3	2.5	2.6	2.8	3	3.3	3.5
年需求量 Y/kg	5	3.5	3	2.7	2.4	2.5	2	1.5	1.2	1.2

求商品价格 X 与商品年需求量 Y 的线性回归方程.

2. 炼铝厂测得所生产的铸模用的铝的硬度与抗张强度的数据如下:

硬度 X	68	53	70	84	60	72	51	83	70	64
抗张强度 Y	288	293	349	343	290	354	283	324	340	286

(1) 试求硬度与抗张强度之间的线性回归方程.

(2) 作线性相关检验($\alpha=0.05$).

(3) 如果某批铝的硬度 $X=65$,试求抗张强度 Y 的预测值.

3. 对某矿体的 8 个采样进行测定,得到该矿体含铜量 $X(\%)$与含银量 $Y(\%)$的数据如下:

X	37	34	41	43	41	34	40	45
Y	1.9	2.4	10	12	10	3.6	10	13

求:(1)Y 与 X 之间的线性回归方程.(2)在 $\alpha=0.01$ 检验水平下,检验 Y 与 X 线性相关是否显著.

4. 某企业为了了解广告投入是否给企业带来真正的效益,收集了 9 个不同地区的销售额(单位:万元)和广告费(单位:百元)资料如下:

销售额 Y	180	190	190	210	240	260	270	310	330
广告费 X	130	140	140	160	180	200	210	240	260

(1) 试求销售额 Y 与广告费 X 之间的线性回归方程.

(2) 在 $\alpha=0.05$ 检验水平下,作线性相关检验.

(3) 求当广告费 $X=200$(百元)时的销售额预测值.

习题 5-4
参考答案

本 章 小 结

【主要内容】本章主要内容有数理统计的基本概念:总体,样本,统计量,统计量的分布,临界值,总体参数的点估计,区间估计,假设检验和回归分析等.

【重　　点】统计量的分布,总体参数的点估计,区间估计,假设检验.

【难　　点】区间估计,假设检验.

【学习要求】

1. 理解总体,样本,样本容量,简单随机样本;掌握样本均值,样本方差的计算;理解统计量概念和统计量的随机性,正态分布下样本均值的分布 $\overline{X}\sim N\left(\mu,\ \dfrac{\sigma^2}{n}\right)$,特别是 U 统计量,t 统计量和 χ^2 统计量的分布规律,会查 t 分布表和 χ^2 分布表.

2. 掌握总体参数的点估计方法,理解参数区间估计的概念,掌握在正态分布总体 $N(\mu,\ \sigma^2)$ 下,总体均值 μ 的 U 法和 t 法区间估计,总体方差 σ^2 的 χ^2 法区间估计.

3. 了解假设检验的过程，理解小概率原理；掌握正态分布总体 $N(\mu, \sigma^2)$下，总体均值 μ 的 U 和 t 检验法；总体方差 σ^2 的 χ^2 检验法.

4. 理解变量间的相关关系，能建立两变量线性关系下的一元线性回归模型 $Y=a+bX$，能检验 X 与 Y 之间的线性相关.

复习题五

1. 填空题.

(1) 若$(X_1, X_2, \cdots, X_n)$是来自总体 X 的简单随机样本，则$(X_1, X_2, \cdots, X_n)$满足的两个条件是________，________；

(2) 给定一组样本观察值$(X_1, X_2, \cdots, X_{10})$，算得 $\sum\limits_{i=1}^{10} X_i=60$，$\sum\limits_{i=1}^{10} X_i^2=405$，则样本平均数 $\overline{X}=$________，样本方差 $S^2=$________；

(3) 若 $P\{\lambda<\chi^2(5)<11.071\}=0.90$，则 $\lambda=$________；

(4) 若 $P\{|t(n)| \leqslant \lambda\}=0.95$，则 $P\{t(n)>\lambda\}=$________；

(5) 设总体 $X \sim N(\mu, \sigma^2)$，$(X_1, X_2, \cdots, X_n)$为来自总体 X 的样本，$\overline{X}$ 为样本均值，则 $\overline{X}$ 服从________分布；

(6) 设(X_1, X_2, X_3)是来自正态分布总体 $X \sim N(\mu, 0.64)$的样本，则当 $a=$________时，$\hat{\mu}=aX_1+\frac{1}{5}X_2+\frac{1}{2}X_3$ 是总体均值 μ 的无偏估计；

(7) 设正态分布总体 $X \sim N(\mu, \sigma^2)$的方差 $\sigma^2=4$，来自总体 X 且容量为 25 的样本均值 $\overline{X}=10$，则总体 μ 的置信度为 0.95 的置信区间是____________；

(8) 若$(X_1, X_2, \cdots, X_n)$是来自正态分布总体 $X \sim N(\mu, 25)$的样本，检验原假设 H_0：$\mu=100$，则使用的检验统计量为____________；

(9) 某厂生产某种产品，在稳定生产情况下该产品的某种指标服从正态分布 $X \sim N(\mu, 0.36)$，现从某日生产的产品中抽测 20 件，用来检验这批产品该指标的方差 σ^2 有无显著变化，则该假设检验的原假设为________________，应采用的检验方法是______________，而检验统计量为__________________；

(10) 设随机变量 X 与 Y 呈直线相关，对它们进行 10 次观察，得到的数据如下：

X	-2	0	1	4	5	7	10	11	13	16
Y	15	18	19	22	23	27	29	31	33	35

则线性回归方程是______________________，相关系数是______________________，在检验水平 $\alpha=0.05$ 条件下，线性相关检验结果是________.

2. 选择题.

(1) 设(X_1, X_2)是来自总体 X 的一个容量为 2 的样本,则在下列 $E(X)$的无偏估计量中,最有效的估计量是(　　).

A. $\frac{1}{2}(X_1+X_2)$　　B. $\frac{2}{3}X_1+\frac{1}{3}X_2$　　C. $\frac{3}{4}X_1+\frac{1}{4}X_2$　　D. $\frac{3}{5}X_1+\frac{2}{5}X_2$

(2) 设总体 $X\sim N(\mu, \sigma^2)$,其中 σ^2 已知,μ 未知,(X_1, X_2, X_3)为其样本,下列各项中不是统计量的是(　　).

A. $X_1+X_2+X_3$　　B. $\min\{X_1, X_2, X_3\}$

C. $\sum\limits_{i=1}^{3}\frac{X_i^2}{\sigma^2}$　　D. $X_1-\mu$

(3) 设总体 $X\sim N(\mu, \sigma^2)$,而$(X_1, X_2, \cdots, X_n)(n>1)$是取自总体 X 的一个样本,$\overline{X}$为样本均值,则不是总体期望 μ 的无偏估计量的是(　　).

A. $\overline{X}$　　B. $X_1+X_2-X_3$

C. $0.2X_1+0.3X_2+0.5X_3$　　D. $\sum\limits_{i=1}^{n}X_i$

复习题五
参考答案

附　　录

附表 1　泊松分布表

$$P\{X=k\}=\frac{\lambda^k}{k!}e^{-\lambda}$$

k	λ								
	0.1	0.2	0.3	0.4	0.5	0.6	0.7	0.8	0.9
0	0.904 84	0.818 73	0.740 82	0.670 32	0.606 53	0.548 81	0.496 59	0.449 33	0.406 57
1	0.090 48	0.163 75	0.222 25	0.268 13	0.303 27	0.329 29	0.347 61	0.359 46	0.365 91
2	0.004 52	0.016 37	0.033 34	0.053 63	0.075 82	0.098 79	0.121 66	0.143 79	0.164 66
3	0.000 15	0.001 09	0.003 33	0.007 15	0.012 64	0.019 76	0.028 39	0.038 34	0.049 40
4	0.000 00	0.000 05	0.000 25	0.000 72	0.001 58	0.002 96	0.004 97	0.007 67	0.011 11
5		0.000 00	0.000 02	0.000 06	0.000 16	0.000 36	0.000 70	0.001 23	0.002 00
6			0.000 00	0.000 00	0.000 01	0.000 04	0.000 08	0.000 16	0.000 30
7					0.000 00	0.000 00	0.000 01	0.000 02	0.000 04

k	λ								
	1.0	1.5	2.0	2.5	3.0	3.5	4.0	4.5	5.0
0	0.367 88	0.223 13	0.135 34	0.082 08	0.049 79	0.030 20	0.018 32	0.011 11	0.006 74
1	0.367 88	0.334 70	0.270 67	0.205 21	0.149 36	0.105 69	0.073 26	0.049 99	0.033 69
2	0.183 94	0.251 02	0.270 67	0.256 52	0.224 04	0.184 96	0.146 53	0.112 48	0.084 22
3	0.061 31	0.125 51	0.180 45	0.213 76	0.224 04	0.215 79	0.195 37	0.168 72	0.140 37
4	0.015 33	0.047 07	0.090 22	0.133 60	0.168 03	0.188 81	0.195 37	0.189 81	0.175 47
5	0.003 07	0.014 12	0.036 09	0.066 80	0.100 82	0.132 17	0.156 29	0.170 83	0.175 47
6	0.000 51	0.003 53	0.012 03	0.027 83	0.050 41	0.077 10	0.104 20	0.128 12	0.146 22
7	0.000 07	0.000 76	0.003 44	0.009 94	0.021 60	0.038 55	0.059 54	0.082 36	0.104 44
8	0.000 01	0.000 14	0.000 86	0.003 11	0.008 10	0.016 87	0.029 77	0.046 33	0.065 28
9	0.000 00	0.000 02	0.000 19	0.000 86	0.002 70	0.006 56	0.013 23	0.023 16	0.036 27
10		0.000 00	0.000 04	0.000 22	0.000 81	0.002 30	0.005 29	0.010 42	0.018 13
11			0.000 01	0.000 05	0.000 22	0.000 73	0.001 92	0.004 26	0.008 24
12			0.000 00	0.000 01	0.000 06	0.000 21	0.000 64	0.001 60	0.003 43
13				0.000 00	0.000 01	0.000 06	0.000 20	0.000 55	0.001 32
14					0.000 00	0.000 01	0.000 06	0.000 18	0.000 47
15					0.000 00	0.000 00	0.000 02	0.000 05	0.000 16
16						0.000 00	0.000 00	0.000 02	0.000 05
17							0.000 00	0.000 00	0.000 01

附表 2　标准正态分布表

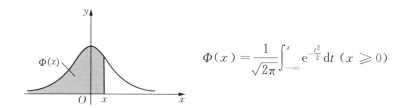

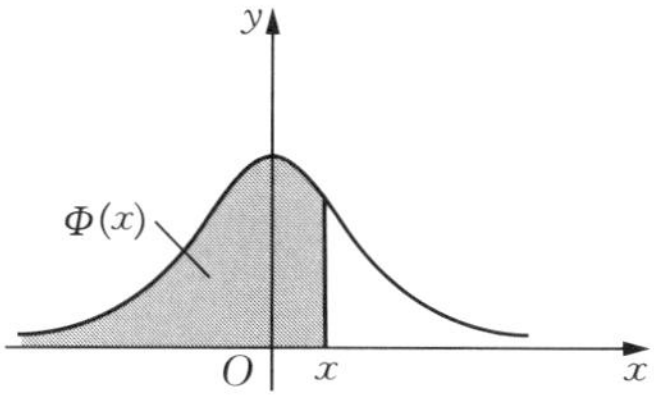

$$\Phi(x)=\frac{1}{\sqrt{2\pi}}\int_{-\infty}^{x}\mathrm{e}^{-\frac{t^2}{2}}\mathrm{d}t\ (x\geqslant 0)$$

x	0.00	0.01	0.02	0.03	0.04	0.05	0.06	0.07	0.08	0.09
0.0	0.500 0	0.504 0	0.508 0	0.512 0	0.516 0	0.519 9	0.523 9	0.527 9	0.531 9	0.535 9
0.1	0.539 8	0.543 8	0.547 8	0.551 7	0.555 7	0.559 6	0.563 6	0.567 5	0.571 4	0.575 3
0.2	0.579 3	0.583 2	0.587 1	0.591 0	0.594 8	0.598 7	0.602 6	0.606 4	0.610 3	0.614 1
0.3	0.617 9	0.621 7	0.625 5	0.629 3	0.633 1	0.636 8	0.640 6	0.644 3	0.648 0	0.651 7
0.4	0.655 4	0.659 1	0.662 8	0.666 4	0.670 0	0.673 6	0.677 2	0.680 8	0.684 4	0.687 9
0.5	0.691 5	0.695 0	0.698 5	0.701 9	0.705 4	0.708 8	0.712 3	0.715 7	0.719 0	0.722 4
0.6	0.725 7	0.729 1	0.732 4	0.735 7	0.738 9	0.742 2	0.745 4	0.748 6	0.751 7	0.754 9
0.7	0.758 0	0.761 1	0.764 2	0.767 3	0.770 4	0.773 4	0.776 4	0.779 4	0.782 3	0.785 2
0.8	0.788 1	0.791 0	0.793 9	0.796 7	0.799 5	0.802 3	0.805 1	0.807 8	0.810 6	0.813 3
0.9	0.815 9	0.818 6	0.821 2	0.823 8	0.826 4	0.828 9	0.831 5	0.834 0	0.836 5	0.838 9
1.0	0.841 3	0.843 8	0.846 1	0.848 5	0.850 8	0.853 1	0.855 4	0.857 7	0.859 9	0.862 1
1.1	0.864 3	0.866 5	0.868 6	0.870 8	0.872 9	0.874 9	0.877 0	0.879 0	0.881 0	0.883 0
1.2	0.884 9	0.886 9	0.888 8	0.890 7	0.892 5	0.894 4	0.896 2	0.898 0	0.899 7	0.901 5
1.3	0.903 2	0.904 9	0.906 6	0.908 2	0.909 9	0.911 5	0.913 1	0.914 7	0.916 2	0.917 7
1.4	0.919 2	0.920 7	0.922 2	0.923 6	0.925 1	0.926 5	0.927 9	0.929 2	0.930 6	0.931 9
1.5	0.933 2	0.934 5	0.935 7	0.937 0	0.938 2	0.939 4	0.940 6	0.941 8	0.942 9	0.944 1
1.6	0.945 2	0.946 3	0.947 4	0.948 4	0.949 5	0.950 5	0.951 5	0.952 5	0.953 5	0.954 5
1.7	0.955 4	0.956 4	0.957 3	0.958 2	0.959 1	0.959 9	0.960 8	0.961 6	0.962 5	0.963 3
1.8	0.964 1	0.964 9	0.965 6	0.966 4	0.967 1	0.967 8	0.968 6	0.969 3	0.969 9	0.970 6
1.9	0.971 3	0.971 9	0.972 6	0.973 2	0.973 8	0.974 4	0.975 0	0.975 6	0.976 1	0.976 7
2.0	0.977 2	0.977 8	0.978 3	0.978 8	0.979 3	0.979 8	0.980 3	0.980 8	0.981 2	0.981 7
2.1	0.982 1	0.982 6	0.983 0	0.983 4	0.983 8	0.984 2	0.984 6	0.985 0	0.985 4	0.985 7
2.2	0.986 1	0.986 4	0.986 8	0.987 1	0.987 5	0.987 8	0.988 1	0.988 4	0.988 7	0.989 0
2.3	0.989 3	0.989 6	0.989 8	0.990 1	0.990 4	0.990 6	0.990 9	0.991 1	0.991 3	0.991 6
2.4	0.991 8	0.992 0	0.992 2	0.992 5	0.992 7	0.992 9	0.993 1	0.993 2	0.993 4	0.993 6
2.5	0.993 8	0.994 0	0.994 1	0.994 3	0.994 5	0.994 6	0.994 8	0.994 9	0.995 1	0.995 2
2.6	0.995 3	0.995 5	0.995 6	0.995 7	0.995 9	0.996 0	0.996 1	0.996 2	0.996 3	0.996 4
2.7	0.996 5	0.996 6	0.996 7	0.996 8	0.996 9	0.997 0	0.997 1	0.997 2	0.997 3	0.997 4
2.8	0.997 4	0.997 5	0.997 6	0.997 7	0.997 7	0.997 8	0.997 9	0.997 9	0.998 0	0.998 1
2.9	0.998 1	0.998 2	0.998 2	0.998 3	0.998 4	0.998 4	0.998 5	0.998 5	0.998 6	0.998 6
3.0	0.998 7	0.998 7	0.998 7	0.998 8	0.998 8	0.998 9	0.998 9	0.998 9	0.999 0	0.999 0
3.1	0.999 0	0.999 1	0.999 1	0.999 1	0.999 2	0.999 2	0.999 2	0.999 2	0.999 3	0.999 3
3.2	0.999 3	0.999 3	0.999 4	0.999 4	0.999 4	0.999 4	0.999 4	0.999 5	0.999 5	0.999 5
3.3	0.999 5	0.999 5	0.999 5	0.999 6	0.999 6	0.999 6	0.999 6	0.999 6	0.999 6	0.999 7
3.4	0.999 7	0.999 7	0.999 7	0.999 7	0.999 7	0.999 7	0.999 7	0.999 7	0.999 7	0.999 8
3.5	0.999 8	0.999 8	0.999 8	0.999 8	0.999 8	0.999 8	0.999 8	0.999 8	0.999 8	0.999 8

附表 3 χ^2 分布表

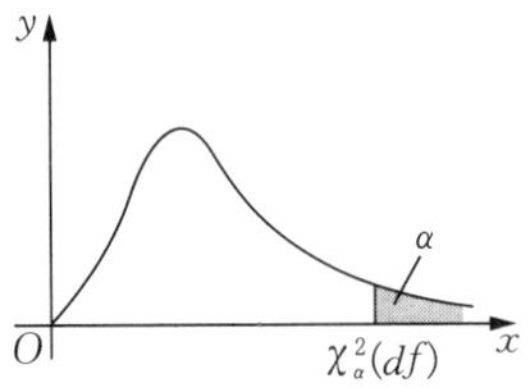

$$P\{\chi^2(df) > \chi^2_\alpha(df)\} = \alpha$$

df/α	0.250	0.100	0.050	0.025	0.010	0.005
1	1.323 3	2.705 5	3.841 5	5.023 9	6.634 9	7.879 4
2	2.772 6	4.605 2	5.991 5	7.377 8	9.210 3	10.596 6
3	4.108 3	6.251 4	7.814 7	9.348 4	11.344 9	12.838 2
4	5.385 3	7.779 4	9.487 7	11.143 3	13.276 7	14.860 3
5	6.625 7	9.236 4	11.070 5	12.832 5	15.086 3	16.749 6
6	7.840 8	10.644 6	12.591 6	14.449 4	16.811 9	18.547 6
7	9.037 1	12.017 0	14.067 1	16.012 8	18.475 3	20.277 7
8	10.218 9	13.361 6	15.507 3	17.534 5	20.090 2	21.955 0
9	11.388 8	14.683 7	16.919 0	19.022 8	21.666 0	23.589 4
10	12.548 9	15.987 2	18.307 0	20.483 2	23.209 3	25.188 2
11	13.700 7	17.275 0	19.675 1	21.920 0	24.725 0	26.756 8
12	14.845 4	18.549 3	21.026 1	23.336 7	26.217 0	28.299 5
13	15.983 9	19.811 9	22.362 0	24.735 6	27.688 2	29.819 5
14	17.116 9	21.064 1	23.684 8	26.118 9	29.141 2	31.319 3
15	18.245 1	22.307 1	24.995 8	27.488 4	30.577 9	32.801 3
16	19.368 9	23.541 8	26.296 2	28.845 4	31.999 9	34.267 2
17	20.488 7	24.769 0	27.587 1	30.191 0	33.408 7	35.718 5
18	21.604 9	25.989 4	28.869 3	31.526 4	34.805 3	37.156 5
19	22.717 8	27.203 6	30.143 5	32.852 3	36.190 9	38.582 3
20	23.827 7	28.412 0	31.410 4	34.169 6	37.566 2	39.996 8
21	24.934 8	29.615 1	32.670 6	35.478 9	38.932 2	41.401 1
22	26.039 3	30.813 3	33.924 4	36.780 7	40.289 4	42.795 7
23	27.141 3	32.006 9	35.172 5	38.075 6	41.638 4	44.181 3
24	28.241 2	33.196 2	36.415 0	39.364 1	42.979 8	45.558 5
25	29.338 9	34.381 6	37.652 5	40.646 5	44.314 1	46.927 9
26	30.434 6	35.563 2	38.885 1	41.923 2	45.641 7	48.289 9
27	31.528 4	36.741 2	40.113 3	43.194 5	46.962 9	49.644 9
28	32.620 5	37.915 9	41.337 1	44.460 8	48.278 2	50.993 4
29	33.710 9	39.087 5	42.557 0	45.722 3	49.587 9	52.335 6
30	34.799 7	40.256 0	43.773 0	46.979 2	50.892 2	53.672 0
31	35.887 1	41.421 7	44.985 3	48.231 9	52.191 4	55.002 7
32	36.973 0	42.584 7	46.194 3	49.480 4	53.485 8	56.328 1
33	38.057 5	43.745 2	47.399 9	50.725 1	54.775 5	57.648 4
34	39.140 8	44.903 2	48.602 4	51.966 0	56.060 9	58.963 9
35	40.222 8	46.058 8	49.801 8	53.203 3	57.342 1	60.274 8
36	41.303 6	47.212 2	50.998 5	54.437 3	58.619 2	61.581 2
37	42.383 3	48.363 4	52.192 3	55.668 0	59.892 5	62.883 3
38	43.461 9	49.512 6	53.383 5	56.895 5	61.162 1	64.181 4
39	44.539 5	50.659 8	54.572 2	58.120 1	62.428 1	65.475 6
40	45.616 0	51.805 1	55.758 5	59.341 7	63.690 7	66.766 0

续　表

df/α	0.995	0.990	0.975	0.950	0.900	0.750
1	0.000 0	0.000 2	0.001 0	0.003 9	0.015 8	0.101 5
2	0.010 0	0.020 1	0.050 6	0.102 6	0.210 7	0.575 4
3	0.071 7	0.114 8	0.215 8	0.351 8	0.584 4	1.212 5
4	0.207 0	0.297 1	0.484 4	0.710 7	1.063 6	1.922 6
5	0.411 7	0.554 3	0.831 2	1.145 5	1.610 3	2.674 6
6	0.675 7	0.872 1	1.237 3	1.635 4	2.204 1	3.454 6
7	0.989 3	1.239 0	1.689 9	2.167 3	2.833 1	4.254 9
8	1.344 4	1.646 5	2.179 7	2.732 6	3.489 5	5.070 6
9	1.734 9	2.087 9	2.700 4	3.325 1	4.168 2	5.898 8
10	2.155 9	2.558 2	3.247 0	3.940 3	4.865 2	6.737 2
11	2.603 2	3.053 5	3.815 7	4.574 8	5.577 8	7.584 1
12	3.073 8	3.570 6	4.403 8	5.226 0	6.303 8	8.438 4
13	3.565 0	4.106 9	5.008 8	5.891 9	7.041 5	9.299 1
14	4.074 7	4.660 4	5.628 7	6.570 6	7.789 5	10.165 3
15	4.600 9	5.229 3	6.262 1	7.260 9	8.546 8	11.036 5
16	5.142 2	5.812 2	6.907 7	7.961 6	9.312 2	11.912 2
17	5.697 2	6.407 8	7.564 2	8.671 8	10.085 2	12.791 9
18	6.264 8	7.014 9	8.230 7	9.390 5	10.864 9	13.675 3
19	6.844 0	7.632 7	8.906 5	10.117 0	11.650 9	14.562 0
20	7.433 8	8.260 4	9.590 8	10.850 8	12.442 6	15.451 8
21	8.033 7	8.897 2	10.282 9	11.591 3	13.239 6	16.344 4
22	8.642 7	9.542 5	10.982 3	12.338 0	14.041 5	17.239 6
23	9.260 4	10.195 7	11.688 6	13.090 5	14.848 0	18.137 3
24	9.886 2	10.856 4	12.401 2	13.848 4	15.658 7	19.037 3
25	10.519 7	11.524 0	13.119 7	14.611 4	16.473 4	19.939 3
26	11.160 2	12.198 1	13.843 9	15.379 2	17.291 9	20.843 4
27	11.807 6	12.878 5	14.573 4	16.151 4	18.113 9	21.749 4
28	12.461 3	13.564 7	15.307 9	16.927 9	18.939 2	22.657 2
29	13.121 1	14.256 5	16.047 1	17.708 4	19.767 7	23.566 6
30	13.786 7	14.953 5	16.790 8	18.492 7	20.599 2	24.477 6
31	14.457 8	15.655 5	17.538 7	19.280 6	21.433 6	25.390 1
32	15.134 0	16.362 2	18.290 8	20.071 9	22.270 6	26.304 1
33	15.815 3	17.073 5	19.046 7	20.866 5	23.110 2	27.219 4
34	16.501 3	17.789 1	19.806 3	21.664 3	23.952 3	28.136 1
35	17.191 8	18.508 9	20.569 4	22.465 0	24.796 7	29.054 0
36	17.886 7	19.232 7	21.335 9	23.268 6	25.643 3	29.973 0
37	18.585 8	19.960 2	22.105 6	24.074 9	26.492 1	30.893 3
38	19.288 9	20.691 4	22.878 5	24.883 9	27.343 0	31.814 6
39	19.995 9	21.426 2	23.654 3	25.695 4	28.195 8	32.736 9
40	20.706 5	22.164 3	24.433 0	26.509 3	29.050 5	33.660 3

附表 4 t 分布表

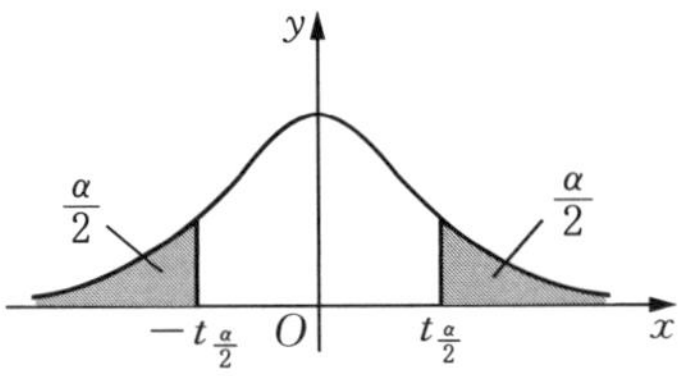

$$P\{|t(df)|>t_{\frac{\alpha}{2}}\}=\alpha$$

df/α	0.250	0.100	0.050	0.025	0.010	0.005	0.001
1	2.414 2	6.313 8	12.706 2	25.451 7	63.656 7	127.321 3	636.619 2
2	1.603 6	2.920 0	4.302 7	6.205 3	9.924 8	14.089 0	31.599 1
3	1.422 6	2.353 4	3.182 4	4.176 5	5.840 9	7.453 3	12.924 0
4	1.344 4	2.131 8	2.776 4	3.495 4	4.604 1	5.597 6	8.610 3
5	1.300 9	2.015 0	2.570 6	3.163 4	4.032 1	4.773 3	6.868 8
6	1.273 3	1.943 2	2.446 9	2.968 7	3.707 4	4.316 8	5.958 8
7	1.254 3	1.894 6	2.364 6	2.841 2	3.499 5	4.029 3	5.407 9
8	1.240 3	1.859 5	2.306 0	2.751 5	3.355 4	3.832 5	5.041 3
9	1.229 7	1.833 1	2.262 2	2.685 0	3.249 8	3.689 7	4.780 9
10	1.221 3	1.812 5	2.228 1	2.633 8	3.169 3	3.581 4	4.586 9
11	1.214 5	1.795 9	2.201 0	2.593 1	3.105 8	3.496 6	4.437 0
12	1.208 9	1.782 3	2.178 8	2.560 0	3.054 5	3.428 4	4.317 8
13	1.204 1	1.770 9	2.160 4	2.532 6	3.012 3	3.372 5	4.220 8
14	1.200 1	1.761 3	2.144 8	2.509 6	2.976 8	3.325 7	4.140 5
15	1.196 7	1.753 1	2.131 4	2.489 9	2.946 7	3.286 0	4.072 8
16	1.193 7	1.745 9	2.119 9	2.472 9	2.920 8	3.252 0	4.015 0
17	1.191 0	1.739 6	2.109 8	2.458 1	2.898 2	3.222 4	3.965 1
18	1.188 7	1.734 1	2.100 9	2.445 0	2.878 4	3.196 6	3.921 6
19	1.186 6	1.729 1	2.093 0	2.433 4	2.860 9	3.173 7	3.883 4
20	1.184 8	1.724 7	2.086 0	2.423 1	2.845 3	3.153 4	3.849 5
21	1.183 1	1.720 7	2.079 6	2.413 8	2.831 4	3.135 2	3.819 3
22	1.181 5	1.717 1	2.073 9	2.405 5	2.818 8	3.118 8	3.792 1
23	1.180 2	1.713 9	2.068 7	2.397 9	2.807 3	3.104 0	3.767 6
24	1.178 9	1.710 9	2.063 9	2.390 9	2.796 9	3.090 5	3.745 4
25	1.177 7	1.708 1	2.059 5	2.384 6	2.787 4	3.078 2	3.725 1
26	1.176 6	1.705 6	2.055 5	2.378 8	2.778 7	3.066 9	3.706 6
27	1.175 6	1.703 3	2.051 8	2.373 4	2.770 7	3.056 5	3.689 6
28	1.174 7	1.701 1	2.048 4	2.368 5	2.763 3	3.046 9	3.673 9

续　表

df/α	0.250	0.100	0.050	0.025	0.010	0.005	0.001
29	1.173 9	1.699 1	2.045 2	2.363 8	2.756 4	3.038 0	3.659 4
30	1.173 1	1.697 3	2.042 3	2.359 6	2.750 0	3.029 8	3.646 0
31	1.172 3	1.695 5	2.039 5	2.355 6	2.744 0	3.022 1	3.633 5
32	1.171 6	1.693 9	2.036 9	2.351 8	2.738 5	3.014 9	3.621 8
33	1.171 0	1.692 4	2.034 5	2.348 3	2.733 3	3.008 2	3.610 9
34	1.170 3	1.690 9	2.032 2	2.345 1	2.728 4	3.002 0	3.600 7
35	1.169 8	1.689 6	2.030 1	2.342 0	2.723 8	2.996 0	3.591 1
36	1.169 2	1.688 3	2.028 1	2.339 1	2.719 5	2.990 5	3.582 1
37	1.168 7	1.687 1	2.026 2	2.336 3	2.715 4	2.985 2	3.573 7
38	1.168 2	1.686 0	2.024 4	2.333 7	2.711 6	2.980 3	3.565 7
39	1.167 7	1.684 9	2.022 7	2.331 3	2.707 9	2.975 6	3.558 1
40	1.167 3	1.683 9	2.021 1	2.328 9	2.704 5	2.971 2	3.551 0
41	1.166 9	1.682 9	2.019 5	2.326 7	2.701 2	2.967 0	3.544 2
42	1.166 5	1.682 0	2.018 1	2.324 6	2.698 1	2.963 0	3.537 7
43	1.166 1	1.681 1	2.016 7	2.322 6	2.695 1	2.959 2	3.531 6
44	1.165 7	1.680 2	2.015 4	2.320 7	2.692 3	2.955 5	3.525 8
45	1.165 4	1.679 4	2.014 1	2.318 9	2.689 6	2.952 1	3.520 3

附表 5　相关系数 r 的临界值表

df	$\alpha=0.05$	$\alpha=0.01$	df	$\alpha=0.05$	$\alpha=0.01$	df	$\alpha=0.05$	$\alpha=0.01$
1	0.997	1.000	16	0.468	0.590	35	0.325	0.418
2	0.950	0.990	17	0.456	0.575	40	0.304	0.393
3	0.878	0.959	18	0.444	0.561	45	0.288	0.372
4	0.811	0.917	19	0.433	0.549	50	0.273	0.354
5	0.754	0.874	20	0.423	0.537	60	0.250	0.325
6	0.707	0.834	21	0.413	0.526	70	0.232	0.302
7	0.666	0.798	22	0.404	0.515	80	0.217	0.283
8	0.632	0.765	23	0.396	0.505	90	0.205	0.267
9	0.602	0.735	24	0.388	0.496	100	0.195	0.254
10	0.576	0.708	25	0.381	0.487	125	0.174	0.228
11	0.553	0.684	26	0.374	0.478	150	0.159	0.208
12	0.532	0.661	27	0.367	0.470	200	0.138	0.181
13	0.514	0.641	28	0.361	0.463	300	0.113	0.148
14	0.497	0.623	29	0.355	0.456	400	0.098	0.128
15	0.482	0.606	30	0.349	0.449	1 000	0.062	0.081

参 考 文 献

[1] 叶永春,朱勤,毛建生,等.高等数学及应用[M].北京:北京大学出版社,2014.

[2] 同济大学数学系.微积分[M].3 版.北京:高等教育出版社,2010.

[3] 金路.微积分[M].北京:北京大学出版社,2006.

[4] 同济大学数学系.高等数学[M].6 版.北京:高等教育出版社,2007.

[5] 顾静相.经济数学基础[M].2 版.北京:高等教育出版社,2004.

[6] 叶鹰,李萍,刘小茂.概率论与数理统计[M].2 版.武汉:华中科技大学出版社,2004.

[7] 贺新瑜.应用数学(高职分册)[M].大连:东北财经大学出版社,2003.

[8] 同济大学概率统计教研组.概率统计[M].2 版.上海:同济大学出版社,2000.

[9] 刘书田,冯翠莲,侯明华.微积分[M].2 版.北京:北京大学出版社,2004.

[10] 冯翠莲,赵益坤.应用经济数学[M].北京:高等教育出版社,2006.

[11] 冉兆平.高等数学[M].上海:上海财经大学出版社,2006.

[12] 夏勇,汪晓空.经济数学基础(微积分及其应用)[M].北京:清华大学出版社,2004.

[13] 张凤祥,刘贵基.高等数学(微积分)[M].兰州:兰州大学出版社,2002.

[14] 冯红.高等代数全程学习指导[M].大连:大连理工大学出版社,2005.

[15] 严喜祖,宋中民,毕春加.数学建模及其实验[M].北京:科学出版社,2010.